統 計 力 学

小田垣 孝 著

裳 華 房

STATISTICAL MECHANICS

by

Takashi ODAGAKI, DR. SC.

SHOKABO

TOKYO

序　文

　統計力学は，力学，電磁気学，量子力学と並ぶ物理学の最も基本となる分野の1つであり，ミクロな情報からマクロな性質を導く手段の集大成として，物性物理学，化学物理学や生物物理学だけでなく，認知科学，経済物理学，社会物理学など最新の分野においても広く応用されている．

　本書は，初めて統計力学を学ぶ人のために，基本的概念から専門的知識までを，わかりやすく体系的に解説したものである．本書で学ぶ際に必要となるのは，微積分学および解析力学の基本的知識である．量子力学の知識も必要であるが，最初の数章では固有状態という概念のみを用い，それ以外のくわしい知識を前提としないように心がけた．第7章からは，量子力学のややくわしい知識が必要となる．

　力学など他の基本的な科目では，与えられた境界条件や初期条件の下で微分方程式を解くということが主な手続きとなるのに対し，統計力学では微視的状態の数を求めるという　なじみの薄い手続きが必要となる．そのため統計力学は，物理学を専攻する学生にとっても取っつきにくい科目となっている．そこで本書では，基本公式の導出をできるだけ簡明に行い，さらに初学者の直観的理解を助けるために，バーチャルラボラトリーを導入した．バーチャルラボラトリーを用いてミクロな状態の時間変化などをインタラクティブな動画で仮想体験することにより，議論の展開の理解が より深められるはずである．バーチャルラボラトリーの動画が有効なところでは アニメ という記号で明示した．バーチャルラボラトリーは，研究室のホームページ（http://www.cmt.phys.kyushu-u.ac.jp/）または裳華房のホームページ（http://www.shokabo.co.jp）から随時利用できる．また章末の演習問題では，復習を兼ねた設問も行い，自習を手助けするように工夫した．高度な演

習問題によってさらに理解を深めたい人は，久保亮五編「大学演習 熱学・統計力学（修訂版）」（裳華房）の問題を参照して頂きたい．

　本書は，著者が米国のブランダイス大学物理学科の大学院1年生および九州大学理学部物理学科の2, 3年生に行ってきた統計力学の講義のノートを成書としたものであり，長年の講義の中で改訂を重ねてきたものである．また，1年間の講義で終えられるように内容を限り，より高度な講義で扱われるべき液体，ゆらぎ，輸送現象や相転移の高度な理論などは触れないことにした．

　本書を教科書として講義に用いる場合は，第1学期に第1章§1.1, 1.2, 1.3 と第2章から第7章までを行い，第2学期に第8章から第10章および第1章§1.4と第11章を行うのが標準的な構成となる．なお，第9章と第10章は順序を替えて講義をしてもよい．講義の初めや展開の途中で，バーチャルラボラトリーを用いてさまざまな現象の時間変化などを示すことにより，講義の展開を容易にするだけでなく，学生の理解を格段に深めることができるであろう．

　バーチャルラボラトリーは，桜井雅史君（九州大学大学院理学府凝縮系科学専攻）が作成した基本的なプログラムといくつかの動画，緒方隆盛君（現 日本電気株式会社）および小田垣まりかさん（京都大学理学部）が作成したいくつかの動画，伊藤猛宏先生（九州大学名誉教授）作成のビデオから成っている．演習問題の解答作成には，TAとして鳥飼正志君（現 三重大学工学部）に協力してもらった．また，裳華房の小野達也氏には構成などご助力頂いた．ここでこれらの方々に謝意を表しておきたい．

2003年10月

小田垣　孝

目　　次

1. 熱力学の要点

§1.1　平衡状態と過程 ・・・・・1
§1.2　熱力学の基本法則 ・・・・3
§1.3　いくつかの定義と公式 ・・・7
§1.4　相転移 ・・・・・・・・11
演習問題 ・・・・・・・・・17

2. 熱力学から統計力学へ

§2.1　2つの系の熱的接触 ・・・22
§2.2　微視的エントロピー ・・・26
§2.3　古典理想気体 ・・・・・28
演習問題 ・・・・・・・・・33

3. アンサンブル理論とミクロカノニカルアンサンブル

§3.1　アンサンブル理論 ・・・38
§3.2　リウビルの定理 ・・・・40
§3.3　ミクロカノニカルアンサンブル
　　　・・・・・・・・42
§3.4　2準位系 ・・・・・・・44
§3.5　ビリアル定理 ・・・・・46
演習問題 ・・・・・・・・・50

4. カノニカルアンサンブル

§4.1　熱溜に接した系 ・・・・52
§4.2　分配関数の物理的意味 ・54
§4.3　古典理想気体 ・・・・・56
§4.4　調和振動子の集団 ・・・58
　4.4.1　古典系 ・・・・・・58
　4.4.2　量子系 ・・・・・・59
§4.5　常磁性体 ・・・・・・・61
　4.5.1　一般的な考察 ・・・61
　4.5.2　古典系 ・・・・・・63
　4.5.3　量子系 ・・・・・・64
§4.6　2準位系再考　—負の温度— 66
　4.6.1　熱溜に接した2準位系 ・66
　4.6.2　負の温度 ・・・・・67
§4.7　エネルギーのゆらぎと比熱 69

§4.8　いくつかの応用 ‥‥‥ 70　　　4.8.2　ビリアル定理 ‥‥‥ 72
　4.8.1　固体と気体の相平衡 ‥‥ 70　　演習問題 ‥‥‥‥‥‥‥ 73

5. グランドカノニカルアンサンブル

§5.1　熱・粒子溜に接した系 ‥‥ 79　　　5.2.3　固体と気体の相平衡再考 ‥ 84
§5.2　いくつかの応用 ‥‥‥ 82　　§5.3　粒子数のゆらぎと圧縮率 ‥ 85
　5.2.1　古典理想気体 ‥‥‥ 82　　演習問題 ‥‥‥‥‥‥‥ 86
　5.2.2　局在した粒子系 ‥‥‥ 83

6. T-Pアンサンブル

§6.1　熱・圧力溜に接した系 ‥‥ 89　　　6.2.3　1次元気体の状態方程式 ‥ 94
§6.2　いくつかの応用 ‥‥‥ 92　　§6.3　体積のゆらぎ ‥‥‥ 96
　6.2.1　古典理想気体 ‥‥‥ 92　　演習問題 ‥‥‥‥‥‥‥ 97
　6.2.2　鎖状高分子の状態方程式 ‥ 92

7. 量子統計力学入門

§7.1　密度演算子 ‥‥‥‥ 101　　§7.4　多粒子系 ‥‥‥‥ 109
§7.2　いろいろなアンサンブル ‥ 105　　§7.5　ボース分布とフェルミ分布 112
§7.3　カノニカルアンサンブルの例　　§7.6　理想気体 ‥‥‥‥ 116
　‥‥‥‥‥‥‥‥‥ 106　　演習問題 ‥‥‥‥‥‥‥ 119

8. 多原子分子気体の性質

§8.1　多原子分子 ‥‥‥‥ 122　　§8.3　等核2原子分子 ‥‥‥ 126
§8.2　異核2原子分子 ‥‥‥ 123　　演習問題 ‥‥‥‥‥‥‥ 131

9. 理想フェルミ気体

§9.1　基本公式 ・・・・・・133
§9.2　絶対零度における性質 ・・135
§9.3　有限温度における性質 ・136
　9.3.1　一般的考察 ・・・・・136
　9.3.2　高温および低温の極限における性質 ・・・・・140
　演習問題・・・・・・・・143

10. 理想ボース気体

§10.1　基本公式・・・・・・・146
§10.2　高温極限における性質・・149
§10.3　低温における振舞とボース-アインシュタイン凝縮・150
§10.4　いくつかの応用 ・・・156
　10.4.1　空洞放射 ・・・・・156
　10.4.2　格子振動のデバイ模型・158
　演習問題・・・・・・・・160

11. 相転移

§11.1　はじめに・・・・・・162
§11.2　イジング模型の相転移と平均場近似・・・・・163
§11.3　ランダウ理論・・・・・170
　11.3.1　2次相転移・・・・・170
　11.3.2　1次相転移 ・・・・173
　11.3.3　平均場近似の妥当性・・174
§11.4　スケーリング理論・・・175
§11.5　実空間くりこみ群の方法・179
　演習問題・・・・・・・・184

付　録

A．ルジャンドル変換・・・・188
B．位相空間における平均・・190
C．磁気モーメントの運動・・191
D．ルジャンドル変換とラプラス変換 ・・・・・・・・192
E．フェルミ-ディラック積分・・193
F．ボース-アインシュタイン積分 ・・・・・・・・・195
G．ギブスのパラドックス・・・196

演習問題解答・・・・・・・・・・197
索　引・・・・・・・・・・・・226

第 1 章

熱力学の要点

　熱力学は，巨視的観測によって求められる物理量の間に成り立つ関係を体系的にまとめ上げたものである．一方，統計力学は，系のミクロな情報からこれらの関係を導く枠組みを与えるものである．統計力学を展開する上で必要となる熱力学の要点をまとめておくことにする．

§1.1　平衡状態と過程

　通常，物質の性質を論じるときは，数個の巨視的な物理量を考えればよい．一方，物質は無数の原子の集団であり，微視的に物質を記述するためには，各原子それぞれの状態を指定する必要がある．前者を物質の**巨視的記述**，後者を**微視的記述**とよぶ．**熱力学は，系の状態が変化したときに，巨視的な変数の変化量の間に成り立つ関係を与える**．系を巨視的に記述するのに必要な変数の数は，系によって異なる．

　ここで，次の条件を満たす系の存在を仮定する．

　(1)　巨視的に均質で等方的である．
　(2)　電気的に中性で，化学反応も起こらない．
　(3)　あらゆる外場は 0 である．
　(4)　十分大きい．

このような系を**単純系**とよぶ．

　また，巨視的な系には特別単純な状態が存在する．系のどの部分をとって

も，またいつ測定しても系が常に同じ性質を示すような状態を**平衡状態**という．平衡状態にある単純系の巨視的性質は，系のエネルギー E，体積 V，粒子数 N により完全に記述される．単純系ではない系の例として，歪みのある固体や磁場中の磁石などを挙げることができる．これらの系を記述するには，歪テンソルや磁化等の別の変数も必要となる．

通常の熱力学が対象とするのは，このような平衡状態である．2つの系それぞれが平衡状態にあっても，それらを接触させると何らかの変化が起こる．しかし，十分時間が経った後にはそれぞれの系には何の変化も見られなくなり，全系が平衡状態になる．このとき，それぞれの系は互いに平衡にあり，また接触を取り除いても，それぞれの系は平衡を保つ．

2つの系 A, B が互いに平衡にあり，系 B, C が互いに平衡にあるとき，系 A と系 C も互いに平衡であることが知られている．これを**熱力学第 0 法則**という．

2つの系を接触させるということは，系の変数をそれらの系の間でやり取りさせることである．したがって，2つの単純系には，

(1) **力学的接触**： 体積の交換

(2) **熱的接触**： 微視的な自由度を通したエネルギーの交換

(3) **物質的接触**： 構成要素の交換

の3つの接触が考えられる．

熱力学で扱う物理量は，その特徴からいくつかの分類が可能である．1つの分類は，**状態量**と**非状態量**である．状態量は，系の平衡状態で決まった値をとる量であり，系の履歴に依存しない．2つの状態における状態量の差は，一意的に決まる．例えば，エネルギーやエントロピーは状態量である．一方，熱や仕事は状態に付随した量ではなく，過程によって異なった値をとり，2つの状態を指定しても一意的には決まらない．

示量変数と**示強変数**は，別の基準による分類である．示量変数は，系を2倍にすると2倍になるというように，一般に系を λ 倍すると λ 倍となるよ

うな量である．一方，示強変数は，系の大きさには関係しない量である．温度や圧力は示強変数であり，エネルギーや体積は示量変数である．

熱力学では，さまざまな理想的過程が考えられる．**準静的過程**とは，常に平衡を保った過程であり，逆転させることができる．**可逆過程**には，広義の定義と狭義の定義が存在する．

> 広義の定義： 系を $\alpha \to \alpha'$ に変化させたとき，周囲の外界が $\beta \to \beta'$ という変化をしたものとしよう．このとき，もし何らかの過程を行って系を $\alpha' \to \alpha$ に，外界を $\beta' \to \beta$ にもどすことが可能であれば，元の過程を可逆過程とよぶ．
>
> 狭義の定義： ある過程を行ったとき，その過程を逆行させて元にもどせるとき，その過程を可逆過程とよぶ．

§1.2 熱力学の基本法則

さて，熱力学の基本法則は熱力学第 1，第 2，第 3 の 3 つの法則にまとめることができる．

（1） 熱力学第 1 法則

ある微小な過程において，系の内部エネルギーが dE だけ増加し，その過程で系が得た熱，仕事，化学仕事がそれぞれ $đQ$, $đW$, $đZ$ であるとき，

$$dE = đQ + đW + đZ \tag{1.1}$$

の関係が成り立つ．ここで，仕事は体積の変化にともなうエネルギーの流れであり，

$$đW = -P_0\, dV \tag{1.2}$$

化学仕事は粒子数の変化にともなうエネルギーの流れを表し，

$$đZ = \mu_0\, dN \tag{1.3}$$

で与えられる．添字 0 は，圧力 P_0 や化学ポテンシャル μ_0 が外界の値であることを表している．ここで $đ$ は，変化量が全微分ではなく，系の変化する

経路に依存することを強調するために導入されたものである．系を記述するのに体積以外に巨視的変数 X_i が必要であれば，

$$đW = -P_0 \, dV + \sum_i F_{i0} \, dX_i \tag{1.4}$$

また，粒子が2種類以上ある場合には

$$đZ = \sum_j \mu_{j0} \, dN_j \tag{1.5}$$

のように一般化する必要がある．F_{i0} は X_i に共役な力，μ_{j0} は粒子種 j の化学ポテンシャルである．これらの量 $đW$, $đZ$ は巨視的変数の変化にともなうエネルギーの流れを表す．熱 $đQ$ は，系のもつ全自由度から巨視的変数を除いた自由度を通したエネルギーの流れを表す．

熱力学第1法則は，ある過程における系の内部エネルギーの増加量は，その過程の間に系が得た種々のエネルギーの総量に等しいという**エネルギーの保存則**を主張するものである．

なお，系の状態が α から α' に変化する過程に対する熱力学第1法則は

$$E(\alpha') - E(\alpha) = \int_\alpha^{\alpha'} đQ + \int_\alpha^{\alpha'} đW + \int_\alpha^{\alpha'} đZ \tag{1.6}$$

と表される．

（2） 熱力学第2法則

系の状態が α から α' に準静的過程に沿って変化するとき，系のエントロピーの変化は

$$S(\alpha') - S(\alpha) = \int_\alpha^{\alpha'} \frac{đQ}{T} \quad \text{（準静的過程）} \tag{1.7}$$

で与えられる．$đQ$ は，系が吸収する微小な熱を表し，T は系の温度（準静的過程であるから外界の温度 T_0 に等しい）である．微小な変化に対しては

$$dS = \frac{đQ}{T} \quad \text{（準静的過程）} \tag{1.8}$$

が成立する．

系が任意の経路に沿って α から α' に変化するときは，系のエントロピーの変化は

$$S(\alpha') - S(\alpha) \geqq \int_\alpha^{\alpha'} \frac{đQ}{T_0} \quad \text{(任意の過程)} \quad (1.9)$$

で与えられ，微小な変化に対しては

$$dS \geqq \frac{đQ}{T_0} \quad \text{(任意の過程)} \quad (1.10)$$

が成立する．外界の温度 T_0 が系の温度 T と等しいときは

$$T\,dS \geqq đQ \quad \text{(任意の過程)} \quad (1.11)$$

である．

　熱力学第2法則は，**変化の方向性**を規定するものである．いくつかの特徴ある変化の方向性は，次のように決められる．

- **断熱変化**： $đQ = 0$ であるから，常に $dS \geqq 0$ である．特に孤立系では $đQ = 0$, $đW = 0$, $đZ = 0$ であるから，$(dS)_{E,V,N} \geqq 0$ である．よって，孤立系では平衡状態でエントロピー S が最大となる．

- **等エントロピー変化**： $dS = 0$ であるから，常に $đQ \leqq 0$, すなわち $dE - đW - đZ \leqq 0$ である．特に体積および粒子数が一定なら $đW = 0$, $đZ = 0$ であるから，$(dE)_{S,V,N} \leqq 0$ である．よって，エントロピー，体積，粒子数が一定に保たれた系では，平衡状態でエネルギーが最小となる．

- **温度を一定に保った系**： 系の温度と外界の温度が等しく，$T\,dS \geqq đQ$ である．熱力学第1法則から $đQ = dE - đW - đZ$ であるから，$d(E - TS) \leqq đW + đZ$ である．特に体積と粒子数が一定に保たれている場合，常に $(d(E - TS))_{T,V,N} \leqq 0$ である．よって，温度，体積，粒子数が一定に保たれた系では，平衡状態でヘルムホルツの自由エネルギー $A \equiv E - TS$ が最小となる．

- **温度と圧力を一定に保った系**： $đW = -d(PV)$ であるから，$d(E - TS + PV) \leqq đZ$ である．特に粒子数も一定に保たれている場合，常に $(d(E - TS + PV))_{T,P,N} \leqq 0$ である．よって，温度，圧力，粒子数

が一定に保たれた系では，平衡状態でギブスの自由エネルギー $G \equiv E - TS + PV$ が最小となる．

例題

エネルギー，体積，粒子数がそれぞれ (E_1, V_1, N_1)，(E_2, V_2, N_2) である 2 つの系を熱的に接触させたとき，到達する平衡状態の条件を求めよ．

アニメ 1

[解] それぞれの系のエントロピーを $S_1(E_1, V_1, N_1)$, $S_2(E_2, V_2, N_2)$ とすると，平衡状態では全系のエントロピー $S = S_1(E_1, V_1, N_1) + S_2(E_2, V_2, N_2)$ は，$E \equiv E_1 + E_2$, V_1, N_1, V_2, N_2 が一定の下で最大となる．したがって，

$$\frac{\partial S}{\partial E_1} = \frac{\partial S_1}{\partial E_1} + \frac{\partial S_2}{\partial E_2}\frac{dE_2}{dE_1} = 0$$

である．絶対温度 T の定義

$$T = \left(\frac{\partial S}{\partial E}\right)^{-1}$$

を用いると，平衡条件として

$$T_1 = T_2$$

を得る．すなわち，それぞれの系の温度が等しいところで平衡に達する．*

この例でわかるように，熱力学では $S(E, V, N)$ などの極値をとる量が基本的な役割をする．このような量を**熱力学関数**あるいは**熱力学ポテンシャル**とよび，熱力学ポテンシャルをその固有の独立変数で表した関係式を**基本関係式**という．例えば，質量 m の単原子理想気体の基本関係式は

$$S(E, V, N) = k_{\mathrm{B}} N \left[\ln \left\{ \frac{V}{Nh^3}\left(\frac{4\pi mE}{3N}\right)^{3/2} \right\} + \frac{5}{2} \right] \quad (1.12)$$

---

* 正確には，エントロピーが最大であるための条件 $d^2 S \leq 0$ が満たされる必要がある．これは平衡状態の安定性の条件である．くわしくは H. B. Callen 著:"*Thermodynamics and an Introduction to Thermostatistics*"，邦訳:「熱力学および統計物理入門」(小田垣 孝 訳, 吉岡書店) を参照．

である（§2.3 参照）．

熱力学第2法則の要請から，$S(E, V, N)$ が $(E, V, N) = $ 一定 のとき最大となることと，$E(S, V, N)$ が $(S, V, N) = $ 一定 のとき最小となることとが等価である必要がある．そのため，$S = S(E, V, N)$ を E について解いたとき，$E = E(S, V, N)$ が一意的に決まる必要があり，$S(E, V, N)$ は連続，微分可能で，かつ E の関数として単調増加関数でなければならない．

（3） 熱力学第3法則

$$\left(\frac{\partial E}{\partial S}\right)_{V,N} = 0 \text{ の状態では } S = 0 \text{ となる．}$$

これは，プランクによって提案されたものであり，絶対零度では系がただ1つの最も安定な状態になり，エントロピーが0となることを主張するものである．

§1.3 いくつかの定義と公式

熱力学量のもつ重要な性質や関係式をまとめておこう．

(1)　$S(E, V, N)$ は示量変数である．すなわち，$S(E, V, N)$ は (E, V, N) の1次同次関数である．

$$S(\lambda E, \lambda V, \lambda N) = \lambda S(E, V, N) \quad (\lambda > 0 \text{ は任意の実数}) \tag{1.13}$$

(2)　熱力学ポテンシャルの1次偏導関数を示強変数とよぶ．すでに出てきた温度 T，圧力 P，化学ポテンシャル μ は

$$T = \left(\frac{\partial E}{\partial S}\right)_{V,N} \tag{1.14}$$

$$P = -\left(\frac{\partial E}{\partial V}\right)_{S,N} \tag{1.15}$$

$$\mu = \left(\frac{\partial E}{\partial N}\right)_{S,V} \tag{1.16}$$

で与えられる示強変数である．これらの示強変数は，エントロピーの偏導関数を用いて次のように表される．

$$\frac{1}{T} = \left(\frac{\partial S}{\partial E}\right)_{V,N} \tag{1.17}$$

$$\frac{P}{T} = \left(\frac{\partial S}{\partial V}\right)_{E,N} \tag{1.18}$$

$$\frac{\mu}{T} = -\left(\frac{\partial S}{\partial N}\right)_{E,V} \tag{1.19}$$

これらの示強変数を用いると，E と S の全微分は

$$dE = T\, dS - P\, dV + \mu\, dN \tag{1.20}$$

$$dS = \frac{1}{T}\, dE + \frac{P}{T}\, dV - \frac{\mu}{T}\, dN \tag{1.21}$$

と表される．

(1.13) を E で偏微分して示されるように，示強変数は 0 次の同次関数である．例えば，

$$T(\lambda E, \lambda V, \lambda N) = T(E, V, N) \tag{1.22}$$

であり，示強変数が系のどの部分をとっても同じ値であることを保証するものである．

(3) 示強変数を独立な示量変数で表した関係

$$T = T(E, V, N) \tag{1.23}$$

$$P = P(E, V, N) \tag{1.24}$$

$$\mu = \mu(E, V, N) \tag{1.25}$$

を**状態方程式**という．状態方程式は，すべてを合わせて初めて，基本関係式と同じ情報を含む．

(4) (1.13) の両辺を λ で微分して $\lambda = 1$ とおき，示強変数の定義を用いると，**オイラーの関係式**が導かれる．

$$E = TS - PV + \mu N \tag{1.26}$$

(5) (1.26) の全微分をとり，(1.20) を用いると，**ギブス - デュエムの**

関係
$$S\,dT - V\,dP + N\,d\mu = 0 \quad (1.27)$$
が導かれる．この関係は，3つの示強変数が互いに独立ではないことを意味している．

(6) 自由に変化させることのできる示強変数の数を**熱力学自由度**とよぶ．1種類の成分から成る単純系の熱力学自由度は2である．一般に，r種類の成分から成る系においてM個の相が共存している場合，化学ポテンシャルはT，Pおよび$r-1$個のモル分率の関数であり，M個の相について化学ポテンシャルが等しいという$M-1$個の条件が存在する．したがって，その熱力学自由度は$r-M+2$となる．これを**ギブスの相律**という．

(7) 示強変数を変化させたときの系の応答は2次偏導関数で表され，それぞれ固有の名前が付けられている（粒子数Nは一定である）．

$$\text{熱膨張係数}\quad \alpha = \frac{1}{V}\left(\frac{\partial V}{\partial T}\right)_P \quad (1.28)$$

$$\text{等温圧縮率}\quad \kappa_T = -\frac{1}{V}\left(\frac{\partial V}{\partial P}\right)_T \quad (1.29)$$

$$\text{定積比熱}\quad C_V = T\left(\frac{\partial S}{\partial T}\right)_V = \left(\frac{\partial E}{\partial T}\right)_V \quad (1.30)$$

$$\text{定圧比熱}\quad C_P = T\left(\frac{\partial S}{\partial T}\right)_P = \left(\frac{\partial H}{\partial T}\right)_P \quad (1.31)$$

ただし，$H \equiv E + PV$はエンタルピーである．

(8) $E = E(S, V, N)$あるいは$S = S(E, V, N)$を出発点として，さまざまな独立変数について**ルジャンドル変換**（付録A参照）することにより，熱力学ポテンシャルが定義される．例えば，EのSに関するルジャンドル変換は，偏導関数

$$\frac{\partial E}{\partial S} = T$$

を独立変数とするものであり，

表 1.1 エネルギーとそのルジャンドル変換．多成分系では μN を $\sum_j \mu_j N_j$ でおきかえる．全微分についても対応するおきかえをする．

熱力学ポテンシャル		独立変数	全微分
エネルギー	E	S, V, N	$dE = T\,dS - P\,dV + \mu\,dN$
エンタルピー	$H \equiv E + PV$	S, P, N	$dH = T\,dS + V\,dP + \mu\,dN$
ヘルムホルツの自由エネルギー	$A \equiv E - TS$	T, V, N	$dA = -S\,dT - P\,dV + \mu\,dN$
ギブスの自由エネルギー	$G \equiv E - TS + PV = \mu N$	T, P, N	$dG = -S\,dT + V\,dP + \mu\,dN$
J 関数(グランドポテンシャル)	$J \equiv E - TS - \mu N = -PV$	T, V, μ	$dJ = -S\,dT - P\,dV - N\,d\mu$

表 1.2 エントロピーとそのルジャンドル変換．多成分系では μN を $\sum_j \mu_j N_j$ でおきかえる．全微分についても対応するおきかえをする．

熱力学ポテンシャル		独立変数	全微分
エントロピー	S	E, V, N	$dS = \dfrac{1}{T}\,dE + \dfrac{P}{T}\,dV - \dfrac{\mu}{T}\,dN$
マシュー関数	$\Psi \equiv S - \dfrac{1}{T}E = -\dfrac{A}{T}$	$\dfrac{1}{T}, V, N$	$d\Psi = -E\,d\dfrac{1}{T} + \dfrac{P}{T}\,dV - \dfrac{\mu}{T}\,dN$
プランク関数	$\Phi \equiv S - \dfrac{1}{T}E - \dfrac{P}{T}V$ $= -\dfrac{G}{T}$	$\dfrac{1}{T}, \dfrac{P}{T}, N$	$d\Phi = -E\,d\dfrac{1}{T} - V\,d\dfrac{P}{T} - \dfrac{\mu}{T}\,dN$ $= -H\,d\dfrac{1}{T} - \dfrac{V}{T}\,dP - \dfrac{\mu}{T}\,dN$
クラマース関数	$q \equiv S - \dfrac{1}{T}E + \dfrac{\mu}{T}N$ $= -\dfrac{J}{T}$	$\dfrac{1}{T}, V, \dfrac{\mu}{T}$	$dq = -E\,d\dfrac{1}{T} + \dfrac{P}{T}\,dV + N\,d\dfrac{\mu}{T}$

$$A = E - TS$$

で定義されるが，これはヘルムホルツの自由エネルギーである．表 1.1, 1.2 に，さまざまな熱力学ポテンシャル，その固有の独立変数および全微分をまとめておく．

　(9) ある関数 $U(X, Y)$ の全微分を $dU = P\,dX + Q\,dY$ と表すとき，微積分学の公式 $\partial^2 U / \partial X\,\partial Y = \partial^2 U / \partial Y\,\partial X$ から

$$\frac{\partial P}{\partial Y} = \frac{\partial Q}{\partial X}$$

が成立する．表 1.1, 1.2 に与えた熱力学ポテンシャルに対して この関係を適用することにより，導関数間の関係式を導くことができる．例えば，全微分 dE から

$$\left(\frac{\partial T}{\partial V}\right)_{S,N} = -\left(\frac{\partial P}{\partial S}\right)_{V,N} \tag{1.32}$$

$$\left(\frac{\partial T}{\partial N}\right)_{S,V} = \left(\frac{\partial \mu}{\partial S}\right)_{V,N} \tag{1.33}$$

$$-\left(\frac{\partial P}{\partial N}\right)_{S,V} = \left(\frac{\partial \mu}{\partial V}\right)_{S,N} \tag{1.34}$$

全微分 dA から

$$\left(\frac{\partial S}{\partial V}\right)_{T,N} = \left(\frac{\partial P}{\partial T}\right)_{V,N} \tag{1.35}$$

$$-\left(\frac{\partial S}{\partial N}\right)_{T,V} = \left(\frac{\partial \mu}{\partial T}\right)_{V,N} \tag{1.36}$$

$$-\left(\frac{\partial P}{\partial N}\right)_{T,V} = \left(\frac{\partial \mu}{\partial V}\right)_{T,N} \tag{1.37}$$

が成立する．これらの一連の関係式を**マクスウェルの関係式**とよぶ．

§1.4 相転移

平衡状態にある物質が物理的，化学的に一様である場合，1つの**相**にあるという．例えば，一様な液体は1つの相である．物質の温度や圧力などの示強変数を変化させると，1つの相から別の相に移る現象が見られる．この現象は**相転移**とよばれる．転移点のところでは，2つの相が互いに平衡状態を保って共存する．

物質（簡単のために単純系を考える）の2つの相が，互いに接して共存しているとしよう．この系が孤立しているとすると，2つの相を合わせた全エントロピー

$$S(E^{\mathrm{I}}, E^{\mathrm{II}}, V^{\mathrm{I}}, V^{\mathrm{II}}, N^{\mathrm{I}}, N^{\mathrm{II}}) = S^{\mathrm{I}}(E^{\mathrm{I}}, V^{\mathrm{I}}, N^{\mathrm{I}}) + S^{\mathrm{II}}(E^{\mathrm{II}}, V^{\mathrm{II}}, N^{\mathrm{II}})$$
(1.38)

が最大となる．ここで添字 I，II は 2 つの相を表す．

一方，2 つの相を合わせた全系の内部エネルギー $E^{\mathrm{I}} + E^{\mathrm{II}}$，体積 $V^{\mathrm{I}} + V^{\mathrm{II}}$，粒子数 $N^{\mathrm{I}} + N^{\mathrm{II}}$ はそれぞれ一定であるから，平衡条件は

$$\frac{\partial S}{\partial E^{\mathrm{I}}} = 0, \quad \frac{\partial S}{\partial V^{\mathrm{I}}} = 0, \quad \frac{\partial S}{\partial N^{\mathrm{I}}} = 0 \tag{1.39}$$

と表される．したがって，

$$\frac{1}{T^{\mathrm{I}}} = \frac{1}{T^{\mathrm{II}}}, \quad \frac{P^{\mathrm{I}}}{T^{\mathrm{I}}} = \frac{P^{\mathrm{II}}}{T^{\mathrm{II}}}, \quad \frac{\mu^{\mathrm{I}}}{T^{\mathrm{I}}} = \frac{\mu^{\mathrm{II}}}{T^{\mathrm{II}}} \tag{1.40}$$

あるいは

$$T^{\mathrm{I}} = T^{\mathrm{II}} \tag{1.41}$$
$$P^{\mathrm{I}} = P^{\mathrm{II}} \tag{1.42}$$
$$\mu^{\mathrm{I}} = \mu^{\mathrm{II}} \tag{1.43}$$

が平衡条件となる．ギブス-デュエムの関係により，化学ポテンシャルは温度と圧力の関数として表されるから，共通の温度，圧力を改めて T，P と書くと，2 つの相が共存するとき

$$\mu^{\mathrm{I}}(T, P) = \mu^{\mathrm{II}}(T, P) \tag{1.44}$$

が成立する．すなわち，化学ポテンシャルを T，P の関数として表したとき，2 つの相が相平衡となって共存する温度，圧力は，相 I の化学ポテンシャル面と相 II の化学ポテンシャル面が交わるところであり，T-P 面上では 1 つの曲線で表される（図 1.1 参照）．

図 1.1(b) の T-P 面上に示した共存線を考えよう．共存線の片側では 1 つの相（相 I とする），他の側ではもう 1 つの相（相 II とする）が安定である．1 つの相の側から他の相の側に移るように，T あるいは P，または両方を変化させると，共存線を通過するときに相転移が起こる．

このような相転移において，さまざまな物理量が不連続的な変化を示す．

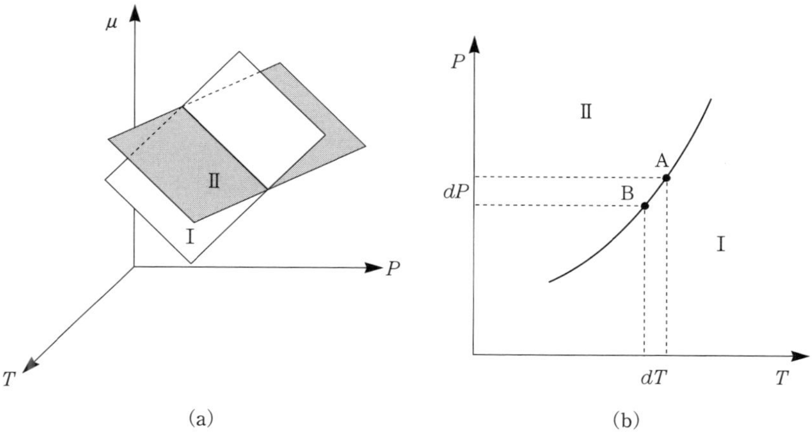

§1.4 相転移 13

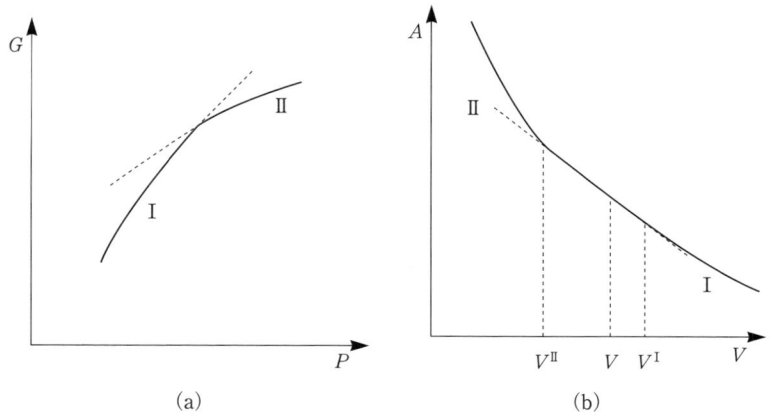

図 1.1 (a) 2つの相の化学ポテンシャル面を模式的に示す．2つの面が交わるところが共存線を決定する．
(b) T-P 面上の共存線．共存線を横切るように温度，圧力を変化させると，相転移が起こる．

図 1.2 (a) ギブスの自由エネルギーの圧力依存性．相転移点のところで導関数，すなわち体積が跳びを示す．
(b) ヘルムホルツの自由エネルギーの体積依存性．体積が V^{I} から V^{II} まで変る間，圧力は一定に保たれるので，ヘルムホルツの自由エネルギーは直線的に変化する．

温度を一定に保った場合，ギブスの自由エネルギー G の圧力依存性は，図 1.2(a) に示したような振舞を示す．体積は

$$V = \left(\frac{\partial G}{\partial P}\right)_{T,N}$$

で与えられるから，転移点の上下で跳びを示す．同様に，エントロピーは

$$S = -\left(\frac{\partial G}{\partial T}\right)_{P,N}$$

で与えられるから，転移点の上下で跳びを示す．このように熱力学ポテンシャルの 1 次偏導関数が不連続となる転移は **1 次相転移** とよばれる．

ヘルムホルツの自由エネルギーは $A = G - PV$ で与えられるから，相転移点前後の相 I と相 II の A の値には $P(V^{\mathrm{I}} - V^{\mathrm{II}})$ だけの差がある．2 つの相が共存している状態では，圧力の無限小の変化で，それぞれの相にある物質の量が変化し，圧力が一定に保たれつつ体積が連続的に変化する．したがって，ヘルムホルツの自由エネルギーは図 1.2(b) のような体積依存性を示す．

共存状態で系全体の体積が V ($V^{\mathrm{II}} < V < V^{\mathrm{I}}$) であるとき，各相にある物質の割合を x^{I}, x^{II} とすると

$$V = x^{\mathrm{I}} V^{\mathrm{I}} + x^{\mathrm{II}} V^{\mathrm{II}}$$

が満たされる．$x^{\mathrm{I}} + x^{\mathrm{II}} = 1$ に注意して，

$$\frac{x^{\mathrm{I}}}{x^{\mathrm{II}}} = \frac{V - V^{\mathrm{II}}}{V^{\mathrm{I}} - V} \tag{1.45}$$

を得る．この関係を**てこの規則**とよぶ．

T-P 面上における共存線の形は，転移点におけるエントロピーの跳び $\mathit{\Delta} S$ と体積の跳び $\mathit{\Delta} V$ によって決まる．実際，図 1.1(b) に示した共存線上の近接した 2 点 A, B を考えよう．それぞれの点における平衡条件から

$$\mu_{\mathrm{A}}^{\mathrm{I}} = \mu_{\mathrm{A}}^{\mathrm{II}}, \quad \mu_{\mathrm{B}}^{\mathrm{I}} = \mu_{\mathrm{B}}^{\mathrm{II}} \tag{1.46}$$

が成り立つ．これらの式の差をとると

$$\mu_{\mathrm{A}}^{\mathrm{I}} - \mu_{\mathrm{B}}^{\mathrm{I}} = \mu_{\mathrm{A}}^{\mathrm{II}} - \mu_{\mathrm{B}}^{\mathrm{II}}$$

である．A，B における温度と圧力の差をそれぞれ dT, dP とすると，それぞれの相について $d\mu = -s\,dT + v\,dP$ であるから（ただし $s = S/N$, $v = V/N$），

$$-s^{\mathrm{I}} dT + v^{\mathrm{I}} dP = -s^{\mathrm{II}} dT + v^{\mathrm{II}} dP$$

が満たされる．すなわち，

$$\frac{dP}{dT} = \frac{s^{\mathrm{I}} - s^{\mathrm{II}}}{v^{\mathrm{I}} - v^{\mathrm{II}}} = \frac{\Delta S}{\Delta V} \qquad (1.47)$$

が，共存線の形を決める．相転移の潜熱 l は，$l = T\Delta S$ によりエントロピーの跳びと関係づけられるから，(1.47) は

$$\frac{dP}{dT} = \frac{l}{T\Delta V} \qquad (1.48)$$

と表すことができる．この関係を**クラウジウス - クラペイロンの式**とよぶ．

温度を高くすると，2 つの相のギブスの自由エネルギーの差が減少し，ついにある温度で消滅する場合がある．例えば，液体と気体の間の相転移線は，ある温度，圧力のところで消滅することが知られている．この点を**臨界点**とよぶ．臨界点の温度，圧力，体積をそれぞれ T_c, P_c, V_c と表す．この温度，圧力以上の領域では，液体と気体の差がなくなることになる．臨界点近傍における体積の圧力依存性を模式的に図 1.3(a) に示す．臨界点では，体積の跳びがちょうど 0 となるのにともない，その圧力に関する偏導関数，すなわち等温圧縮率が発散する．臨界点に高温側から近づく場合と低温側から近づく場合を区別して，発散を特徴づける臨界指数 γ, γ' を次のように定義する．

$$\kappa_T \propto \begin{cases} (T - T_c)^{-\gamma} & (T > T_c, \ V = V_c) \\ (T_c - T)^{-\gamma'} & (T < T_c, \ V \text{ は共存線上}) \end{cases} \qquad (1.49)$$

温度を臨界温度に保ち，体積を臨界値から変化させたときに圧力がどのように変化するかは，次のように定義される臨界指数 δ で特徴づけられる．

$$P - P_c \propto |V - V_c|^{\delta}\ \mathrm{sign}(V_c - V) \qquad (T = T_c) \qquad (1.50)$$

ここで $\mathrm{sign}(X)$ は X の符号を表す．

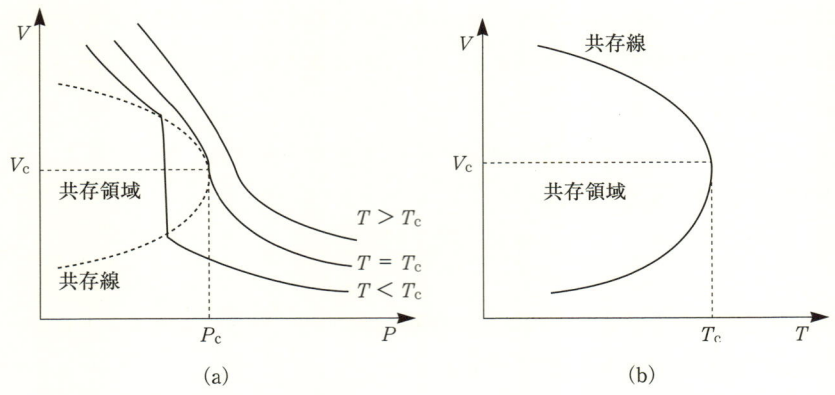

図 1.3 (a) 等温曲線を $T > T_c$, $T = T_c$, $T < T_c$ について示す．破線の左側は 2 相共存領域である．
(b) 2 相共存曲線の温度依存性

共存線の温度依存性は，図 1.3(b) に示すような振舞をする．温度が臨界点以下に下がると，2 つの相の体積差が増加する．その増加の仕方は，次の臨界指数 β で特徴づけられる．

$$V^{\mathrm{I}} - V^{\mathrm{II}} \propto (T_c - T)^{\beta} \tag{1.51}$$

1 次相転移点で見られるエントロピーの跳びも臨界点で消滅し，エントロピーを温度で微分した導関数は臨界点で発散する．したがって，比熱が臨界点で異常を示し，その振舞は次の臨界指数 α, α' で特徴づけられる．

$$C_V \propto \begin{cases} (T - T_c)^{-\alpha} & (T > T_c,\ V = V_c) \\ (T_c - T)^{-\alpha'} & (T < T_c,\ V\text{は共存線上}) \end{cases} \tag{1.52}$$

このように，臨界点における相転移は，熱力学ポテンシャルの 2 次の偏導関数で定義される物理量に跳びや発散が見られるので，**2 次相転移**とよばれる．臨界点近傍では，熱力学量だけでなく密度ゆらぎなど動的物理量にも異常が見られる．臨界点近傍におけるこのような振舞は**臨界現象**とよばれている．

臨界現象は，臨界指数で特徴づけられる．臨界指数は，系が異なれば異なっ

た値をとるということはなく，次元や系を特徴づける少数のパラメーターで決まるいくつかのクラスに分類できることが知られている．このような性質を臨界現象の**普遍性**（ユニバーサリティー）とよぶ．

演 習 問 題

[1] 熱の定義を簡潔に述べ，熱と温度の違いを説明せよ．

[2] 熱力学第1法則 $dE = d'Q + d'W + d'Z$，および熱力学第2法則 $dS \geqq d'Q/T_0$（ただし T_0 は外界の温度）を用いて，次の(1)～(4)を証明せよ．

(1) 孤立した系では $(dS)_{E,V,N} \geqq 0$ であり，平衡状態では S は最大となる．

(2) 体積および粒子数を一定に保った系の等エントロピー過程では，平衡状態でエネルギー E は最小となる．

(3) 体積および粒子数を一定に保った系の等温過程 $T = T_0$ では，平衡状態でヘルムホルツの自由エネルギー $A \equiv E - TS$ は最小となる．

(4) 粒子数を一定に保った系の等温・等圧過程では，平衡状態でギブスの自由エネルギー $G \equiv E - TS + PV$ は最小となる．

[3] (1) $H = E + PV$ の全微分を dS, dP, dN を用いて表せ．

(2) $A = E - TS$ の全微分を dT, dV, dN を用いて表せ．

(3) $G = E - TS + PV$ の全微分を dT, dP, dN を用いて表せ．

[4] 次の関係を証明せよ．

(1) $E = -T^2 \left(\dfrac{\partial \frac{A}{T}}{\partial T} \right)_{V,N}$

(2) $E = -T^2 \left(\dfrac{\partial \frac{G}{T}}{\partial T} \right)_{P,N} - TP \left(\dfrac{\partial \frac{G}{T}}{\partial P} \right)_{T,N}$

(3) $C_P = C_V + \dfrac{TV\alpha^2}{\kappa_T}$

α は熱膨張係数,κ_T は等温圧縮率である.

[5] $(\partial N/\partial \mu)_{V,T}$ と $(\partial V/\partial P)_{N,T}$ の関係を次の手順に従って求めよ.

(1) ギブス-デュエムの関係式を用いて
$$\left(\frac{\partial \mu}{\partial \frac{V}{N}}\right)_{N,T} = V\left(\frac{\partial P}{\partial V}\right)_{N,T}$$
を示せ.

(2) 偏微分の公式から
$$\left(\frac{\partial \mu}{\partial \frac{V}{N}}\right)_{N,T} = -\frac{N^2}{V}\left(\frac{\partial \mu}{\partial N}\right)_{V,T}$$
を示せ.

(3) (1), (2) から
$$\left(\frac{\partial N}{\partial \mu}\right)_{V,T} = -\frac{N^2}{V^2}\left(\frac{\partial V}{\partial P}\right)_{N,T}$$
を示せ.

[6] 基本方程式 $E = BS^3/NV$ について次の問に答えよ.ただし,B は定数である.

(1) E が,S,V,N の1次同次関数であることを示せ.

(2) $T = (\partial E/\partial S)_{V,N}$ が示強変数であることを示せ.

(3) オイラーの関係を確かめよ.

(4) T,P,μ を求め,それらが互いに独立ではないことを示せ.

(5) エンタルピー,ギブスの自由エネルギーをその固有の独立変数の関数として求めよ.

(6) (5) で求めた各ポテンシャルの全微分を,その独立変数の微分で表せ.

[7]
$$S = Ns_0 + Nk_B \ln\left[\left(\frac{E}{E_0}\right)^c \frac{V}{V_0}\left(\frac{N}{N_0}\right)^{-(c+1)}\right]$$
のマシュー関数,プランク関数,クラマース関数を求めよ.c,k_B,s_0 は定数である.

[8]
$$E = C \frac{N^{5/3}}{V^{2/3}} \exp\left(\frac{2}{3}\frac{S}{k_B N} - C\right)$$
のとき，$T = 2E/3k_B N$，$P = 2E/3V$，$C_V = 3Nk_B/2$ を示せ．また μ を求め，$G = \mu N$ であることを確かめよ．C は正定数である．

[9]
$$A = Nk_B T \ln\left(\frac{\hbar\omega}{k_B T}\right)$$
のとき，E，S，P，μ，C_V，C_P を求めよ．$\hbar$，ω は定数である．

[10]
$$A = Nk_B T \ln\left(2\sinh\frac{\hbar\omega}{2k_B T}\right)$$
のとき，E，S，P，μ，C_V，C_P を求めよ．

[11] エンタルピー H およびギブスの自由エネルギー G の全微分から導かれるマクスウェルの関係式をすべて示せ．

[12] 実在気体の状態方程式としてよく用いられるものにファン・デル・ワールスの状態方程式
$$\left(P + \frac{n^2 a}{V^2}\right)(V - bn) = nRT$$
がある．P，T，V，n は，それぞれ圧力，温度，体積，モル数であり，$R = 1.9872\,\mathrm{cal\cdot mol^{-1}\cdot deg^{-1}}$ は気体定数である．a，b は物質固有のパラメーターであり，それぞれ分子間の引力，分子の大きさの効果を表している．

（1） さまざまな温度に対して P を V の関数として描き，臨界点が存在することを示せ．

（2） 臨界点は
$$\left(\frac{\partial P}{\partial V}\right)_{T=T_c} = 0, \quad \left(\frac{\partial^2 P}{\partial V^2}\right)_{T=T_c} = 0$$
で定義される．臨界点が
$$P_c = \frac{a}{27b^2}, \quad V_c = 3bn, \quad T_c = \frac{8a}{27bR}$$
で与えられることを示せ．$P_c V_c / nRT_c = 3/8$ に注意．

（3） 圧力，体積，温度をそれぞれ P_c，V_c，T_c を単位とした量 $\tilde{P} = P/P_c$，$\tilde{V} = V/V_c$，$\tilde{T} = T/T_c$ で表すと，状態方程式は物質に依存するパラメーターには

よらず，同一の式

$$\left(\widetilde{P}+\frac{3}{\widetilde{V}^2}\right)(3\widetilde{V}-1)=8\widetilde{T}$$

に帰着することを示せ．このような振舞は実験的にも確かめられており，**対応状態の法則**として知られている．

（4） $d\mu = -s\,dT + v\,dP$ から，化学ポテンシャルの変化量は，図に示すように v-P 曲線の下部の面積で与えられる．$T < T_c$ のとき，化学ポテンシャルの圧力依存性を推定し，そのおおよその振舞を描け．

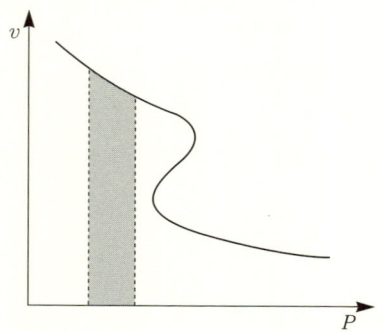

（5） $T < T_c$ のとき，共存線は図に示すように，等温線と共存線とで囲まれる面積が等しくなるように決められることを示せ．このようにして共存線が決まることを**マクスウェルの等面積則**とよぶ．*

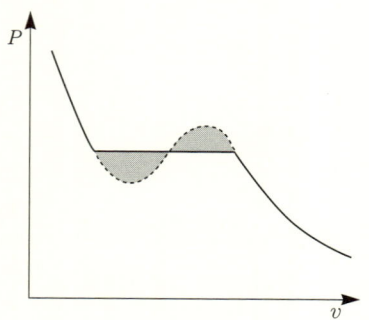

＊ ファン・デル・ワールスの状態方程式の等温線は，$\partial P/\partial V > 0$ となる熱力学的に不安定な領域を含んでいるので，この議論はもう少し正確に行う必要がある．（久保亮五 編：「大学演習 熱学・統計力学（修訂版）」（裳華房）第 4 章参照）

（6） 臨界指数を求め，
$$\beta = \frac{1}{2}, \quad \gamma = \gamma' = 1, \quad \delta = 3$$
であることを示せ．

第 2 章
熱力学から統計力学へ

2つの系を接触させる過程をミクロな描像に基づいて解析し，ミクロな状態の数とエントロピーを結び付けるボルツマンの原理を導く．この原理は，統計力学の根本となるものでり，古典理想気体への応用により，その正しさを検証する．

§2.1 2つの系の熱的接触

2つの単純系を接触させ，体積，粒子数を一定に保ちながらエネルギーの交換を許す過程（熱的接触）を考えよう．この過程は，§1.2の例題でみたように熱力学の典型的な問題である．系は，巨視的物理量のエネルギー，体積，粒子数で指定され，1つの系のこれらの量を E_1, V_1, N_1，もう1つの系の対応する量を E_2, V_2, N_2 とする．§1.2の例題で示したように，それぞれの系のエントロピーを S_1, S_2 とすると，平衡状態では $\partial S_1/\partial E_1 = \partial S_2/\partial E_2$，すなわち温度（の逆数）が等しくなる．

このとき，$t = 0$ におけるそれぞれの系のエネルギーを $E_1^{(0)}$, $E_2^{(0)}$ とすると，全エネルギー $E^{(0)} = E_1^{(0)} + E_2^{(0)}$ は2つの系で分配され，それぞれの系のエネルギーの時間変化は図2.1に示したようなものになる．十分時間が経つと，各系のエネルギーはほぼ一定の値の近くで小さくゆらぐだけとなる．

アニメ 2

このとき，片方の系がすべてのエネルギーをとり，他の系のエネルギーが0になるようなことは決して起こらない．実際，例えば粒子間の相互作用が

ないものと仮定して，全エネルギーが系1に集中した $E_1 = E^{(0)}$，$E_2 = 0$ という状態を考えてみよう．このとき，粒子が古典力学に従うとすると，系2の粒子はすべて容器内のどこかに静止していなければならない．そこでごくわずかのエネルギーを系1から系2に移すと，系2の粒子はいろいろな運動状態をとるようになり，とりうる可能な状態の数が格段に増加する．したがって，$E_2 = 0$ の状態に

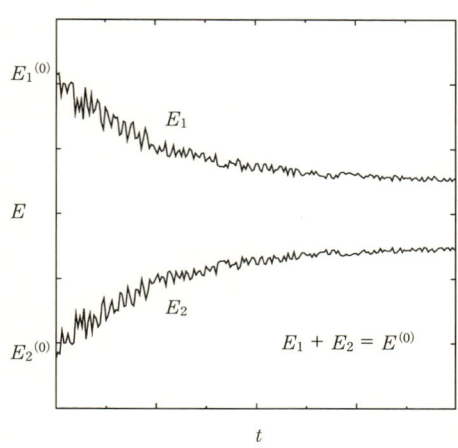

図2.1 熱的接触させた2つの系のエネルギーの時間変化

比べて，出現する確率が圧倒的に大きくなる．同様に，逆の極限 $E_1 = 0$，$E_2 = E^{(0)}$ も出現しにくい．では，どのようなエネルギーの配分が最も起こりやすいであろうか．

$E^{(0)}$ のエネルギーを2つの系に配分すると，それぞれの系の中の分子は種々の状態をとることができる．系のとるさまざまの状態それぞれを，**微視状態**とよぶことにする．各時刻において，どの微視状態も同じ確率で出現することが期待される（これを**等重率**という）．系の状態をエネルギー E，体積 V，粒子数 N によって巨視的に指定したとき，その系がとることができる微視状態の数を $W(E, V, N)$ で表す．後に示すように，$W(E, V, N)$ は $W(E, V, N) \propto E^N$ のような振舞を示す関数である．

上でみた2つの系を接触させた場合を考えてみよう．系1のエネルギー，体積，粒子数がそれぞれ E_1, V_1, N_1 のときの微視状態の数を $W_1(E_1, V_1, N_1)$，系2のエネルギー，体積，粒子数がそれぞれ E_2, V_2, N_2 のときの微視状態の数を $W_2(E_2, V_2, N_2)$ とすると，全系の微視状態の数は

$$W(E_1, E_2, V_1, V_2, N_1, N_2) = W_1(E_1, V_1, N_1) \; W_2(E_2, V_2, N_2) \tag{2.1}$$

で与えられる．ここで，V_1, V_2, N_1, N_2 は一定に保たれるので，$W(E_1, E_2, V_1, V_2, N_1, N_2) \equiv W(E_1, E_2)$ は E_1, E_2 のみの関数であり，さらに $E_1 + E_2 = E^{(0)}$ が一定であるから，$W(E_1, E_2)$ は E_1 だけの関数と考えてよい．図 2.2 に模式的に示すように，$W(E_1, E_2)$ はある E_1 のところで急激に大きくなる．

アニメ 3

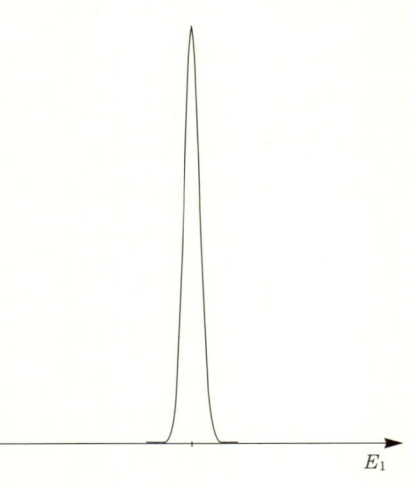

図 2.2　2 つの系を熱的に接触させ，全系の微視状態の数を系 1 のエネルギーの関数として模式的に示したもの．

実際に系を観測したとき，$W(E_1, E_2)$ が最大となるようにエネルギーが配分された状態が最も見い出されやすいことになる．すなわち，

$$\frac{dW(E_1, E_2)}{dE_1} = 0 \tag{2.2}$$

を満たす E_1 が実現されると考えられる．簡単な計算により，(2.2) は

$$\frac{1}{W_1(E_1, V_1, N_1)} \left(\frac{\partial W_1(E_1, V_1, N_1)}{\partial E_1} \right)_{V_1, N_1}$$
$$= \frac{1}{W_2(E_2, V_2, N_2)} \left(\frac{\partial W_2(E_2, V_2, N_2)}{\partial E_2} \right)_{V_2, N_2} \tag{2.3}$$

と変形できる．すなわち，

$$\beta = \left(\frac{\partial \ln W(E, V, N)}{\partial E} \right)_{V, N} \tag{2.4}$$

を定義すると，

が平衡の条件ということになる．一方，2つの系を熱的に接触させたとき，熱力学による平衡条件は（§1.2の例題参照），

$$\frac{1}{T} = \left(\frac{\partial S}{\partial E}\right)_{V,N} \tag{2.6}$$

を用いると

$$\frac{1}{T_1} = \frac{1}{T_2} \tag{2.7}$$

である．つまり，(2.4), (2.6)から

$$\Delta \ln W = \beta \, \Delta E \quad \leftrightarrow \quad \Delta S = \frac{1}{T} \Delta E \tag{2.8}$$

という対応関係が推察できる．あるいは

$$\frac{\Delta S}{\Delta \ln W} = \frac{1}{\beta T} \tag{2.9}$$

という関係が成立する．ボルツマンは，この比が定数であるという原理を立てた．すなわち，定数を k_B として，

$$\frac{1}{\beta T} = k_B \tag{2.10}$$

あるいは

$$\beta = \frac{1}{k_B T} \tag{2.11}$$

である．k_B をボルツマン定数（$k_B = 1.380658 \times 10^{-23}\,\mathrm{J \cdot K^{-1}}$）という．

議論を進める前に，観測される状態が微視状態の数を最大にするものであるという事実は他の過程でも見られることを注意しておく．実際，気体の自由膨張を考えてみよう．仕切りによって容器の左半分に閉じ込められた分子は，仕切りを取り除くと容器全体に行き渡る．平衡状態では，容器の右半分，左半分にある分子の数はほぼ等しくなる．

アニメ4

この状態が最も出現しやすいことは，実際に確率を求めて容易に示すことができる（章末の演習問題［1］〜［3］参照）．

§2.2 微視的エントロピー

前節の (2.9), (2.10) は，微視状態の数 W の対数とエントロピー S が1次関数で関係づけられることを意味する．すなわち，

$$S = k_B \ln W + S_0 \tag{2.12}$$

と表せる．S_0 は微視状態の数が1のときのエントロピーであり，熱力学第3法則（§1.2 参照）から $S_0 = 0$ が要請される．このことから，統計力学の最も基本的な関係式

$$S(E, V, N) = k_B \ln W(E, V, N) \tag{2.13}$$

を得る．これを**ボルツマンの関係式**とよぶ．この式は，与えられた E, V, N のもとで可能なすべての微視状態の数が求められれば，その対数をとることによって系のエントロピーを E, V, N の関数として求められる，すなわち基本関係式が求められることを意味しており，統計力学の根源となるものである．

この関係の正当性をさらに強固にするために，2つの系を熱的ならびに力学的に接触させた場合の平衡条件を考えてみよう．図2.3に示すように，それぞれの系の粒子数は一定に保たれるが，エネルギーおよび体積が2つの系の間でやりとりされる．この場合，$E_1 + E_2 = E^{(0)}$, $V_1 + V_2 = V^{(0)}$ が一定に保たれたまま，微視状

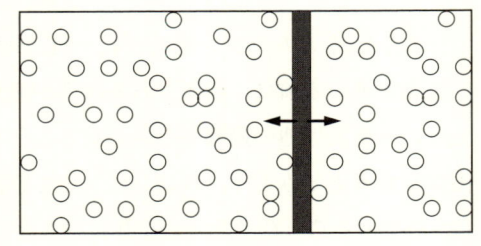

図2.3 熱的，力学的接触をする2つの系

態の数を最大にするようにエネルギー $E^{(0)}$ と体積 $V^{(0)}$ が2つの系で分配される．(2.1) の E_1, V_1 に関する偏微分係数を 0 とおいて

$$\left(\frac{\partial \ln W_1}{\partial E_1}\right)_{V_1, N_1} = \left(\frac{\partial \ln W_2}{\partial E_2}\right)_{V_2, N_2}, \quad \left(\frac{\partial \ln W_1}{\partial V_1}\right)_{E_1, N_1} = \left(\frac{\partial \ln W_2}{\partial V_2}\right)_{E_2, N_2} \quad (2.14)$$

が導かれる．一方，熱力学では平衡条件が

$$\left(\frac{\partial S_1}{\partial E_1}\right)_{V_1, N_1} = \left(\frac{\partial S_2}{\partial E_2}\right)_{V_2, N_2}, \quad \left(\frac{\partial S_1}{\partial V_1}\right)_{E_1, N_1} = \left(\frac{\partial S_2}{\partial V_2}\right)_{E_2, N_2} \quad (2.15)$$

すなわち，

$$\frac{1}{T_1} = \frac{1}{T_2}, \quad \frac{P_1}{T_1} = \frac{P_2}{T_2} \quad (2.16)$$

で与えられる．したがって，この例でも $S = k_B \ln W$ の対応に矛盾のないことがわかる．

[問] 物質および熱を透過させ，動くことが可能な壁を通して2つの系を接触させたとき，平衡条件が (2.14) に

$$\left(\frac{\partial \ln W_1}{\partial N_1}\right)_{E_1, V_1} = \left(\frac{\partial \ln W_2}{\partial N_2}\right)_{E_2, V_2}$$

を付け加わえたものとなることを示せ．(解答は略す．各自確かめよ．)

エネルギー E，体積 V，粒子数 N をそれぞれ dE, dV, dN だけ変化させたときの $\ln W$ の変化量は

$$d \ln W = \frac{\partial \ln W}{\partial E} dE + \frac{\partial \ln W}{\partial V} dV + \frac{\partial \ln W}{\partial N} dN \quad (2.17)$$

であり，一方，熱力学によれば

$$dS = \frac{1}{T} dE + \frac{P}{T} dV - \frac{\mu}{T} dN \quad (2.18)$$

である．したがって，ボルツマンの関係式 $S = k_B \ln W$ により，両者が完

全に対応づけられることがわかる．

すなわち，微視的立場からエントロピーを求める手続きは次のようにまとめられる．

(1) 与えられた E, V, N の下で系がとることのできる微視状態の数 $W(E, V, N)$ を求める．

(2) $S(E, V, N) = k_B \ln W(E, V, N)$ により系のエントロピーを求める．状態方程式は，エントロピーから

$$\frac{1}{T} = \left(\frac{\partial S}{\partial E}\right)_{V,N} \tag{2.19}$$

$$\frac{P}{T} = \left(\frac{\partial S}{\partial V}\right)_{E,N} \tag{2.20}$$

$$\frac{\mu}{T} = -\left(\frac{\partial S}{\partial N}\right)_{E,V} \tag{2.21}$$

として求められる．また，他の物理量も通常の熱力学の公式に従って求められる．例えば，

ヘルムホルツの自由エネルギー： $A = E - TS$

ギブスの自由エネルギー： $G = E - TS + PV = \mu N$

エンタルピー： $H = E + PV$

定積比熱： $C_V = \left(\dfrac{\partial E}{\partial T}\right)_{V,N}$

定圧比熱： $C_P = \left(\dfrac{\partial H}{\partial T}\right)_{P,N}$

である．

§2.3 古典理想気体

微視状態の数 $W(E, V, N)$ を求めると，熱力学量がすべて求められることがわかった．微視状態をいかに区別し，その数をどのように求めるかは，

§2.3 古典理想気体　29

系を構成する粒子のダイナミックスに依存する．粒子が古典力学に従う古典系と，量子力学に従う量子系では，その取扱い方が異なる．

古典系では，状態は各粒子の位置 $\{r_i\}$ と運動量 $\{p_i\}$ によって指定される．ただし，同じ種類の粒子は本来区別できないから，同じ種類の粒子を単に入れ替えただけの状態は同一の状態と見なすべきである．

量子系では，系のハミルトニアンを $\mathcal{H}$ とするとシュレーディンガー方程式
$$\mathcal{H}\phi(r_1, r_2, \cdots) = E\phi(r_1, r_2, \cdots) \tag{2.22}$$
の固有状態それぞれが 1 つの状態に対応する．

さて，この節では古典系について実際の状態数を求めてみよう．まず，1次元の幅 L の箱の中を運動する質量 m の 1 個の粒子を考える．

> アニメ 5

系の状態は粒子の位置 x と運動量 p で指定できる．したがって，各状態は x, p で張られる平面内の点として表される．このような空間を**位相空間**とよび，状態を表す点を**代表点**とよぶ．代表点は，時間とともに位相空間内を動き回る．

状態の数を測る単位は，求められる結果が実験事実と一致するようにとる．後にみるように，自由度 1 の運動の位相空間では，**プランク定数** h の大きさの面積を単位とすればよいことがわかる（§7.6 参照）．このとき，エネルギーが正確に決まった系では状態数が 0 となってしまうという困難が生じる．実際，図 2.4(b) で系がとる状態は位相空間内の直線で表され，その面積は 0 である．そこで，系のエネルギーは常に ΔE 程度の不確定さがあるものとして，すでに考察した状態数も E と $E + \Delta E$ の間の状態数 $W(E, \Delta E, V, N)$ を表すものと考える．$W(E, \Delta E, V, N)$ は，E 以下の状態数 $\Sigma(E, V, N)$ と

$$W(E, \Delta E, V, N) = \Sigma(E + \Delta E, V, N) - \Sigma(E, V, N)$$
$$= \frac{\partial \Sigma(E, V, N)}{\partial E} \Delta E \tag{2.23}$$

図 2.4
(a) 1次元の箱の中の粒子
(b) その位相空間

という関係にある．$\Omega(E, V, N) \equiv \partial \Sigma(E, V, N)/\partial E$ は**状態密度**とよばれる．

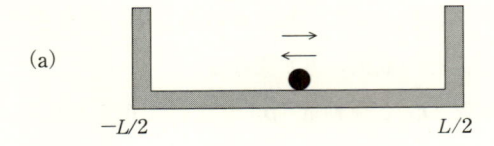

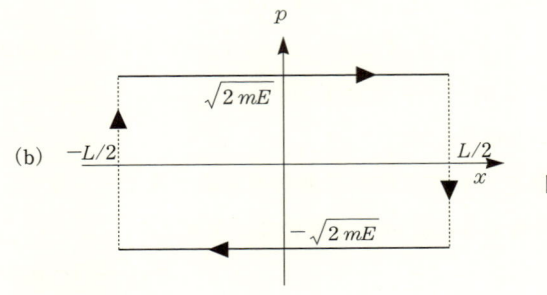

図 2.4(b) の例にもどって，具体的にこれらの量を求めると

$$\Sigma(E, L, N = 1) = \frac{2\sqrt{2mE}\,L}{h} \quad (2.24)$$

$$W(E, \Delta E, L, N = 1) = \frac{\sqrt{\frac{2m}{E}}\,L}{h}\Delta E \quad (2.25)$$

を得る．

次に，質量 m の 1 個の粒子が $V \equiv L \times L \times L$ の箱の中にある場合を考えよう．位相空間は，粒子の座標 (x, y, z) および運動量 (p_x, p_y, p_z) で張られる 6 次元空間である．粒子のエネルギーは $E = (p_x^2 + p_y^2 + p_z^2)/2m$ であるから，エネルギーが E 以下の状態の数は

$$\Sigma(E, V, N = 1) = \frac{1}{h^3} \iiint\!\!\iiint_{(p_x^2 + p_y^2 + p_z^2)/2m \leq E} dx\,dy\,dz\,dp_x\,dp_y\,dp_z$$

$$= \frac{4\pi(2mE)^{3/2}V}{3h^3} \tag{2.26}$$

で与えられる．したがって，E と $E + \mathit{\Delta} E$ の間の状態数は (2.23) から

$$W(E,\ \mathit{\Delta} E,\ V,\ N = 1) = \frac{2\pi(2m)^{3/2}\sqrt{E}\ V}{h^3} \mathit{\Delta} E \tag{2.27}$$

となる．

これを N 個の粒子の系に拡張するのは容易である．粒子を単に入れかえただけの状態は同じものと見なせるので $N!$ で割って，エネルギーが E 以下の状態数は

$$\Sigma(E,\ V,\ N) = \frac{1}{N!\ h^{3N}} \int_0^L dx_1 \int_0^L dy_1 \int_0^L dz_1 \cdots \int_0^L dz_N$$
$$\times \int_{-\infty}^{\infty} dp_{x_1} \int_{-\infty}^{\infty} dp_{y_1} \cdots \int_{-\infty}^{\infty} dp_{z_N}$$
$$\scriptstyle (p_{x_1}^2 + p_{y_1}^2 + p_{z_1}^2 + \cdots + p_{z_N}^2)/2m \leq E$$
$$\tag{2.28}$$

$$= \frac{V^N}{N!\ h^{3N}} \frac{(2\pi mE)^{3N/2}}{\Gamma\left(\dfrac{3N}{2} + 1\right)} \tag{2.29}$$

となる．* ただし，$\Gamma(x)$ はガンマ関数であり，$\Gamma(x + 1) = x\Gamma(x)$ を満たす．そして，エネルギーが E と $E + \mathit{\Delta} E$ の間にある状態の数は

$$W(E,\ \mathit{\Delta} E,\ V,\ N) = \frac{3N}{2} \Sigma(E,\ V,\ N) \frac{\mathit{\Delta} E}{E} \tag{2.30}$$

で与えられる．

ボルツマンの関係式 (2.13) に従って，系のエントロピーは

$$S(E,\ V,\ N) = k_B \ln W(E,\ \mathit{\Delta} E,\ V,\ N) \tag{2.31}$$

---

* $p_{x_1} = \sqrt{2mE}\,\xi_1$ のような変換をすべての運動量の成分について行うと，$3N$ 個の運動量成分についての積分は，$3N$ 次元の単位球の体積

$$\int d\xi_1 \int d\xi_2 \cdots \int d\xi_{3N} = \frac{\pi^{3N/2}}{\Gamma\left(\dfrac{3N}{2} + 1\right)}$$
$$\scriptstyle \xi_1^2 + \xi_2^2 + \cdots + \xi_{3N}^2 \leq 1$$

に $(2mE)^{3N/2}$ を掛けたものとなる．

で与えられる．すなわち，

$$S(E, V, N) = k_B \ln \Sigma(E, V, N) + k_B \ln \frac{3N}{2} + k_B \ln \frac{\Delta E}{E} \tag{2.32}$$

であるが，右辺第2，3項は $\ln N$ のオーダーの量であり，N のオーダーの量である第1項に比べて無視できる．結局，

$$S(E, V, N) = k_B \ln \Sigma(E, V, N) \tag{2.33}$$

によってエントロピーが求められる．スターリングの公式 $\ln N! \cong N \ln N - N$ に注意して右辺を計算すると，

$$S(E, V, N) = Nk_B \ln \left[\frac{V}{Nh^3} \left(\frac{4\pi mE}{3N} \right)^{3/2} \right] + \frac{5}{2} Nk_B \tag{2.34}$$

となる．また，エネルギー E について解くと

$$E(S, V, N) = \frac{3h^2 N^{5/3}}{4\pi m V^{2/3}} \exp\left(\frac{2S}{3Nk_B} - \frac{5}{3} \right) \tag{2.35}$$

を得る．これらの式は，古典理想気体の熱力学的情報を完全に含んだ等価な基本関係式である（§1.2参照）．

どちらの表現を用いても，§1.3の表1.1，1.2を参照して状態方程式を求めることができる（第1章の演習問題［8］参照）．

$$T = \left(\frac{\partial E}{\partial S} \right)_{V,N} = \frac{2E}{3Nk_B} \tag{2.36}$$

$$P = -\left(\frac{\partial E}{\partial V} \right)_{S,N} = \frac{2E}{3V} \tag{2.37}$$

$$\mu = \left(\frac{\partial E}{\partial N} \right)_{S,V} = E\left(\frac{5}{3N} - \frac{2S}{3N^2 k_B} \right) \tag{2.38}$$

（2.36），（2.37）から，よく知られた理想気体の状態方程式

$$PV = Nk_B T \tag{2.39}$$

が導かれる．また，ギブスの自由エネルギー G と化学ポテンシャル μ の関係

$$G = \mu N \tag{2.40}$$

も確かめられる．これらのよく知られた熱力学の関係が再現できることから，ボルツマンの関係式の正しさが支持される．

(2.36)～(2.38)から化学ポテンシャル μ を温度 T，圧力 P の関数として表すことができる．

$$\mu = k_B T \ln\left[\frac{P}{k_B T}\left(\frac{h^2}{2\pi m k_B T}\right)^{3/2}\right] \qquad (2.41)$$

この関係は，3つの示強変数が互いに独立ではないことを示すものである．

最後に，(2.34)と(2.36)から E を消去して

$$S = N k_B \ln \frac{V}{N} + \frac{3}{2} N k_B \left(\frac{5}{3} + \ln \frac{2\pi m k_B T}{h^2}\right) \qquad (2.42)$$

を得る．この関係は，実験事実に基づいて提案されていた**サッカー-テトロードの式**そのものであり，状態数の単位として1自由度当り h を用いたことを含めて，本章で述べた定式を正当化するものである．

演習問題

[1] 孤立した容積 V の容器に入っている N 個の粒子の分布を考えよう．容器を仮想的に同じ容積の2つの部分 I, II に分け，それぞれの部分に入っている粒子数に着目する．粒子が I に n 個，II に $N-n$ 個入っている確率を $P_N(n)$ とする．

アニメ4

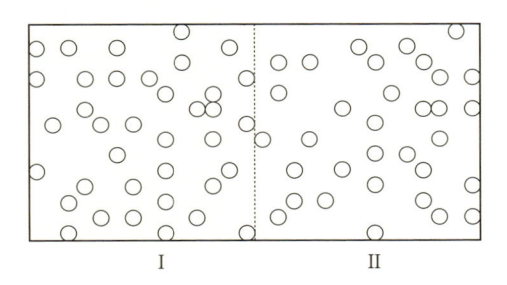

(1) 1つの粒子が片方の部分に入っている確率は,その部分に入っているときの微視状態の数と全体にいるときの微視状態の数の比で決まるので,1/2である. $P_N(n)$ が

$$P_N(n) = \frac{N!}{n!(N-n)!}\frac{1}{2^N}$$

で与えられることを説明せよ.

(2) $P_1(0)$, $P_1(1)$ を求め, $P_1(n)$ を n に対して図示せよ.

(3) $P_2(0)$, $P_2(1)$, $P_2(2)$ を求め, $P_2(n)$ を n に対して図示せよ.

(4) $P_3(0)$, $P_3(1)$, $P_3(2)$, $P_3(3)$ を求め, $P_3(n)$ を n に対して図示せよ.

(5) $P_4(0)$, $P_4(1)$, $P_4(2)$, $P_4(3)$, $P_4(4)$ を求め, $P_4(n)$ を n に対して図示せよ.

(6) $P_{50}(n)$ の n 依存性のおおよその図を描け.

(7) $n/N = 1/2 + x$ (よって $(N-n)/N = 1/2 - x$) とおき, x が小さいとき

$$P_N(n) \equiv P_N(x) \cong \exp(-2Nx^2)$$

であることを示せ.ただし,スターリングの公式 $\ln N! \cong N\ln N - N$,および $\ln(1+x) \cong x - x^2/2 + x^3/3 - \cdots$ を用いてよい.

(8) $P_N(x)\,dx$ は, x の値が x と $x+dx$ の間にある確率を表す. $P_N(x)\,dx$ を $\int_{-\infty}^{\infty} P_N(x)\,dx = 1$ と規格化し,

$$P_N(x) = \sqrt{\frac{2N}{\pi}}\exp(-2Nx^2)$$

であることを示せ ($\int_{-\infty}^{\infty}\exp(-x^2)\,dx = \sqrt{\pi}$ に注意).

ガウス分布 $(1/\sqrt{2\pi}\,\sigma)\exp(-x^2/2\sigma^2)$ の幅は σ で与えられるから,この分布の幅は $1/\sqrt{N}$ に比例して小さくなる.

[2] 問題[1](8)のガウス分布の2次モーメントが

$$\int_{-\infty}^{\infty} x^2 P_N(x)\,dx = \frac{1}{4N}$$

で与えられることを示せ．したがって，分布の幅は $1/2\sqrt{N}$ である．

[3] 問題[1]において実際に粒子数を測定する場合，その精度が $\delta = 10^{-6}$ 程度であるとしよう．このとき，粒子数の測定結果が $n = N/2$ から外れる確率は

$$1 - \int_{-\delta}^{\delta} P_N(x)\,dx = 2\int_{\delta}^{\infty} P_N(x)\,dx$$

で与えられる．$N = 10^{24}$ として，この確率を見積もれ（$\frac{2}{\sqrt{\pi}} \int_z^{\infty} e^{-t^2}\,dt \cong \frac{1}{\sqrt{\pi}\,z} e^{-z^2}$ に注意）．

[4] スターリングの公式

$$\ln N! \cong N\ln N - N$$

を確かめるために，

$$\frac{\ln N! - (N\ln N - N)}{\ln N!}$$

を $N = [1,\,10]$ に対して図示せよ．

[5] 直径 σ の球形粒子（質量 m）N 個から成る系が，体積 V の容器に入っている．粒子は互いに重なることができず，またそれ以外には相互作用はないものとする．粒子 i の位置ベクトル，運動量ベクトルをそれぞれ $\boldsymbol{r}_i$, $\boldsymbol{p}_i$ とすると，系のハミルトニアンは

$$H = \frac{1}{2m}(\boldsymbol{p}_1^2 + \boldsymbol{p}_2^2 + \cdots + \boldsymbol{p}_N^2)$$

で与えられる．壁との相互作用はあからさまには書いていない．この系のエネルギーが E 以下である微視状態の数を $\Sigma(E,\,V,\,N)$ とすると，$\Sigma(E,\,V,\,N)$ は

$$\Sigma(E,\,V,\,N) = \frac{1}{N!\,h^{3N}} Q(V,\,N)\,K(E,\,N)$$

と書くことができる．ここで

$$K(E,\,N) = \int\cdots\int_{0 \leq H \leq E} dp_{1_x}\,dp_{1_y}\,dp_{1_z}\,dp_{2_x}\cdots dp_{N_z}$$

$$Q(V,\,N) = \int\cdots\int_{\{r_i\} \subset V} dr_{1_x}\,dr_{1_y}\,dr_{1_z}\,dr_{2_x}\cdots dr_{N_z}$$

である．

（1） $p_{1_x}/\sqrt{2mE} = \xi_1, \cdots, p_{N_z}/\sqrt{2mE} = \xi_{3N}$ と変数変換して $K(E, N)$ を求めよ．ただし，半径 1 の n 次元の球の体積は $\pi^{n/2}/\Gamma(n/2+1)$ である（p.31 の脚注参照）．

（2） 直径 σ の粒子が排除する（他の粒子を寄せつけない）体積 v_0 が，$v_0 = (4\pi/3)\sigma^3$ で与えられることを説明せよ．

（3） r_N について積分して，
$$Q(V, N) = [V - (N-1)v_0] \int \cdots \int_{\{r_i\} \subset V} dr_{1_x} dr_{1_y} dr_{1_z} dr_{2_x} \cdots dr_{(N-1)_z}$$
であることを示せ．

（4） $\ln Q(V, N) \cong N \ln V - N^2 v_0/2V$ と表せることを示せ．ただし $Nv_0 \ll V$ と仮定して粒子の配置に関する相関は無視し，また $N \gg 1$ として $N - 1 \cong N$ と近似する．（$\ln(1-x) \cong -x\,(|x| \ll 1)$ を用いてよい．）

（5） エントロピーを $S(E, V, N) = k_B \ln \Sigma(E, V, N)$ として定義し，内部エネルギーと温度の関係を求めよ．（$\ln \Gamma(z+1) \cong z \ln z - z\,(z \gg 1)$ を用いてよい．）

（6） $\partial S/\partial V = P/T$ から状態方程式が
$$P(V - b) = N k_B T$$
と書けることを示せ．また，b が粒子の占める総体積の 4 倍で与えられることを示せ．

[6] サッカー‐テトロードの式
$$S = N k_B \ln \frac{V}{N} + \frac{3}{2} N k_B \left(\frac{5}{3} + \ln \frac{2\pi m k_B T}{h^2} \right)$$
は，N 個の分子（質量 m）から成る系のエントロピーを，体積 V，粒子数 N，温度 T の関数として与えるものである．

温度を一定に保って，体積 V_1 の容器に入った N_1 個の分子から成る気体と体積 V_2 の容器に入った N_2 個の分子から成る気体とを接触させて混合する（体積は $V_1 + V_2$ になる）．

（1） 容器 1 と容器 2 の分子が同じ種類の場合の混合後のエントロピーおよ

び混合エントロピー（混合によるエントロピーの変化量）を求めよ．

（2） 容器1と容器2の分子が異なった種類の場合の混合後のエントロピーおよび混合エントロピーを求めよ．

（3） 1気圧 300 K の状態の N_2：4 モルと 1 気圧 300 K の状態の O_2：1 モルを混合したときの混合エントロピーを求めよ．

第 3 章
アンサンブル理論とミクロカノニカルアンサンブル

同じ系のコピーの集団(アンサンブル)を導入し,アンサンブルの要素についての平均値として,物理量を求めるアンサンブル理論を展開する.孤立した系を表すミクロカノニカルアンサンブルの定式化を述べ,さらに閉じた量子系の例として2準位系の性質を論じる.

§3.1 アンサンブル理論

前章でみたように,与えられた1つの巨視状態 (E, V, N) には莫大な数の微視状態が存在し,時々刻々それらの微視状態のどれかが出現している.系のもつある物理量を観測している間にも微視状態は変化しており,したがって実際に観測される値はそれらの微視状態についての平均値となる.

まず古典系を考えることにし,記述を簡略化するために,すべての粒子の座標および運動量をまとめて,それぞれ $q(t), p(t)$ で表すことにする.ある物理量 $f(q(t), p(t))$ の観測値は,時々刻々の値の長時間平均

$$f_{\mathrm{obs}} = \lim_{T \to \infty} \frac{1}{T} \int_{t_0}^{t_0+T} f(q(t), p(t))\, dt \qquad (3.1)$$

で与えられる.$T \to \infty$ の極限は,巨視的観測を理想化したものである.* 平衡状態では,f_{obs} は観測を始めた時刻 t_0 には依存しない.そして,観測時間

---

* 実際の観測では観測時間は有限であるが,観測時間が系の緩和時間より十分長ければ,理想的観測と見なせる.

§3.1 アンサンブル理論　39

が十分長いと，系はすべての微視状態を経巡ると考えられるので*，f_{obs} はすべての可能な微視状態についての平均と考えてよい．

　そこで，考えている巨視的状態をもつ系に対し，同じ巨視的状態にある多くのコピー系を考え，各コピー系は他の系とは関係なく任意の微視状態にあるものとしよう．これらの系の集団を**アンサンブル**とよぶ．すべての微視状態についての平均は，アンサンブルについての平均 $\langle f \rangle_{\text{ens}}$ で表すことができる．

$$f_{\text{obs}} = \langle f \rangle_{\text{ens}}$$

この式の理解を深めるために，古典系についてアンサンブル平均の意味するところを考えてみよう．N 個の粒子から成る系の状態は，$6N$ 次元の位相空間内の代表点で表される．代表点の座標を簡略化して (q, p) で表し，時刻 t における代表点の密度を $\rho(q, p, t)$ とすると，(q, p) と $(q + dq, p + dp)$ の間の微小領域 $d\Gamma \equiv dq\,dp$ 内にある状態数は $\rho(q, p, t)\,d\Gamma$ と表されるので，アンサンブル平均は

$$\langle f \rangle_{\text{ens}} = \frac{\int f(q, p)\,\rho(q, p, t)\,d\Gamma}{\int \rho(q, p, t)\,d\Gamma} \tag{3.2}$$

で与えられる．すなわち，$\langle f \rangle_{\text{ens}}$ は，代表点が (q, p) の近傍の体積要素 $d\Gamma$ に出現する確率

$$\frac{\rho(q, p, t)\,d\Gamma}{\int \rho(q, p, t)\,d\Gamma}$$

を用いた $f(q, p)$ の平均である．平衡状態は $\rho(q, p, t)$ が時間にあからさまに依存しない状態であり，かつ状態数の保存性から体積要素 $d\Gamma$ も時間に依存しない．したがって，$\langle f \rangle_{\text{ens}}$ は時間に依存しない．そこで $\langle f \rangle_{\text{ens}}$ の時間

　＊　このような性質を**エルゴード仮説**とよぶ．この仮説は，厳密には成立しないことが容易に示されるが，位相空間内のどの点についても，その点の任意の近傍に近づくことができるという**準エルゴード仮説**が成り立つものと考えられている．

平均をとり，積分の順序を入れかえると

$$\langle f \rangle_{\text{ens}} = \left\langle \lim_{T \to \infty} \frac{1}{T} \int_{t_0}^{t_0+T} f(q, p)\, dt \right\rangle_{\text{ens}} \tag{3.3}$$

を得る．準エルゴード仮説を認めると，$\lim_{T \to \infty} \frac{1}{T} \int_{t_0}^{t_0+T} f(q, p)\, dt$ は初期位置に依存せずアンサンブルの要素にはよらない値となり，したがって

$$\langle f \rangle_{\text{ens}} = \lim_{T \to \infty} \frac{1}{T} \int_{t_0}^{t_0+T} f(q, p)\, dt \tag{3.4}$$

を得る．

次節では，平衡状態の条件 $\partial \rho/\partial t = 0$ について考察しよう．

§3.2 リウビルの定理

位相空間のある領域 ω 内にある代表点の数の変化率は

$$\frac{\int_\omega \rho(q, p, t + \varDelta t)\, d\varGamma - \int_\omega \rho(q, p, t)\, d\varGamma}{\varDelta t} = \int_\omega \frac{\partial \rho(q, p, t)}{\partial t}\, d\varGamma \tag{3.5}$$

で与えられる．一方，代表点が移動する軌道に沿う $6N$ 次元速度 $\boldsymbol{v}$ は，系のハミルトニアンを $H(q, p)$ とすると（$dq_i/dt \equiv \dot{q}_i,\ dp_i/dt \equiv \dot{p}_i$ として）

$$\boldsymbol{v} = \begin{pmatrix} \dot{q}_i \\ \dot{p}_i \end{pmatrix} = \begin{pmatrix} \dfrac{\partial H}{\partial p_i} \\ -\dfrac{\partial H}{\partial q_i} \end{pmatrix} \tag{3.6}$$

であり，領域 ω の表面 S から流出する点の総数は，

$$\int_S \rho(q, p, t)\, \boldsymbol{v}\cdot\boldsymbol{n}\, d\sigma = \int_\omega \operatorname{div}[\rho(q, p, t)\,\boldsymbol{v}]\, d\varGamma \tag{3.7}$$

で与えられる．ただし，$\boldsymbol{n}$ は面積要素 $d\sigma$ の外向き法線ベクトルであり，ガウスの定理を用いて表面積分を体積積分で表した．領域内の増加量 (3.5)

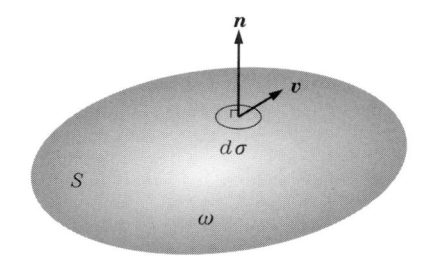

図 3.1 位相空間の概念図

は，表面からの流出量 (3.7) の符号を変えたものに等しいから

$$\int_\omega \frac{\partial \rho(q,\,p,\,t)}{\partial t}\,d\Gamma = -\int_\omega \mathrm{div}[\rho(q,\,p,\,t)\,\boldsymbol{v}]\,d\Gamma$$

すなわち，

$$\frac{\partial \rho(q,\,p,\,t)}{\partial t} + \mathrm{div}[\rho(q,\,p,\,t)\,\boldsymbol{v}] = 0 \tag{3.8}$$

を得る．ここで

$$\mathrm{div}\,(\rho\boldsymbol{v}) = \sum_i \left(\frac{\partial \rho}{\partial q_i}\frac{\partial H}{\partial p_i} + \frac{\partial \rho}{\partial p_i}\frac{-\partial H}{\partial q_i} \right) \tag{3.9}$$

$$= \sum_i \left(\frac{\partial \rho}{\partial q_i}\frac{\partial H}{\partial p_i} - \frac{\partial \rho}{\partial p_i}\frac{\partial H}{\partial q_i} \right) \tag{3.10}$$

$$= [\rho,\,H] \tag{3.11}$$

に注意すれば*，

$$\frac{\partial \rho(q,\,p,\,t)}{\partial t} + [\rho(q,\,p,\,t),\,H] = 0 \tag{3.12}$$

を得る．この方程式を**リウビルの方程式**とよび，密度関数がこの方程式を満たすことを**リウビルの定理**という．

(3.12) の左辺は，流体力学でよく知られたラグランジュ微分であり，代

---

* $[A,\,H]$ は，

$$\sum_i \left(\frac{\partial A}{\partial q_i}\frac{\partial H}{\partial p_i} - \frac{\partial A}{\partial p_i}\frac{\partial H}{\partial q_i} \right)$$

で定義される**ポアソンの括弧**を表す．

表点の流れに沿った密度関数の時間変化を表す．つまり，代表点とともに移動する観測者から見れば，密度関数は一定であることを意味する．

アニメ6

位相空間の1点に立って眺めた密度関数の時間変化は $\partial \rho/\partial t$ で表される．熱平衡状態では，どの点においても密度関数 $\rho(q, p, t)$ は一定であり，$\partial \rho/\partial t = 0$ が満たされる．したがって，平衡状態の密度関数の条件として，

$$[\rho(q, p, t), H] = 0 \tag{3.13}$$

を得る．

平衡条件（3.13）を満たす密度関数の最も単純なものは

$$\rho(q, p, t) = 一定 \tag{3.14}$$

である．この密度関数をもつ系の集団を**ミクロカノニカルアンサンブル**とよぶ．

密度関数がハミルトニアン $H(q, p)$ を通して (q, p) の関数であれば，常に平衡条件（3.13）を満たす．第4章でみる**カノニカルアンサンブル**の密度関数

$$\rho(q, p, t) = \exp\left[-\frac{H(q, p)}{k_\mathrm{B} T}\right] \tag{3.15}$$

は，その例である．

§3.3　ミクロカノニカルアンサンブル

巨視状態がエネルギー，体積，粒子数 (E, V, N) で指定された孤立した系の集団では，代表点の密度関数 $\rho(q, p) \equiv \rho(q, p, t)$ が一定 であり，ミクロカノニカルアンサンブルとなる．エネルギーの不確定さを ΔE とすると，エネルギーが E と $E + \Delta E$ の間にある領域は，位相空間内の2つの等エネルギー面の間の領域（超球殻とよぶ）である．この領域にある状態数は，

§3.3 ミクロカノニカルアンサンブル　43

$$W(E,\ \varDelta E,\ V,\ N) = \int_{E \leq H(q,\ p) \leq E+\varDelta E} \rho(q,\ p)\ d\varGamma \quad (3.16)$$

で与えられるから，ある点 $(q,\ p)$ 近傍の体積要素 $d\varGamma$ 内の状態が出現する確率は

$$\frac{\rho(q,\ p)\ d\varGamma}{W(E,\ \varDelta E,\ V,\ N)} \quad (3.17)$$

で与えられる．密度関数が一定であるから等重率が成立し，すべての状態の出現する確率は等しい．

$W(E,\ \varDelta E,\ V,\ N)$ が超球殻内の状態数を表すためには，§2.3 の古典理想気体の場合を一般化して考えて，$\rho(q,\ p) = 1/h^{3N}N!$ にとればよい．ボルツマンの関係式

$$S(E,\ V,\ N) = k_B \ln W(E,\ \varDelta E,\ V,\ N) \quad (3.18)$$

を用いれば，状態数 $W(E,\ \varDelta E,\ V,\ N)$ からエントロピーが求められる．これから他の熱力学量が求められるのは§2.2 でみたとおりである．また，位相空間内の各点で定義される一般の物理量の平均値の求め方については付録Bに簡単にまとめておく．

なお，ある点 $(q,\ p)$ 近傍の体積要素 $d\varGamma$ 内の状態が出現する確率は，エントロピーを用いて

$$\rho(q,\ p)\, e^{-S/k_B} d\varGamma$$

と表せる．

ここまで古典系に対するアンサンブル理論を説明してきた．量子系の場合，系はハミルトニアンで記述され，その固有状態が微視状態となる．量子数 l の状態のエネルギーを E_l とすると，

$$W(E,\ \varDelta E,\ V,\ N) = \sum_{\substack{l \\ E \leq E_l \leq E + \varDelta E}} 1 \quad (3.19)$$

を求めればよい．状態数は，E_l の $V,\ N$ 依存性を通して体積，粒子数に依存する．ミクロカノニカルアンサンブルでは各状態が全く同じ確率で出現するので，1 をすべての状態について加えることによって，状態数が求められ

3. アンサンブル理論とミクロカノニカルアンサンブル

るのである．

状態密度 $\Omega(E, V, N)$ は，ディラックの δ 関数を用いて

$$\Omega(E, V, N) = \sum_{l} \delta(E - E_l) \qquad (3.20)$$

によって定義される．$\Omega(E, V, N)$ を用いると $W(E, \Delta E, V, N)$ は

$$W(E, \Delta E, V, N) = \Omega(E, V, N) \Delta E \qquad (3.21)$$

と表される．これは (2.23) と同じ式である．

量子系の分布関数については，第 7 章でくわしく論じる．

§3.4 2 準位系

量子系の例として，特別単純な系を考えよう．系を構成する要素 N 個は同等であり，各要素は 2 つの量子状態のみをとれるものとする．例えば，上向きまたは下向きの 2 つの状態のみをとる磁場中の 1/2 スピンを考えればよい．2 つの状態のエネルギーをそれぞれ ε, $-\varepsilon$ ($\varepsilon > 0$ と仮定) とする．

（アニメ 7）

各要素は他のものとは独立に，ε, $-\varepsilon$ のどちらかの状態をとる．体積はあからさまには考えなくてよい（ε が体積に依存する場合もあり得る）．与えられたエネルギー E と要素数 N のもとで可能な微視状態の数を求める．状態 ε にある要素数を N_1, 状態 $-\varepsilon$ にある要素数を N_2 とすると

$$E = \varepsilon(N_1 - N_2) \qquad (3.22)$$

$$N = N_1 + N_2 \qquad (3.23)$$

が満たされる．この条件が満たされる範囲で，どの要素が ε となってもよいから，微視状態の数は N 個の要素から N_1 個を選び出す場合の数で与えられる．つまり，

$$W(E, N) = \frac{N!}{N_1! \, N_2!} \qquad (3.24)$$

である．ボルツマンの関係式からエントロピーを求めて，

$$S(E, N) = -k_B N \left\{ \frac{1}{2}\left(1 + \frac{E}{N\varepsilon}\right) \ln \frac{1}{2}\left(1 + \frac{E}{N\varepsilon}\right) \right.$$
$$\left. + \frac{1}{2}\left(1 - \frac{E}{N\varepsilon}\right) \ln \frac{1}{2}\left(1 - \frac{E}{N\varepsilon}\right) \right\} \quad (3.25)$$

を得る．E は 2ε を単位として変化するが，N が十分大きいときは，E を連続変数と考えてよい．

これより，いろいろな熱力学量を求めることができる．例えば，状態方程式は

$$\frac{1}{T} = \left(\frac{\partial S}{\partial E}\right)_N = -\frac{k_B}{2\varepsilon}\left\{\ln \frac{1}{2}\left(1 + \frac{E}{N\varepsilon}\right) - \ln \frac{1}{2}\left(1 - \frac{E}{N\varepsilon}\right)\right\} \quad (3.26)$$

で与えられる．E について解いて

$$E = -N\varepsilon \tanh \frac{\varepsilon}{k_B T} \quad (3.27)$$

を得る．これを T で微分して比熱が求められる．

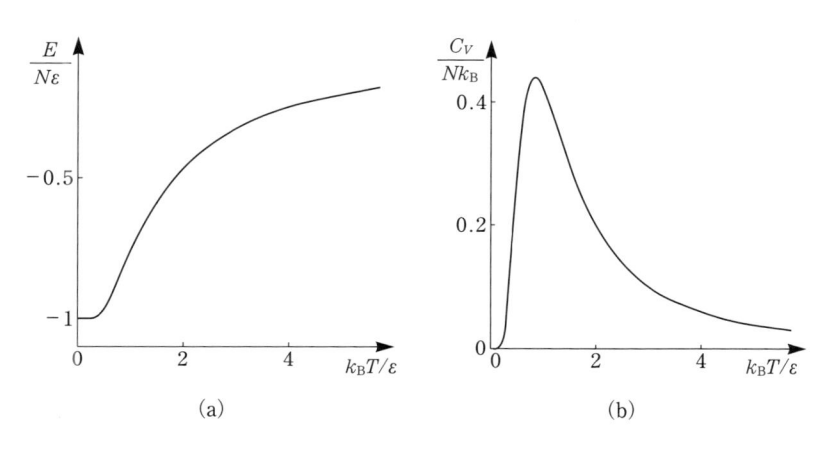

図 3.2 2準位系のエネルギー (a) および比熱 (b) の温度依存性．この比熱はショットキー型比熱とよばれる．

$$C_V = Nk_\mathrm{B}\left(\frac{\varepsilon}{k_\mathrm{B}T}\right)^2 \mathrm{sech}^2 \frac{\varepsilon}{k_\mathrm{B}T} \tag{3.28}$$

図 3.2 は，エネルギーと比熱の温度依存性を示したものである．この図からわかるように，比熱は低温，高温のいずれの極限でも 0 となり，ある有限の温度で極大となる．このような比熱は**ショットキー型比熱**として知られるものである．

§3.5 ビリアル定理

アンサンブル理論の 1 つの応用として，ハミルトニアン $H(q, p)$ で記述される系のミクロカノニカルアンサンブルにおいて

$$x_i \frac{\partial H}{\partial x_j} \tag{3.29}$$

の平均値を求めてみよう．ただし，x_i は $6N$ 個の変数 (q, p) の中の任意の変数である．エネルギーの不確定さが ΔE であるとすると，平均値は

$$\left\langle x_i \frac{\partial H}{\partial x_j} \right\rangle = \frac{\displaystyle\int \cdots \int_{E \leq H \leq E + \Delta E} x_i \frac{\partial H}{\partial x_j}\, d\Gamma}{\displaystyle\int \cdots \int_{E \leq H \leq E + \Delta E} d\Gamma} \tag{3.30}$$

$$= \frac{\displaystyle\frac{\partial}{\partial E}\int \cdots \int_{0 \leq H \leq E} x_i \frac{\partial H}{\partial x_j}\, d\Gamma}{\displaystyle\frac{\partial}{\partial E}\int \cdots \int_{0 \leq H \leq E} d\Gamma} \tag{3.31}$$

で与えられる．E は x_j に依存しないから $\partial E/\partial x_j = 0$ であり，したがって，

$$\int \cdots \int_{0 \leq H \leq E} x_i \frac{\partial H}{\partial x_j}\, d\Gamma = \int \cdots \int_{0 \leq H \leq E} x_i \frac{\partial (H - E)}{\partial x_j}\, d\Gamma \tag{3.32}$$

§3.5 ビリアル定理

$$= -\int\cdots\int_{0\leq H\leq E} \frac{\partial x_i}{\partial x_j}(H-E)\,d\Gamma \qquad (3.33)$$

が示される．ただし，x_j で部分積分し，積分範囲の上，下限で $H-E=0$ であることを用いた．

$$\frac{\partial x_i}{\partial x_j} = \delta_{ij}$$

に注意して，

$$\int\cdots\int_{0\leq H\leq E} x_i \frac{\partial H}{\partial x_j}\,d\Gamma = -\delta_{ij}\int\cdots\int_{0\leq H\leq E}(H-E)\,d\Gamma \qquad (3.34)$$

さらに積分の上，下限では $H-E=0$ であるから，

$$\frac{\partial}{\partial E}\int\cdots\int(H-E)\,d\Gamma = -\int\cdots\int d\Gamma \qquad (3.35)$$

である．したがって，

$$\left\langle x_i \frac{\partial H}{\partial x_j} \right\rangle = \frac{\delta_{ij}}{\dfrac{\partial}{\partial E}\ln\int\cdots\int d\Gamma} \qquad (3.36)$$

$$= \frac{\delta_{ij}}{\dfrac{\partial}{\partial E}\dfrac{S}{k_B}} \qquad (3.37)$$

$$= k_B T \delta_{ij} \qquad (3.38)$$

を得る．例えば，$x_i = x_j = p_i$ とすると，

$$\left\langle p_i \frac{\partial H}{\partial p_i} \right\rangle = \langle p_i \dot{q}_i \rangle = k_B T \qquad (3.39)$$

また $x_i = x_j = q_i$ とすると

$$\left\langle q_i \frac{\partial H}{\partial q_i} \right\rangle = -\langle q_i \dot{p}_i \rangle = k_B T \qquad (3.40)$$

である．これらの式をすべての i について和をとって

$$\left\langle \sum_i p_i \frac{\partial H}{\partial p_i} \right\rangle = \left\langle \sum_i p_i \dot{q}_i \right\rangle = 3Nk_B T \qquad (3.41)$$

が示される.

ハミルトニアンが

$$H(q,p) = \sum_i \frac{1}{2m} p_i^2 + V(q)$$

であるから，(3.41) は

$$\left\langle \sum_i \frac{1}{2m} p_i^2 \right\rangle = \frac{3}{2} Nk_\mathrm{B} T \tag{3.43}$$

を意味する．つまり，運動エネルギーの平均値は温度と粒子数に比例し，しかも各自由度に等しく $(1/2)k_\mathrm{B}T$ だけ分配される．

ハミルトンの運動方程式から $\dot{p}_i = f_i$ (f_i は力) であるから，(3.42) は

$$v = \left\langle \sum_i q_i f_i \right\rangle = -\left\langle \sum_i q_i \frac{\partial H}{\partial q_i} \right\rangle$$

$$= -3Nk_\mathrm{B}T \tag{3.44}$$

を意味している．この量 v は，クラウジウスによって導入された**ビリアル**とよばれる量であり，$v = -3Nk_\mathrm{B}T$ という性質を**ビリアル定理**という．

粒子間の相互作用のポテンシャルエネルギー $U(q)$ および系を閉じ込めている壁と粒子の相互作用のポテンシャルエネルギーを $U_\mathrm{W}(q)$ としよう．ビリアル定理から

$$\left\langle \sum_i q_i \frac{\partial U}{\partial q_i} \right\rangle + \left\langle \sum_i q_i \frac{\partial U_\mathrm{W}}{\partial q_i} \right\rangle = 3Nk_\mathrm{B}T \tag{3.45}$$

が成立する．壁との相互作用は短距離力であると仮定し，容器が1辺 L の立方体とすると，$\sum_i \partial U_\mathrm{W}/\partial q_i$ は $q_i = L$ にある壁から受ける力の総和であるから，圧力 P を用いて

$$\left\langle \sum_i q_i \frac{\partial U_\mathrm{W}}{\partial q_i} \right\rangle = 3PL^2 \cdot L = 3PV \tag{3.46}$$

である ($q_i = 0$ にある壁は寄与しない)．したがって，

$$\left\langle \sum_i q_i \frac{\partial H}{\partial q_i} \right\rangle = -\left\langle \sum_i q_i \dot{p}_i \right\rangle = 3Nk_\mathrm{B}T \tag{3.42}$$

$$\frac{3}{2}PV = \frac{3}{2}Nk_{\mathrm{B}}T - \frac{1}{2}\left\langle \sum_i q_i \frac{\partial U}{\partial q_i} \right\rangle \qquad (3.47)$$

が成立する．左辺は壁との相互作用によるビリアルで**外部ビリアル**とよばれ，右辺第2項は分子間相互作用によるビリアルで**内部ビリアル**とよばれる．いいかえると

$$\text{内部ビリアル} + \text{外部ビリアル} = \frac{1}{2}\left\langle \sum_j p_j \frac{\partial H}{\partial p_j} \right\rangle \qquad (3.48)$$

が成立する．

分子間相互作用が2体ポテンシャルの和

$$U(q) = \sum_{j>k=1}^{N} \phi(r_{jk}) \qquad (3.49)$$

(ただし $r_{jk} = |\,\boldsymbol{r}_j - \boldsymbol{r}_k\,|$) で表される場合，

$$\sum_i q_i \frac{\partial U}{\partial q_i} = \sum_i^N \boldsymbol{r}_i \cdot \nabla_{r_i} U$$

および

$$\sum_i^N \boldsymbol{r}_i \cdot \nabla_{r_i} U = \sum_{j>k} \left[\boldsymbol{r}_j \cdot \frac{\partial}{\partial \boldsymbol{r}_j} \phi(r_{jk}) + \boldsymbol{r}_k \cdot \frac{\partial}{\partial \boldsymbol{r}_k} \phi(r_{jk}) \right]$$

$$= \sum_{j>k} \frac{\partial \phi(r_{jk})}{\partial r_{jk}} \left[\boldsymbol{r}_j \cdot \frac{\partial}{\partial \boldsymbol{r}_j} r_{jk} + \boldsymbol{r}_k \cdot \frac{\partial}{\partial \boldsymbol{r}_k} r_{jk} \right]$$

$$= \sum_{j>k} r_{jk} \frac{\partial \phi(r_{jk})}{\partial r_{jk}}$$

を用いると，(3.47) は

$$\frac{3}{2}PV = \frac{3}{2}Nk_{\mathrm{B}}T - \frac{1}{2}\left\langle \sum_{j>k=1}^{N} r_{jk} \frac{\partial \phi(r_{jk})}{\partial r_{jk}} \right\rangle \qquad (3.50)$$

と表せる．これは，実在気体の状態方程式を2体ポテンシャルを用いて表したものである．

演習問題

[1]　1次元調和振動子のハミルトニアンは

$$H_1(q, p) = \frac{1}{2m}p^2 + \frac{m\omega^2}{2}q^2$$

で与えられる．q, p, m, $m\omega^2$ は振動子の変位，運動量，質量，バネ定数である．

（1）　振動子の位相空間内の軌道を描き，エネルギーが E 以下となる位相空間の面積を求め，エネルギーが E 以下の状態数 $\Sigma(E, 1)$ を求めよ．

（2）　エネルギーに $\varDelta E$ の不確定さがあるとき，$E \leq H(q, p) \leq E + \varDelta E$ を満たす状態数 $W(E, \varDelta E, 1)$ を求めよ．ただし，$|\varDelta E| \ll E$ とする．

次に，このような振動子が N 個ある系を考える．振動子は，その振動の中心が空間に固定されているので，互いに区別できると考えてよい．系のハミルトニアンは

$$H_N(q, p) = \sum_i \left(\frac{1}{2m}p_i^2 + \frac{m\omega^2}{2}q_i^2 \right)$$

で与えられる．q_i, p_i は，それぞれ i 番目の振動子の変位と運動量であり，$q \equiv \{q_i\}$, $p \equiv \{p_i\}$ である．

（3）　$H_N(q, p) \leq E$ を満たす状態の数 $\Sigma(E, N)$ を求めよ（振動子が区別できることに注意）．ただし，半径1の n 次元球の体積 $C_n = \pi^{n/2}/\Gamma(n/2 + 1)$ である．

（4）　$E \leq H_N(q, p) \leq E + \varDelta E$ を満たす状態の数 $W(E, \varDelta E, N)$ を求めよ．

（5）　エントロピーを $S(E, V, N) = k_B \ln W(E, \varDelta E, N)$ として定義し，内部エネルギーと温度の関係を求めよ．ただし，N は十分大きいとする．（$\ln \Gamma(z + 1) \cong z \ln z - z$ ($z \gg 1$) を用いてよい．）

（6）　比熱を求めよ．

[2]　$\rho(q, p, t) \equiv \exp\{-\beta H(q_1, \cdots, q_{3N}, p_1, \cdots, p_{3N})\}$ のポアソン括弧が0になることを証明せよ．

[3] 2準位系のエネルギーと比熱の温度依存性をできるだけ正確に図示せよ．できれば計算機を用いて作図せよ．

[4] エネルギー固有値が $n\hbar\omega$ $(n = 0, 1, 2, \cdots)$ で与えられる振動子をプランク振動子とよぶ．振動子の間には，まったく相互作用のないプランク振動子 N 個から成る系がある．

(1) 系のエネルギーが $M\hbar\omega$ (M は整数) である場合を考える．振動子 i の量子数を n_i とすると，$M = n_1 + n_2 + \cdots + n_N$ が満たされる．系の微視状態の数 $W(E, N)$ が，M 個の "1" を N 個の箱 (振動子) に配分する場合の数で与えられることを説明し，

$$W(E, N) = \frac{(M + N - 1)!}{M!\,(N - 1)!}$$

で与えられることを示せ．

(2) エントロピーを E, N の関数として表せ．$M \gg 1$, $N \gg 1$ とする．

(3) 温度 T と E の関係を求めよ．

(4) E を T の関数として表し，E の温度依存性を図示せよ．

[5] 2つのエネルギー状態 0, ε のみをとることができる要素 N 個から成る2準位系がある．

(1) §3.4と同様の手続きによって，系のエネルギーを温度の関数として表せ．

(2) ε が $\varepsilon = a(N/V)^\gamma$ (a, γ は正定数) のように体積 V に依存するとき，系の圧力の温度依存性を求めよ．

第 4 章

カノニカルアンサンブル

　熱溜に接触させて温度を一定に保った系を考え，温度を独立変数とするアンサンブル理論を導入する．分配関数を定義し，その熱力学量との関係を明らかにするとともに，いろいろな系に応用して，理論の枠組みの正しさを示す．また，エネルギーのゆらぎと比熱の関係を導く．

§4.1　熱溜に接した系

　一般に，温度が一定に保たれた系を扱うことが多いが，そのような場合には温度を独立変数とした取扱いが必要となる．系の温度を一定に保つためには，系を熱溜に接触させる．熱溜は，対象とする系よりはるかに大きく，エネルギーのやりとりをしても，生じる影響が無視できるような系である．このとき，系の巨視的状態は温度 T，体積 V，粒子数 N によって指定され，系のエネルギーはもはや一定ではなく時々刻々変化する．第3章で考えたのと同様に，この系の無数の集りを考え，すべて同じ熱溜に接しているものと考える．この集団のことを**カノニカルアンサンブル**とよぶ．

アニメ 7

　1つの系のエネルギーは時々刻々変化し，異なった状態をとるので，物理量を測定した場合，測定値はそれらの状態における値の平均となる．アンサンブル理論に従って，測定値はアンサンブルについての平均値に等しいと考える．すなわち，ある物理量の状態 r における値を A_r とし，その状態が出

現する確率を P_r とすると,

$$\langle A_r \rangle_{\text{ens}} = \sum_r A_r P_r \tag{4.1}$$

として測定値を求める.

系の状態 r のエネルギーを E_r としよう. このときの熱溜のエネルギーを $E_r{'}$ とすると, E_r, $E_r{'}$ は $E_r + E_r{'} \equiv E^{(0)}$ を一定に保ちながら変化する. 熱溜の自由度が圧倒的に大きいので, 系のエネルギーがある値をとる確率は, その場合に熱溜がとりうる状態の数の多さによると考えてよい. すなわち, 系の状態 r の出現確率は熱溜の状態数 $W'(E_r{'})$ に比例し

$$P_r \propto W'(E_r{'}) = W'(E^{(0)} - E_r)$$

で与えられる. 熱溜は十分大きな系であるから, $E_r/E^{(0)} \ll 1$ であることに注意して, $\ln P_r$ を $E_r/E^{(0)}$ について展開すると

$$\ln P_r \cong \ln W'(E^{(0)}) - \left.\frac{\partial \ln W'(E_r{'})}{\partial E_r{'}}\right|_{E_r{'} = E^{(0)}} E_r \tag{4.2}$$

を得る. 一方, 熱溜の温度を T とすると

$$\left.\frac{\partial \ln W'(E_r{'})}{\partial E_r{'}}\right|_{E_r{'} = E^{(0)}} = \frac{1}{k_\text{B}} \left.\frac{\partial S'}{\partial E_r{'}}\right|_{E_r{'} = E^{(0)}} = \frac{1}{k_\text{B} T} \tag{4.3}$$

であるから, 上の展開式は

$$\ln P_r \cong \ln W'(E^{(0)}) - \frac{E_r}{k_\text{B} T} \tag{4.4}$$

と表せる. すなわち, 状態 r が出現する確率は,

$$P_r \propto \exp\left(-\frac{E_r}{k_\text{B} T}\right) \tag{4.5}$$

となる. 確率が規格化 $\sum_r P_r = 1$ を満たすように比例定数を定めると, 最終的に

$$P_r = \frac{e^{-E_r/k_\text{B} T}}{\sum_r e^{-E_r/k_\text{B} T}} \tag{4.6}$$

を得る. $e^{-E_r/k_\text{B} T}$ を**ボルツマン因子**とよぶ.

アニメ 7

規格化のために導入した (4.6) の分母の量

$$Z(T, V, N) = \sum_r e^{-E_r/k_B T} \tag{4.7}$$

は，**分配関数**とよばれる．一般に，E_r が体積，粒子数の関数であるから，分配関数は温度 T だけでなく，体積，粒子数にも依存する．§3.3 の (3.20) で定義した状態密度を用いると，分配関数は

$$Z(T, V, N) = \int_0^\infty e^{-E/k_B T} \Omega(E, V, N)\, dE \tag{4.8}$$

と表すことができる．§2.2 でみたように，$k_B \ln \Omega(E, V, N)\, dE$ はエントロピーを表すから，分配関数は何らかの物理量と対応するはずである．次節でその意味を考察する．

§4.2 分配関数の物理的意味

分配関数が表す物理量を探るために，系のエネルギーの平均値を求めてみよう．エネルギーの平均値 $E \equiv \langle E_r \rangle$ は，E_r を確率 (4.6) について平均した量で与えられ，

$$E = \frac{\sum_r E_r e^{-\beta E_r}}{\sum_r e^{-\beta E_r}} \tag{4.9}$$

$$= -\frac{\partial}{\partial \beta} \ln \sum_r e^{-\beta E_r} \tag{4.10}$$

となる．ただし，$\beta = 1/k_B T$ である．したがって，

$$E = -\frac{\partial}{\partial \beta} \ln Z(T, V, N) = k_B T^2 \frac{\partial}{\partial T} \ln Z(T, V, N) \tag{4.11}$$

である．一方，熱力学の関係式（第1章の演習問題［4］）によれば，エネルギーはヘルムホルツの自由エネルギーを用いて

$$E = -T^2 \frac{\partial}{\partial T}\left(\frac{A}{T}\right) \tag{4.12}$$

と表される．したがって，分配関数 $Z(T, V, N)$ は

$$A(T, V, N) = -k_B T \ln Z(T, V, N) \tag{4.13}$$

によってヘルムホルツの自由エネルギー $A(T, V, N)$ と対応づけられる．*

すなわち，分配関数 (4.7) が求まれば，(4.13) によってヘルムホルツの自由エネルギーが求まり，それから熱力学の公式に従ってあらゆる熱力学量を求めることができる．例えば，エントロピー S，圧力 P，化学ポテンシャル μ はそれぞれ

$$S = -\left(\frac{\partial A}{\partial T}\right)_{V,N} \tag{4.14}$$

$$P = -\left(\frac{\partial A}{\partial V}\right)_{T,N} \tag{4.15}$$

$$\mu = \left(\frac{\partial A}{\partial N}\right)_{T,V} \tag{4.16}$$

で与えられる．また，すでにみたようにエネルギーは

$$E = -T^2 \frac{\partial}{\partial T}\left(\frac{A}{T}\right) = -\frac{\partial}{\partial \beta} \ln Z \tag{4.17}$$

で与えられる．

分配関数の定義式 (4.7) に現れた状態に関する和 $\sum_r$ は，§3.3 において状態数を求めるときに出てきた和と同じ意味をもっている．したがって，$\sum_r$ は量子系ではエネルギーの固有状態に関する和と考えてよい．また，古典系では

---

* マシュー関数 $\Psi(1/T, V, N)$ （表1.2参照）を用いると
$$E = -\frac{\partial \Psi}{\partial \left(\frac{1}{T}\right)}$$
であるから，
$$\Psi\left(\frac{1}{T}, V, N\right) = k_B \ln Z(T, V, N)$$
と対応づけられる（付録Dも参照）．

$$\sum_r e^{-\beta E_r} = \frac{1}{N!} \frac{1}{h^{3N}} \int \cdots \int dq_1 \cdots dp_{3N}\, e^{-\beta H(q,p)} \quad (4.18)$$

と考える必要がある．ただし，最初の因子 $1/N!$ は，要素が区別できる場合には必要ないものである．

§4.3 古典理想気体

前節で得た理論的枠組みの正しさを確かめるために，(4.13)を最も単純な古典理想気体に適用し，熱力学量を求めてみよう．

体積 $V = L \times L \times L$ の容器に入った N 個の分子（質量 m）から成る理想気体が，温度 T の熱溜に接しているものとする．この系のハミルトニアンは

$$H(x_1, y_1, z_1, x_2, \cdots, p_{1x}, \cdots, p_{Nz}) = \sum_{i=1}^{N} \frac{1}{2m}(p_{ix}^2 + p_{iy}^2 + p_{iz}^2) \quad (4.19)$$

で与えられる（容器の壁との相互作用はあからさまには書いていない）．(4.18)に従って，分配関数は

$$Z(T, V, N) = \frac{1}{N!} \frac{1}{h^{3N}} \int \cdots \int dx_1 \cdots dp_{Nz}\, e^{-\beta H(x_1, \cdots, p_{Nz})} \quad (4.20)$$

と表される．積分は各粒子の座標と運動量について独立に行うことができ，また座標に関する積分は1つの粒子ごとに体積を与えるので，

$$Z(T, V, N) = \frac{V^N}{N!\, h^{3N}} \left(\int_{-\infty}^{\infty} e^{-(\beta/2m)p^2}\, dp \right)^{3N} \quad (4.21)$$

となる．積分を実行して*

---

* 積分公式
$$\int_{-\infty}^{\infty} e^{-ax^2}\, dx = \sqrt{\frac{\pi}{a}} \quad (a > 0)$$
を利用する．

$$Z(T, V, N) = \frac{1}{N!}\left[\frac{V(2\pi mk_{\rm B}T)^{3/2}}{h^3}\right]^N \tag{4.22}$$

を得る．(4.13)によりヘルムホルツの自由エネルギーを求めると，

$$A(T, V, N) = k_{\rm B}T\left[N\ln N - N - N\ln\frac{V(2\pi mk_{\rm B}T)^{3/2}}{h^3}\right] \tag{4.23}$$

を得る．ただし，スターリングの公式を用いた．

　ヘルムホルツの自由エネルギーから，あらゆる物理量を求めることができる．たとえば，圧力は

$$P = -\left(\frac{\partial A}{\partial V}\right)_{T,N} = \frac{Nk_{\rm B}T}{V} \tag{4.24}$$

で与えられる．これはよく知られた理想気体の状態方程式であり，§4.2で示した(4.13)の正しさを支持する1つの例となる．

　他の物理量も容易に求めることができる．

　エントロピー：

$$S = -\left(\frac{\partial A}{\partial T}\right)_{V,N} = Nk_{\rm B}\left(\frac{5}{2} + \ln\frac{V}{N} + \frac{3}{2}\ln\frac{2\pi mk_{\rm B}T}{h^2}\right) \tag{4.25}$$

　化学ポテンシャル：

$$\mu = \left(\frac{\partial A}{\partial N}\right)_{T,V} = k_{\rm B}T\ln\left[\frac{N}{V}\left(\frac{h^2}{2\pi mk_{\rm B}T}\right)^{3/2}\right] \tag{4.26}$$

　エネルギー：

$$E = A + TS = \frac{3}{2}Nk_{\rm B}T \tag{4.27}$$

当然のことながら，これらの結果は§2.3で得たものと一致する．特に，(4.25)はサッカー-テトロードの式(2.42)そのものである．

§4.4 調和振動子の集団
4.4.1 古 典 系

互いに独立な1次元調和振動子の N 個の集団を考えよう.

アニメ 8

i 番目の振動子の変位を q_i, 運動量を p_i とすると, 振動子の質量を m, 角振動数を ω として, ハミルトニアンは

$$H(q, p) = \sum_{i=1}^{N} \left(\frac{1}{2m} p_i^2 + \frac{m\omega^2}{2} q_i^2 \right) \tag{4.28}$$

で与えられる. したがって, 分配関数は

$$Z(T, V, N) = \frac{1}{h^N} \int \cdots \int \exp\left\{ -\sum_{i=1}^{N} \beta \left(\frac{1}{2m} p_i^2 + \frac{m\omega^2}{2} q_i^2 \right) \right\} \prod_i dq_i \, dp_i \tag{4.29}$$

で与えられる. 振動子は空間内に固定されていると考えてよいので, 因子 $1/N!$ は必要ない. それぞれの振動子は独立であるから, (4.29) の積分は容易に実行でき, 次式を得る.

$$Z(T, V, N) = \frac{1}{h^N} \left[\iint \exp\left\{ -\beta \left(\frac{1}{2m} p^2 + \frac{m\omega^2}{2} q^2 \right) \right\} dq \, dp \right]^N \tag{4.30}$$

$$= \left(\frac{1}{\beta \hbar \omega} \right)^N \tag{4.31}$$

§4.2 で述べた手続きに従って, 以下の物理量が求められる (第1章の演習問題 [9] 参照).

ヘルムホルツの自由エネルギー:

$$A = Nk_B T \ln \frac{\hbar \omega}{k_B T}$$

エネルギー:

$$E = Nk_B T$$

エントロピー:
$$S = Nk_{\rm B}\left(1 - \ln\frac{\hbar\omega}{k_{\rm B}T}\right)$$

化学ポテンシャル:
$$\mu = k_{\rm B}T\ln\frac{\hbar\omega}{k_{\rm B}T}$$

定積比熱:
$$C_V = Nk_{\rm B}$$

ω が体積に依存しない場合, A は体積に依存しないので圧力は 0 となる.

4.4.2 量子系

1次元調和振動子は, 量子力学 (シュレーディンガー表示を用いる) ではハミルトニアン
$$\hat{H} = -\frac{\hbar^2}{2m}\frac{d^2}{dq^2} + \frac{m\omega^2}{2}q^2 \tag{4.32}$$

で記述される. 固有値は $(n + 1/2)\hbar\omega$ ($n = 0, 1, 2, \cdots$) で与えられ, その固有関数* $\phi_n(q)$ はシュレーディンガー方程式
$$\hat{H}\phi_n(q) = \left(n + \frac{1}{2}\right)\hbar\omega\,\phi_n(q) \qquad (n = 0, 1, 2, \cdots) \tag{4.33}$$

を満たす. すなわち, 系の状態は量子数 n で特徴づけられ, そのエネルギーは $\varepsilon_n = (n + 1/2)\hbar\omega$ で与えられる. $n = 0$ の状態は, 位置と運動量が不確定性原理を満たすことから現れるものであり, 零点振動とよばれる.

⟨アニメ9⟩

1つの調和振動子のとりうる状態は $n = 0, 1, 2, 3, \cdots$ であるから, 温度 T の熱溜に接している場合, 分配関数は

---

* 固有関数は
$$\phi_n(q) = \left(\frac{m\omega}{\pi\hbar}\right)^{1/4}(2^n n!)^{-1/2}\,H_n\left(\sqrt{\frac{m\omega}{\hbar}}q\right)e^{-m\omega q^2/2\hbar}$$
で与えられる. ただし, $H_n(x)$ はエルミート多項式である.

4. カノニカルアンサンブル

$$Z(T, V, 1) = \sum_{n=0}^{\infty} e^{-\frac{\hbar\omega}{k_B T}\left(n + \frac{1}{2}\right)} = \frac{1}{2\sinh\dfrac{\hbar\omega}{2k_B T}} \quad (4.34)$$

で与えられる．

N 個の独立な調和振動子の系の分配関数は，それぞれの振動子の分配関数の積で与えられるので，

$$Z(T, V, N) = \frac{1}{2^N \sinh^N \dfrac{\hbar\omega}{2k_B T}} \quad (4.35)$$

となる．この表式は，$\hbar\omega/k_B T \to 0$ の極限で古典系のもの (4.31) と一致する．一方，低温領域ではその差が顕著に現れる．

古典系の場合と同様に，分配関数から熱力学量を求めることができる（第1章の演習問題 [10] 参照）．

ヘルムホルツの自由エネルギー：

$$A = N\frac{\hbar\omega}{2} + Nk_B T \ln\left(1 - e^{-\hbar\omega/k_B T}\right)$$

エネルギー：

$$E = N\frac{\hbar\omega}{2} + N\hbar\omega \frac{1}{e^{\hbar\omega/k_B T} - 1}$$

エントロピー：

$$S = Nk_B \left[\frac{\hbar\omega}{k_B T}\frac{1}{e^{\hbar\omega/k_B T} - 1} - \ln\left(1 - e^{-\hbar\omega/k_B T}\right)\right]$$

化学ポテンシャル：

$$\mu = \frac{\hbar\omega}{2} + k_B T \ln\left(1 - e^{-\hbar\omega/k_B T}\right)$$

定積比熱：

$$C_V = Nk_B \left(\frac{\hbar\omega}{k_B T}\right)^2 \frac{e^{\hbar\omega/k_B T}}{(e^{\hbar\omega/k_B T} - 1)^2}$$

古典系の場合と同様，ω が体積に依存しない場合は圧力は 0 となる．

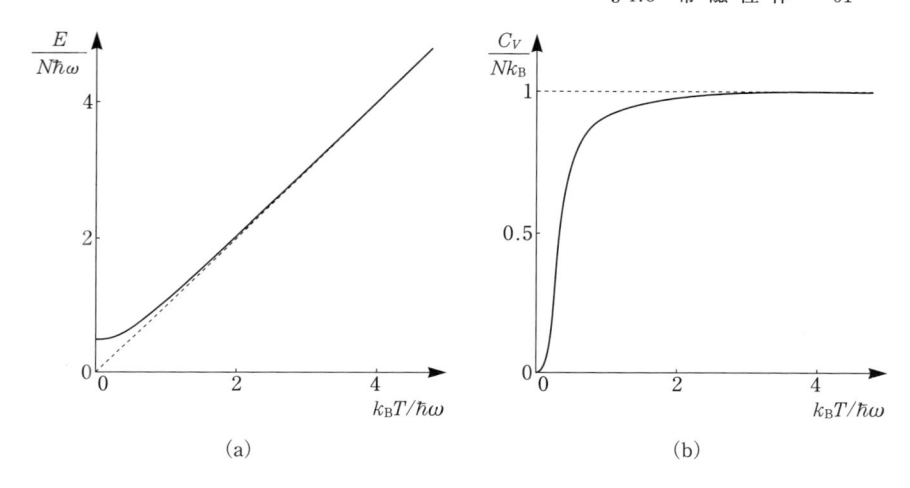

図 4.1 1次元調和振動子系のエネルギー (a) と比熱 (b) の温度依存性. 実線は量子系, 点線は古典系を表す.

図 4.1 に, エネルギーと比熱の温度依存性を示す. 古典系と量子系の比熱の振舞は高温領域では一致するが, 低温領域ではその差が顕著になる.

§4.5 常磁性体

4.5.1 一般的な考察

磁気双極子モーメント $\boldsymbol{\mu}$ をもつ磁気モーメントと磁場 $\boldsymbol{H}$ の相互作用のエネルギーは

$$-\boldsymbol{\mu}\cdot\boldsymbol{H}$$

で与えられる. このような磁気モーメント N 個から成る系が温度 T の熱溜に接しているとき, 観測される磁化の温度依存性を考えてみよう. 高温の極限では, 各磁気モーメントはラン

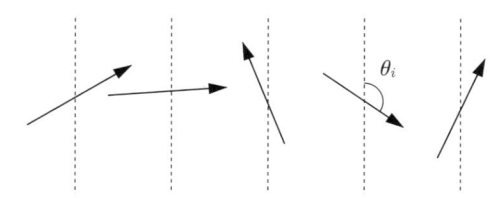

図 4.2 熱溜に接した磁気モーメントの系

ダムな方向を向くので，磁化は0となる．低温の極限では，すべての磁気モーメントが磁場の方向にそろうはずである．ここでの問題は，これらの2つの極限を結ぶ磁化の温度依存性を求めることである．

▷ アニメ 10

i 番目の磁気モーメントと磁場 $\boldsymbol{H}$ のなす角度を θ_i とすると，系の微視状態は N 個の角度の組 $\{\theta_i\}$ で表され，そのエネルギーは

$$E(\{\theta_i\}) = -\bar{\mu}H \sum_i \cos\theta_i \tag{4.36}$$

で与えられる．ここで $\bar{\mu}$ は磁気モーメントの大きさである．磁気モーメントの状態 $\{\theta_i\}$ が出現する確率は，

$$P(\{\theta_i\}) = \frac{\exp\left(\dfrac{\bar{\mu}H}{k_\mathrm{B}T}\sum_i \cos\theta_i\right)}{Q(T, N)} \tag{4.37}$$

ただし，

$$Q(T, N) = \sum_{\{\theta_i\}} \exp\left(\frac{\bar{\mu}H}{k_\mathrm{B}T}\sum_i \cos\theta_i\right) \tag{4.38}$$

で与えられる．磁化は，$\boldsymbol{M} = \sum_i \boldsymbol{\mu}_i$ の磁場方向（z 方向とする）成分

$$M_z = \bar{\mu}\sum_i \cos\theta_i \tag{4.39}$$

の平均値で与えられる．すなわち，

$$\langle M_z \rangle = \sum_{\{\theta_i\}} \frac{(\bar{\mu}\sum_i \cos\theta_i)\exp\left(\dfrac{\bar{\mu}H}{k_\mathrm{B}T}\sum_i \cos\theta_i\right)}{Q(T, N)} \tag{4.40}$$

となり，簡単な計算により

$$\langle M_z \rangle = k_\mathrm{B}T \frac{\partial}{\partial H}\ln Q(T, N) \tag{4.41}$$

が示される．すなわち，$Q(T, N)$ が求まれば磁化を計算することができる．(4.38) から $Q(T, N)$ を求めるためには，可能な状態に関する和 $\sum_{\{\theta_i\}}$ をとる必要があるが，古典系と量子系とで異なった手続きとなる．

4.5.2 古典系

磁気モーメントの状態は連続的に変るので,各磁気モーメントの方位角を $\{\phi_i\}$ として,

$$\sum_{\{\theta_i\}} \rightarrow \int_0^\pi \int_0^{2\pi} \prod_i \sin\theta_i \, d\theta_i \, d\phi_i$$

ととらなければならない(付録C参照).したがって,$Q(T, N)$ は

$$Q(T, N) = \prod_i \int_0^\pi d\theta_i \int_0^{2\pi} \exp\left(\frac{\bar{\mu}H}{k_B T}\cos\theta_i\right)\sin\theta_i \, d\phi_i$$

$$= \left(\frac{4\pi k_B T}{\bar{\mu}H}\sinh\frac{\bar{\mu}H}{k_B T}\right)^N \qquad (4.42)$$

で与えられる.

(4.41)に従って磁化を求めると

$$\langle M_z \rangle = N\bar{\mu}\mathcal{L}\left(\frac{\bar{\mu}H}{k_B T}\right) \qquad (4.43)$$

を得る.ただし,

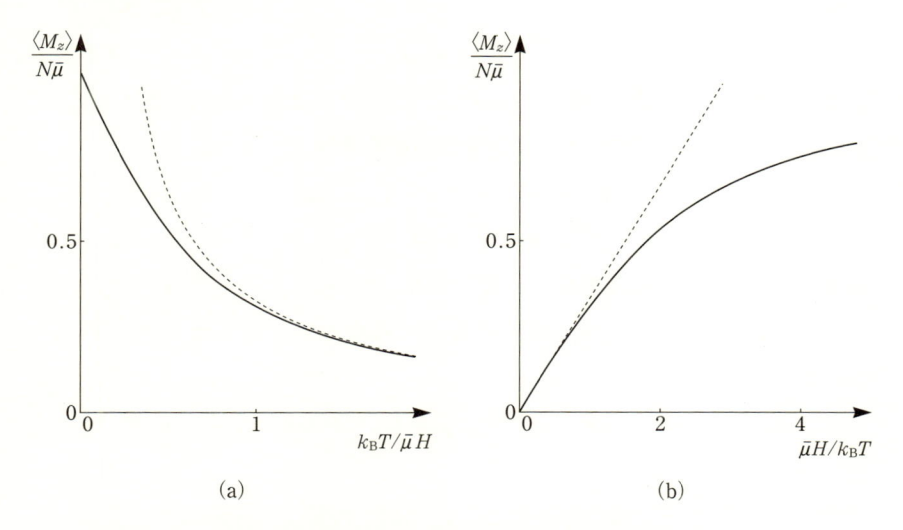

図 4.3 古典論で扱った常磁性体の磁化の温度・磁場依存性を示す.(a)は $k_B T/\bar{\mu}H$ に対して,(b)は $\bar{\mu}H/k_B T$ に対して図示したものである.点線は高温の極限で展開したときの第1項の振舞を示す.

$$\mathscr{L}(x) = \coth x - \frac{1}{x} \tag{4.44}$$

はランジュバン関数である．磁化の温度依存性を図 4.3 に示す．

単位体積当りの磁化の $H = 0$ における磁場に関する変化率

$$\chi = \frac{N_0}{N}\left(\frac{\partial \langle M_z \rangle}{\partial H}\right)\Big|_{H=0} \tag{4.45}$$

は磁化率とよばれる．N_0 は磁気モーメントの数密度である．上で得た磁化の表式を用いると

$$\chi = \frac{N_0 \bar{\mu}^2}{3k_{\rm B}T} \tag{4.46}$$

が示される．磁化率は $1/T$ に比例しており，その比例定数 $N_0\bar{\mu}^2/3k_{\rm B}$ を**キュリー定数**とよぶ．

4.5.3 量子系

磁気モーメントは，

アニメ 10

$$\boldsymbol{\mu} = g\mu_{\rm B}\hat{\boldsymbol{J}} \tag{4.47}$$

により全角運動量 $\hbar\hat{\boldsymbol{J}}$ と関係づけられる．ここで g はランデの g 因子，$\mu_{\rm B} \equiv e\hbar/2mc$ はボーア磁子である．角運動量の固有状態 $|J, m\rangle$ は，

$$\hat{\boldsymbol{J}}^2|J, m\rangle = J(J+1)|J, m\rangle$$

$$\hat{J}_z|J, m\rangle = m|J, m\rangle$$

を満たす．ここで，角運動量の z 成分 m は，$m = -J, -J+1, -J+2, \cdots, J-1, J$ の $2J+1$ 個の値をとる．したがって，磁気モーメントは，z 成分

$$\mu_z = g\mu_{\rm B}m \quad (m = -J, -J+1, -J+2, \cdots, J-1, J) \tag{4.48}$$

で指定される $2J+1$ 個の状態をとる．(4.38) の和は，各磁気モーメントのこれらの $2J+1$ 個の状態についてとればよい．すなわち，

§4.5 常磁性体　65

$$Q(T, N) = \sum_{\{m_i\}} \exp\left(\frac{g\mu_B H}{k_B T} \sum_i m_i\right) \quad (4.49)$$

である．個々の磁気モーメントの量子数についての和は，他の磁気モーメントとは独立に行えるので，

$$Q(T, N) = \frac{\sinh^N\left(\frac{2J+1}{2J}x\right)}{\sinh^N\left(\frac{1}{2J}x\right)} \quad (4.50)$$

を得る．ただし，

$$x \equiv \frac{g\mu_B J H}{k_B T} \quad (4.51)$$

である．(4.41) に従って磁化を求めると

$$\langle M_z \rangle = N\bar{\mu}\, B_J\left(\frac{\bar{\mu} H}{k_B T}\right) \quad (4.52)$$

を得る．ただし，$\bar{\mu} = g\mu_B J$ であり，$B_J(x)$ は

$$B_J(x) = \left(1 + \frac{1}{2J}\right)\coth\left[\left(1 + \frac{1}{2J}\right)x\right] - \frac{1}{2J}\coth\frac{x}{2J} \quad (4.53)$$

で定義される**ブリルアン関数**である．図 4.4 に磁化の磁場依存性を示す．この結果は，ミョウバンなど多くの物質の磁化の温度・磁場依存性を正しく表すことが知られている．

展開式 $\coth x - 1/x = x/3 - x^3/45 + \cdots$ を用いると，

$$\langle M_z \rangle \cong \frac{Ng^2 \mu_B^2 J(J+1)}{3k_B T} H \quad (4.54)$$

が示される．したがって，磁化率は

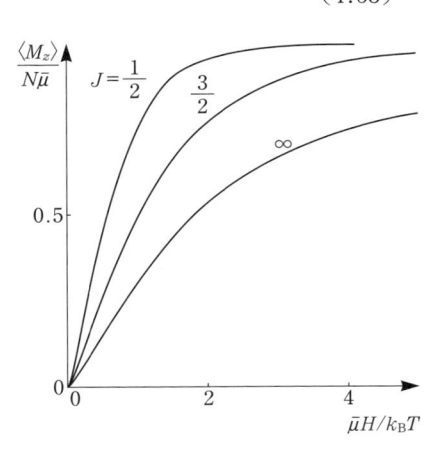

図 4.4　量子論で扱った常磁性体の磁化の温度・磁場依存性

66   4. カノニカルアンサンブル

$$\chi = \frac{N_0 g^2 \mu_B^2 J(J+1)}{3k_B T} \tag{4.55}$$

キュリー定数は $N_0 g^2 \mu_B^2 J(J+1)/3k_B$ で与えられる.

　$J \to \infty$ の極限では，磁気モーメントの方向は連続的に変ると見なせるので，古典的に得た結果と一致する．実際，

$$\lim_{J \to \infty} B_J(x) = \mathscr{L}(x)$$

が示される.

§4.6　2準位系再考 —負の温度—

4.6.1　熱溜に接した2準位系

　前節で考察した磁気モーメントの系で $J=1/2$ のときは，$m = 1/2$ または $m = -1/2$ であり，磁気モーメントの取りうるエネルギーは，$-g\mu_B H/2$ と $g\mu_B H/2$ の2つの値のみである．すなわち，この系は§3.4で考察した2準位系である．そこで，熱溜に接した2準位系を再度考察しよう．

　　　　　　　　　　　　　　　　　　　　　　　　アニメ7

　問題をあらためて定義しよう．2つのエネルギー状態 $\pm\varepsilon$（上の例では $\varepsilon = g\mu_B H/2$）のみをとる要素 N 個から成る系が温度 T の熱溜に接している．この系の熱力学的性質を求めることが問題である．それぞれの要素は，他の要素とは独立に2つの状態のどちらかをとる．したがって分配関数は，それぞれの要素の分配関数 $e^{\varepsilon/k_B T} + e^{-\varepsilon/k_B T}$ の積で与えられるので

$$Z(T, V, H, N) = (e^{\varepsilon/k_B T} + e^{-\varepsilon/k_B T})^N \tag{4.56}$$

となる．したがって，

　　自由エネルギー：

$$A = -Nk_B T \ln\left(2\cosh\frac{\varepsilon}{k_B T}\right)$$

エネルギー：
$$E = -N\varepsilon \tanh \frac{\varepsilon}{k_\mathrm{B}T}$$

エントロピー：
$$S = Nk_\mathrm{B}\left[\ln\left(2\cosh\frac{\varepsilon}{k_\mathrm{B}T}\right) - \frac{\varepsilon}{k_\mathrm{B}T}\tanh\frac{\varepsilon}{k_\mathrm{B}T}\right]$$

磁化：
$$M = \frac{Ng\mu_\mathrm{B}}{2}\tanh\frac{\varepsilon}{k_\mathrm{B}T}$$

定積比熱：
$$C_V = Nk_\mathrm{B}\left(\frac{\varepsilon}{k_\mathrm{B}T}\right)^2 \mathrm{sech}^2\frac{\varepsilon}{k_\mathrm{B}T}$$

を得る．当然のことながら，これらの結果は§3.4 で求めたものと一致する．エネルギーや比熱の温度依存性は，すでに図3.2 に示したとおりである．

[**注意**] 磁化 M をもつ系の熱力学第1法則は
$$d\bar{E} = TdS - PdV + HdM + \mu dN$$
で与えられる．T, H を独立変数とする自由エネルギーは
$$A = \bar{E} - TS - HM$$
で定義され（2行目の E は，$\bar{E} - HM$ に対応している），このとき
$$dA = -SdT - PdV - MdH + \mu dN$$
$$M = -\left(\frac{\partial A}{\partial H}\right)_{T,V}$$
である．自由エネルギーは，ここで求められた分配関数から
$$A = -k_\mathrm{B}T \ln Z(T, V, H, N)$$
によって求められる．

4.6.2 負の温度

4.6.1 で得たエネルギーの式やエントロピーの式は，$T < 0$ の領域においても何ら異常を示さないことに注目しよう．図4.5 に，S/Nk_B と $\varepsilon/k_\mathrm{B}T$ を $E/N\varepsilon$ の関数として図示する．$E/N\varepsilon = -1$ の状態は，すべての要素が低い

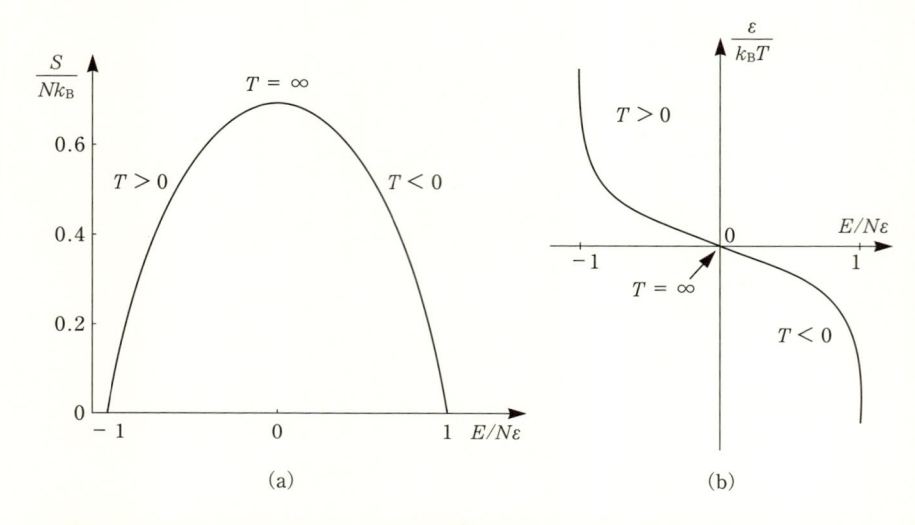

図 4.5 2 準位系のエントロピー(a)と温度の逆数(b)をエネルギーの関数として示す．

エネルギーの状態にあり，エントロピーは 0 となっている．また $E/N\varepsilon = 1$ の状態では，すべての要素が高いエネルギーの状態にあり，やはりエントロピーは 0 である．一方，$T = \infty$ すなわち $\varepsilon/k_B T = 0$ では，ε，$-\varepsilon$ それぞれの状態にある要素の割合が等しく，エネルギーは 0，エントロピーは $Nk_B \ln 2$ となる．したがって，$T < 0$ の負温度の状態では，エネルギーの高い方の状態にある要素の割合の方が大きく，通常の平衡状態では実現されない．

アニメ 7

この負温度の状態は，実験により実現できることが知られている．十分低温で磁場の中に置かれた磁気モーメントの集団は，$E/N\varepsilon = -1$ の状態になっている．ここで瞬間的に磁場を反転させると，各磁気モーメントが追随して方向を反転させるのに時間がかかり，しばらくの間多くの磁気モーメントが高いエネルギーの状態に留まり，負の温度の状態となる．このような状態が実現できることが LiF 等で確かめられている．

§4.7 エネルギーのゆらぎと比熱

熱溜に接している系は，熱溜と常にエネルギーをやりとりしているから，系のエネルギーは時々刻々変化する．アンサンブルについていえば，各系のエネルギーは平均値の周りに分布することになる．すでに述べたように，エネルギー E_r の状態が出現する確率は $e^{-\beta E_r}/\sum_r e^{-\beta E_r}$ で与えられる．したがって，エネルギーのゆらぎの2乗の平均値は

$$\langle (\Delta E)^2 \rangle = \frac{\sum_r E_r^2 e^{-\beta E_r}}{\sum_r e^{-\beta E_r}} - \left(\frac{\sum_r E_r e^{-\beta E_r}}{\sum_r e^{-\beta E_r}} \right)^2 \tag{4.57}$$

で与えられる．* この式から，簡単な計算により

$$\langle (\Delta E)^2 \rangle = \frac{\sum_r e^{-\beta E_r} \sum_r E_r^2 e^{-\beta E_r} - (\sum_r E_r e^{-\beta E_r})^2}{(\sum_r e^{-\beta E_r})^2}$$

$$= -\frac{\partial}{\partial \beta} \frac{\sum_r E_r e^{-\beta E_r}}{\sum_r e^{-\beta E_r}}$$

$$= -\frac{\partial E}{\partial \beta} \tag{4.58}$$

が導かれる．すなわち，

$$\langle (\Delta E)^2 \rangle = k_B T^2 \frac{\partial E}{\partial T} = k_B T^2 C_V \tag{4.59}$$

であり，エネルギーのゆらぎの2乗平均は定積比熱に比例する．

比熱は示量変数であり，したがって，エネルギーのゆらぎの相対的な大きさは

$$\frac{\sqrt{\langle (\Delta E)^2 \rangle}}{E} = \frac{\sqrt{k_B T^2 C_V}}{E} \sim \frac{1}{\sqrt{N}} \tag{4.60}$$

で与えられる．つまり，十分大きな系ではエネルギーのゆらぎは無視できる

---

* $\langle (\Delta E)^2 \rangle \equiv \langle (E_r - \langle E_r \rangle)^2 \rangle = \langle E_r^2 \rangle - \langle E_r \rangle^2$

ことになる．

§4.8　いくつかの応用

4.8.1　固体と気体の相平衡

単成分から成る固体が昇華して気体となり，互いに平衡になる点は，T-P 面内で 1 つの曲線となる．この曲線を簡単な考察から求めてみよう．

温度 T の熱溜に接した体積 V の容器に N 個の単原子分子（質量 m）から成る物質が入っている．その物質の一部 N_g 個の分子が昇華して気体となり，固体と気体が平衡に達したとしよう．固体部分の分子数を N_s とすると，当然 $N_\mathrm{g} + N_\mathrm{s} = N$ が満たされる．

(a)　固体と気体の相平衡　　　　(b)　T-P 面上の相図

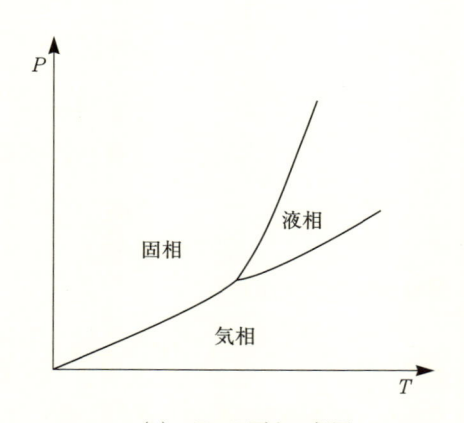

図 4.6

固体を量子論に従う調和振動子の集りで近似すると，その分配関数は

$$Z_\mathrm{s}(T, N_\mathrm{s}) = [\phi(T)]^{N_\mathrm{s}} \tag{4.61}$$

と表せる．ただし，

$$\phi(T) = e^{\varepsilon/k_{\rm B}T} \left(\frac{1}{2\sinh\dfrac{\hbar\omega}{2k_{\rm B}T}} \right)^3 \tag{4.62}$$

と仮定する．ここで，4.4.2 項で得た分配関数を 3 次元に拡張し，さらに固体の各分子は，凝集エネルギー $-\varepsilon$ だけ気体よりエネルギーが低いと仮定した．

一方，気体を理想気体で近似すると，その分配関数は

$$Z_{\rm g}(T,\ V,\ N_{\rm g}) = \frac{[Vf(T)]^{N_{\rm g}}}{N_{\rm g}!} \tag{4.63}$$

ただし，

$$f(T) = \left(\frac{2\pi m k_{\rm B}T}{h^2} \right)^{3/2}$$

で与えられる．また，当然 $V_{\rm s} \ll V$ であるから $V_{\rm g} \sim V$ とした．

温度が一定であるから，平衡状態では全系のヘルムホルツの自由エネルギー

$$A(T,\ V,\ N_{\rm g}) = -k_{\rm B}T(\ln Z_{\rm g} + \ln Z_{\rm s}) \tag{4.64}$$

$$= -k_{\rm B}T\left[N_{\rm g}\ln\frac{eVf(T)}{N_{\rm g}} + (N-N_{\rm g})\ln\phi(T) \right] \tag{4.65}$$

が最小となる．極値条件 $\partial A(T,\ V,\ N_{\rm g})/\partial N_{\rm g} = 0$ から $N_{\rm g}$ を決める式として，

$$-k_{\rm B}T\left[\ln\frac{Vf(T)}{N_{\rm g}} - \ln\phi(T) \right] = 0 \tag{4.66}$$

を得る．第 1 項は気体の化学ポテンシャルであり，第 2 項は固体部分の化学ポテンシャルであるから，両者の化学ポテンシャルが等しいというのが，この式の意味するところである．

(4.66) から平衡状態における気体分子の数 $N_{\rm g}^*$ として

$$N_{\rm g}^* = \frac{Vf(T)}{\phi(T)} \tag{4.67}$$

を得るが，$N_{\rm g}^*$ は全粒子数 N を超えることはできないから $N_{\rm g}^* \leq N$ であれば固体が出現し，$N_{\rm g}^* > N$ であれば すべての分子が気体状態となる．固体

と気体が共存しているときは，気体の圧力は

$$P = \frac{N_g^* k_B T}{V} = \frac{f(T)}{\phi(T)} k_B T \tag{4.68}$$

で与えられるから，T-P 面上の共存線は

$$P = k_B T \left(\frac{2\pi m k_B T}{h^2}\right)^{3/2} \left(2\sinh\frac{\hbar\omega}{2k_B T}\right)^3 e^{-\varepsilon/k_B T} \tag{4.69}$$

となる．

4.8.2 ビリアル定理

§3.5で定義したビリアルのカノニカル平均を求めてみよう．ハミルトニアン

$$H(q_1, \cdots, q_{3N}, p_1, \cdots, p_{3N})$$

で記述される系において，x_i, x_j を $(q_1, \cdots, q_{3N}, p_1, \cdots, p_{3N})$ の中の任意の2つの変数として，

$$v_{ij} = \left\langle x_i \frac{\partial H}{\partial x_j}\right\rangle$$

すなわち，

$$v_{ij} = \frac{\int x_i \dfrac{\partial H}{\partial x_j} e^{-\beta H} d\Gamma}{\int e^{-\beta H} d\Gamma} \tag{4.70}$$

を求める．分子の積分において，x_j について部分積分すると，

$$\int x_i \frac{\partial H}{\partial x_j} e^{-\beta H} d\Gamma = \int \left(-\frac{x_i}{\beta} e^{-\beta H}\right)\bigg|_{x_j(1)}^{x_j(2)} d\Gamma_j + \frac{1}{\beta}\int \frac{\partial x_i}{\partial x_j} e^{-\beta H} d\Gamma \tag{4.71}$$

である．ここで，$d\Gamma = dq_1\cdots dp_{3N}$, $d\Gamma_j$ は $d\Gamma$ から dx_j を除いたものであり，$x_j(1)$, $x_j(2)$ は積分領域の端における x_j の値である．x_j が q_j であっても p_j であっても，$x_j = x_j(1)$ あるいは $x_j = x_j(2)$ において $e^{-\beta H} = 0$ であるから，直ちに

$$v_{ij} = \delta_{ij} k_B T \tag{4.72}$$

を得る. $x_j = x_i = p_i$ とおいて, i について和をとることによって

$$\left\langle \sum_{i=1}^{3N} p_i \frac{\partial H}{\partial p_i} \right\rangle = 3N k_B T \tag{4.73}$$

が示される. すなわち, カノニカルアンサンブルを用いても (3.41) と同じ結果が導かれる.

演習問題

[1] 状態密度 $\Omega(E, V, N)$ を用いると, エネルギーが E と $E + dE$ の間にある状態数は $\Omega(E, V, N) dE$ で与えられる. したがって, 分配関数は

$$Z(T, V, N) = \int_0^\infty \exp\left(-\frac{E}{k_B T}\right) \Omega(E, V, N) dE$$

と表される.

体積 V の中にある N 個の分子 (分子の質量 m) から成る古典理想気体の状態密度は, §2.3 で求めたように

$$\Omega(E, V, N) = \frac{V^N}{N! h^{3N}} \frac{(2\pi m)^{3N/2} E^{3N/2-1}}{\Gamma\left(\frac{3N}{2}\right)}$$

で与えられる.

(1) 上式を用いて分配関数を求めよ.

(2) 分配関数とマシュー関数の関係を示し, マシュー関数を求めよ.

(3) マシュー関数から内部エネルギーおよびエントロピーを求めよ.

[2] 互いに区別できる独立な N 個の1次元調和振動子 (振動数 ω) の状態密度は, 第3章の演習問題 [1] で求めたように

$$\Omega(E, V, N) = \frac{1}{(\hbar \omega)^N} \frac{E^{N-1}}{(N-1)!}$$

で与えられる.

(1) 問題［1］の表式を用いて分配関数を求めよ．

(2) 圧力を求めると0になることを示し，なぜ圧力が0になるのかを物理的に説明せよ．

［3］ N 個のプランク振動子（第3章の演習問題［4］参照）から成る系が，温度 T の熱溜に接している．

(1) 1個のプランク振動子の分配関数 $Z(T, V, 1)$ を求めよ．

(2) プランク振動子は区別できるものとして，N 個の振動子の系の分配関数 $Z(T, V, N)$ を求めよ．

(3) $Z(T, V, N)$ からヘルムホルツの自由エネルギーを求めよ．

(4) ヘルムホルツの自由エネルギーからエントロピーおよび内部エネルギーを求めよ．

(5) 4.4.2項で述べた零点振動のある振動子はシュレーディンガー振動子とよばれる．プランク振動子およびシュレーディンガー振動子それぞれについて，1振動子当りのエネルギーの温度依存性を図示し，その差について論じよ．

(6) プランク振動子の定積比熱を求め，シュレーディンガー振動子のものと比較せよ．

［4］ $S = 1/2$ のスピンは，磁場 H の中に置かれると，磁場の向きか磁場と反対の向きかのどちらかの状態のみをとる．1つのスピンに変数 σ を与えて，σ の値 $+1$ または -1 によって2つの状態を区別する．このとき，スピンの各状態のエネルギーは $-\sigma \bar{\mu} H$ で与えられるものとする．すなわち，スピンはその向きによって $-\bar{\mu}H$ か $+\bar{\mu}H$ のエネルギーをもつことになる．このようなスピン N 個から成る系（i 番目のスピンの変数を σ_i とする）が温度 T の熱溜に接している．スピンは互いに独立であるとして次の問に答えよ．

(1) 1個のスピンが上向く（$\sigma = 1$）確率および下向く（$\sigma = -1$）確率を求めよ．

(2) (1) の確率分布によって σ の平均値を求めよ．

(3) N 個のスピンの系について，磁化 $M \equiv N\bar{\mu}\langle \sigma_i \rangle$ を求めよ．

(4) 系のハミルトニアン（エネルギー）は

$$\mathcal{H} = -\bar{\mu} H \sum_i \sigma_i$$

で与えられる．系のエネルギーの温度依存性を求めよ．

（5）比熱の温度依存性を求めよ．

[5] エネルギーが $-\varepsilon, 0, \varepsilon$ の3つの状態のみをとる要素が温度 T の熱溜に接している．その1個の要素について次の問に答えよ．

（1）エネルギーの平均値 $\langle E \rangle$ を求めよ．

（2）エネルギーの2乗の平均値 $\langle E^2 \rangle$ を求めよ．

（3）（1），（2）からエネルギーのゆらぎの大きさ $\langle \Delta E^2 \rangle \equiv \langle (E - \langle E \rangle)^2 \rangle = \langle E^2 \rangle - \langle E \rangle^2$ を求めよ．

（4）（1）から比熱を求め，（3）で得たエネルギーのゆらぎの大きさとの関係を示せ．

[6] 2原子分子から成る系を考える．分子内の原子間距離が固定されているとすると，分子の運動エネルギーは

$$H = \frac{1}{2m_1} \boldsymbol{p}_1^2 + \frac{1}{2m_2} \boldsymbol{p}_2^2$$
$$= \frac{1}{2M}(P_x^2 + P_y^2 + P_z^2) + \frac{1}{2I}\left(p_\theta^2 + \frac{p_\phi^2}{\sin^2\theta}\right)$$

で与えられる．ここで，P_x, P_y, P_z は重心の運動量，p_θ, p_ϕ は分子軸方向を表す角度変数 θ, ϕ に共役な運動量である．$M = m_1 + m_2$ は全質量，$I = \{m_1 m_2 /(m_1 + m_2)\} r^2$ は分子の慣性モーメント（r は原子間距離）である．このような分子 N 個から成る系が体積 V の容器に入れられ，温度 T の熱溜に接している．さらに各分子は電気双極子モーメント $\bar{\mu}$ をもち，系には z 方向に電場 E が掛けられているものとする．このとき，分子は $-\bar{\mu} E \cos\theta$ のポテンシャルエネルギーをもつ．

（1）1個の分子についての分配関数は，重心の並進運動の寄与 Z_t と回転運動の寄与 Z_r の積で与えられる．それぞれの寄与を求めよ．

（2）単位体積当りの電気分極 P は

$$P = -\frac{1}{V}\left(\frac{\partial A}{\partial E}\right)_{T,V,N}$$

で与えられる．ここで，$A = -k_B T \ln Z$, $Z = (Z_t Z_r)^N/N!$ である．電気分極 P を求めよ．

（3） 系の電気変位 D は $D = E + 4\pi P$ で与えられ，誘電率 ε は $\varepsilon = D/E$ で定義される．P の E に比例する項のみをとって，誘電率を求めよ．ただし，ランジュバン関数の展開式

$$\mathcal{L}(x) \equiv \coth x - \frac{1}{x} \cong \frac{x}{3} - \frac{x^3}{45} + \cdots$$

を用いてよい．

[7] 負温度の状態は $T = \infty$ より高温であるといわれる．$\beta = 1/k_B T$ として，β_1 と β_2 をもつ2つの系を接触させたときにエネルギーの流れる方向を熱力学第2法則に基づいて吟味し，この主張の当否を論ぜよ．

[8] 質量 m の分子 N 個から成る系が温度 T の熱溜に接している．このとき，各分子が位相空間内の $x_1, y_1, z_1, x_2, \cdots, z_N, p_{1x}, p_{1y}, \cdots, p_{Nz}$ 近傍の微小領域 $d\Gamma \equiv \prod_i dx_i dy_i dz_i dp_{ix} dp_{iy} dp_{iz}$ 内にある確率は

$$\frac{\exp[-\beta H(\{x_i, y_i, z_i\}, \{p_{ix}, p_{iy}, p_{iz}\})]}{Z(T, V, N)} \frac{d\Gamma}{N! h^{3N}}$$

で与えられる．ここで $H(\{x_i, y_i, z_i\}, \{p_{ix}, p_{iy}, p_{iz}\})$ は系の全ハミルトニアンであり，$Z(T, V, N)$ は分配関数

$$Z(T, V, N) = \int \cdots \int \exp[-\beta H(\{x_i, y_i, z_i\}, \{p_{ix}, p_{iy}, p_{iz}\})] \frac{d\Gamma}{N! h^{3N}}$$

である．

（1） 1つの分子の運動量（例えば p_{1x}, p_{1y}, p_{1z}）のみを残して他の座標，運動量について積分し，その分子の運動量が p_{1x}, p_{1y}, p_{1z} の近傍 $dp_{1x} dp_{1y} dp_{1z}$ 内にある確率が

$$\frac{1}{(2\pi m k_B T)^{3/2}} \exp\left(-\frac{p_{1x}^2 + p_{1y}^2 + p_{1z}^2}{2m k_B T}\right) dp_{1x} dp_{1y} dp_{1z}$$

で与えられることを示せ．

（2） $p_{1x} = m v_{1x}$ などに注意して，1つの分子の速度が v_x, v_y, v_z の近傍 $dv_x dv_y dv_z$ 内にある確率 $P(v_x, v_y, v_z) dv_x dv_y dv_z$ が

$$P(v_x, v_y, v_z)\, dv_x\, dv_y\, dv_z = \left(\frac{m}{2\pi k_\mathrm{B} T}\right)^{3/2} \exp\left[-\frac{m}{2k_\mathrm{B} T}(v_x^2 + v_y^2 + v_z^2)\right] dv_x\, dv_y\, dv_z$$

で与えられることを示せ．この分布は**マクスウェル分布**とよばれる．

（3） 高温の炉の側面にあけられた小さな窓から漏れてくる気体分子の輝線スペクトルを考える．窓が x 方向に開いているとすると，速度の x 成分が v_x である分子が発する光の波長は，静止した分子が出す光の波長を λ_0 とすると，ドップラー効果によって

$$\lambda = \lambda_0 \frac{v_x + c}{c}$$

となる．ここで，c は光速である．窓から漏れる光の強度 $I(\lambda)$ と波長 λ の関係が

$$I(\lambda) \propto \exp\left[-\frac{mc^2(\lambda - \lambda_0)^2}{2\lambda_0^2 k_\mathrm{B} T}\right]$$

で与えられることを示せ．この現象を**ドップラーブロードニング**とよぶ．

[9] 温度 T の熱溜に接している質量 m の粒子 N 個（$N \gg 1$）から成る系がある．粒子間には相互作用はなく，また粒子は互いに区別できない．系は，一様な重力場の中に鉛直に立てられた無限に長い四角柱状の容器（底面積 $A = L \times L$）に閉じ込められている．重力加速度の大きさを g とする．

（1） 系の分配関数を求めよ．

（2） 系の定積比熱を求めよ．

（3） （2）で得た比熱は通常の理想気体の比熱 $3Nk_\mathrm{B}/2$ より大きくなるが，その物理的理由を説明せよ．

[10] 平面内にある大きさ p の電気双極子モーメントをもつ分極子 N 個（互いに独立で，区別できる）が，同一平面内にある電場 E の中にあり，温度 T の熱溜に接している．分極子は，図のように互いに $120°$ をなす3つの方向のみを向くことができ，電場は1の方向を向いている．電気分極ベクトル $\bm{p}$ と電場ベクトル $\bm{E}$ の相互作用エネルギーは $-\bm{p}\cdot\bm{E}$ で与えられる．

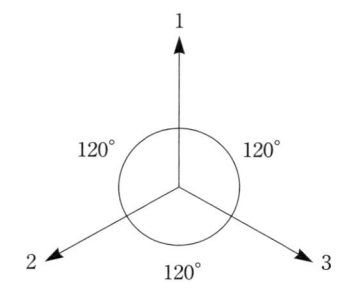

（1） 1個の分極子の分配関数を求めよ．

（2） 系のヘルムホルツの自由エネルギー A を求めよ．

（3） 系のエントロピーを求めよ．

（4） 系の分極 $P \equiv -\partial A/\partial E$ を求めよ．

（5） $E = 0$ の近傍における電気感受率 $\alpha = \partial P/\partial E$ が T に反比例することを示せ．

[11] 古典的な運動方程式に従う 1 次元調和振動子が，幅 L の空間に閉じ込められている．振動子の質量を m，バネ定数を $m\omega^2$ とし，その位置，運動量を x，p で表すと，振動子のハミルトニアンは

$$H(x, p) = \frac{1}{2m}p^2 + \frac{m\omega^2}{2}x^2 + V_{\text{conf}}(x)$$

$$V_{\text{conf}}(x) = \begin{cases} 0 & \left(|x| \leq \dfrac{L}{2}\right) \\ \infty & \left(|x| > \dfrac{L}{2}\right) \end{cases}$$

で与えられる．振動子は質点と見なすことができ，$|x| = L/2$ にあるポテンシャルの壁では完全弾性衝突するものとする．

このような振動子が N 個集まった系がある．各振動子は互いに独立で，かつ区別可能であり，系は温度 T の熱溜に接している．

（1） 分配関数を求めよ．

（2） ヘルムホルツの自由エネルギーを求めよ．

（3） エントロピーおよび内部エネルギーを求めよ．

（4） 圧力を求め，L が十分大きいとき，および十分小さいときの振舞を示し，圧力の L 依存性を吟味せよ．

誤差関数

$$\text{erf}(x) = \frac{2}{\sqrt{\pi}} \int_0^x e^{-t^2} dt$$

を用いてよい．

第 5 章

グランドカノニカルアンサンブル

　前章でカノニカルアンサンブルが有用であることをみたが，まだその適用範囲には制限がある．実際の応用では，示量変数の N や V が一定に保たれない場合も多く，そのような系の取扱いが必要となる．この章では，熱・粒子溜に接触させて，温度，化学ポテンシャルを一定に保った系を考え，温度，体積，化学ポテンシャルを独立変数とする統計力学の枠組みを説明する．

§5.1　熱・粒子溜に接した系

　ある系がその周囲の系と粒子をやりとりすると，エネルギーも同時にやりとりされると考えるのが自然である．そこで，ある系が熱・粒子溜と接して，熱および粒子を自由に交換するものとしよう．熱・粒子溜によって，系の温度および化学ポテンシャルは一定に保たれる．

　　　　　　　　　　　　　　　　　　アニメ 11

　系のある状態のエネルギーを E_r，粒子数を N とし，このときの溜のエネルギーを E_r'，粒子数を N' とする．系と溜を合わせた系が孤立しているものとすると，全エネルギー，全粒子数は保存されるから

$$E_r + E_r' = E^{(0)}, \quad N + N' = N^{(0)} \tag{5.1}$$

は一定に保たれ，

$$\frac{E_r}{E^{(0)}} \ll 1, \quad \frac{N}{N^{(0)}} \ll 1 \tag{5.2}$$

が満たされる．

5. グランドカノニカルアンサンブル

さて，この状態が出現する確率 $P(E_r, N)$ は，前章と同様に，熱・粒子溜の状態数に比例すると考えてよく，

$$P(E_r, N) \propto W'(E^{(0)} - E_r, N^{(0)} - N) \tag{5.3}$$

と表される．(5.2)に注意して，$\ln P(E_r, N)$ を展開すると

$$\ln P(E_r, N) \cong \ln W'(E^{(0)}, N^{(0)}) - \alpha N - \beta E_r \tag{5.4}$$

ただし，

$$\alpha \equiv \frac{\partial \ln W'}{\partial N'} = -\frac{\mu}{k_B T}, \quad \beta \equiv \frac{\partial \ln W'}{\partial E_r'} = \frac{1}{k_B T} \tag{5.5}$$

を得る．ここで μ, T は熱・粒子溜の化学ポテンシャル，温度である．確率 $P(E_r, N)$ を $\sum_N \sum_r P(E_r, N) = 1$ を満たすように規格化すれば

$$P(E_r, N) = \frac{e^{-(E_r - \mu N)/k_B T}}{\sum_N \sum_r e^{-(E_r - \mu N)/k_B T}} \tag{5.6}$$

となる．

規格化のために分母に導入した量を

$$\Xi(T, V, \mu) = \sum_N \sum_r e^{-(E_r - \mu N)/k_B T} \tag{5.7}$$

と書き，**大分配関数**とよぶ．容易にわかるように，大分配関数は

$$\Xi(T, V, \mu) = \sum_N e^{\mu N/k_B T} \sum_r e^{-E_r/k_B T} \tag{5.8}$$

$$= \sum_N z^N Z(T, V, N) \tag{5.9}$$

と表すことができる．ここで $z \equiv e^{\mu/k_B T}$ は**絶対活動度**とよばれる量である．

大分配関数 $\Xi(T, V, \mu)$ の意味をみるために，系の平均の粒子数 $\langle N \rangle$ とエネルギー $\langle E \rangle$ を求めてみよう．平均粒子数は

$$\langle N \rangle = \frac{\sum_N \sum_r N z^N e^{-E_r/k_B T}}{\Xi(T, V, \mu)} \tag{5.10}$$

$$= \frac{z \dfrac{\partial}{\partial z} \sum_N \sum_r z^N e^{-E_r/k_B T}}{\Xi(T, V, \mu)} \tag{5.11}$$

$$= z \frac{\partial}{\partial z} \ln \Xi(T, V, \mu) \tag{5.12}$$

$$= k_B T \frac{\partial}{\partial \mu} \ln \Xi(T, V, \mu) \tag{5.13}$$

平均エネルギーは，$\beta = 1/k_B T$ として

$$\langle E \rangle = \frac{\sum_N \sum_r E_r e^{-\beta(E_r - \mu N)}}{\Xi(T, V, \mu)} \tag{5.14}$$

$$= \frac{-\frac{\partial}{\partial \beta} \sum_N \sum_r e^{-\beta(E_r - \mu N)}}{\Xi(T, V, \mu)} + \frac{\sum_N \sum_r \mu N e^{-\beta(E_r - \mu N)}}{\Xi(T, V, \mu)} \tag{5.15}$$

$$= -\frac{\partial}{\partial \beta} \ln \Xi(T, V, \mu) + \mu \langle N \rangle \tag{5.16}$$

$$= k_B T^2 \frac{\partial}{\partial T} \ln \Xi(T, V, \mu) + \mu \langle N \rangle \tag{5.17}$$

と表せる．

一方，熱力学の公式によれば，エネルギーをエントロピーと粒子数についてルジャンドル変換したグランドポテンシャル(J 関数)を用いて，エネルギーは

$$E = -T^2 \frac{\partial}{\partial T}\left(\frac{J}{T}\right) + \mu N \tag{5.18}$$

と表される．(5.17) と (5.18) を比較して，

$$J(T, V, \mu) = -k_B T \ln \Xi(T, V, \mu) \tag{5.19}$$

であることがわかる．あるいは，クラマース関数 $q(1/T, V, \mu/T)$ を用いても同様の議論によって

$$q\left(\frac{1}{T}, V, \frac{\mu}{T}\right) = k_B \ln \Xi(T, V, \mu) \tag{5.20}$$

を示すことができる．グランドポテンシャルまたはクラマース関数から，他の熱力学量をすべて求めることができる．

§5.2 いくつかの応用

5.2.1 古典理想気体

まず，最も単純な古典理想気体の系に (5.19) または (5.20) を適用してみよう．体積 V の容器に入れられた古典理想気体を考える．気体分子の質量を m とし，容器は温度 T，化学ポテンシャル μ の熱・粒子溜に接しているものとする．容器内の粒子数が N であるとき，その分配関数 $Z(T, V, N)$ は §4.3 で求めたように

$$Z(T, V, N) = \frac{[Vf(T)]^N}{N!} \tag{5.21}$$

$$f(T) = \left(\frac{2\pi m k_\mathrm{B} T}{h^2}\right)^{3/2} \tag{5.22}$$

と表される．したがって，大分配関数は次式で与えられる．

$$\Xi(T, V, \mu) = \sum_N \frac{z^N [Vf(T)]^N}{N!} = \exp[zVf(T)] \tag{5.23}$$

気体分子に内部自由度がある場合は，$f(T)$ の表式が変るだけである．

大分配関数から，さまざまな物理量を求めてみよう．ここではクラマース関数に基づいて議論を進める．(5.20) よりクラマース関数は

$$q\left(\frac{1}{T}, V, \frac{\mu}{T}\right) = k_\mathrm{B} z V f(T) \tag{5.24}$$

で与えられる．これより，圧力

$$P = \frac{Tq}{V} = k_\mathrm{B} z T f(T) \tag{5.25}$$

平均粒子数

$$\langle N \rangle = \frac{1}{k_\mathrm{B}} z \left(\frac{\partial q}{\partial z}\right)_{V, T} = zVf(T) \tag{5.26}$$

すなわち，

$$z = \frac{\langle N \rangle}{Vf(T)} \tag{5.27}$$

を得る．さらに，

平均エネルギー：
$$\langle E \rangle = -\frac{1}{k_B}\left(\frac{\partial q}{\partial \beta}\right)_{V,z} = zVk_BT^2\frac{df(T)}{dT} \tag{5.28}$$

ヘルムホルツの自由エネルギー：
$$A = \langle N \rangle k_B T \ln z - Tq = \langle N \rangle k_B T \ln z - zVk_BTf(T) \tag{5.29}$$

エントロピー：
$$S = -\langle N \rangle k_B \ln z + k_B zV\frac{d}{dT}\{Tf(T)\} \tag{5.30}$$

を得る．これらの式から z を消去すると，状態方程式
$$PV = \langle N \rangle k_B T \tag{5.31}$$

$$\langle E \rangle = \langle N \rangle k_B T^2 \frac{d}{dT}\ln f(T) \tag{5.32}$$

が導かれる．

5.2.2 局在した粒子系

結晶中の原子のように局在した粒子系では，その分配関数は容器の体積には依存しない．例えば，§4.4でみた調和振動子の集団のように，分配関数は一般に $Z(T, V, N) = [\phi(T)]^N$ のように表される．したがって，局在した粒子系の大分配関数は

$$\Xi(T, V, \mu) = \sum_{N=0}^{\infty}[z\phi(T)]^N = \frac{1}{1-z\phi(T)} \tag{5.33}$$

で与えられる．(5.19)からグランドポテンシャルは
$$J(T, V, \mu) = k_B T \ln[1 - z\phi(T)] \tag{5.34}$$

また，(5.20)からクラマース関数は
$$q\left(\frac{1}{T}, V, \frac{\mu}{T}\right) = -k_B \ln[1 - z\phi(T)] \tag{5.35}$$

で与えられる．そして，平均の粒子数，平均エネルギーはそれぞれ

$$\langle N \rangle = z\left(\frac{\partial}{\partial z} \ln \Xi\right)_{V,T} = \frac{z\phi(T)}{1 - z\phi(T)} \tag{5.36}$$

$$\langle E \rangle = -\left(\frac{\partial}{\partial \beta} \ln \Xi\right)_{V,z} = \frac{\langle N \rangle k_B T^2}{\phi(T)} \frac{d\phi(T)}{dT} \tag{5.37}$$

さらに，ヘルムホルツの自由エネルギー，エントロピーはそれぞれ

$$A = \langle N \rangle k_B T \ln z + k_B T \ln[1 - z\phi(T)] \tag{5.38}$$

$$S = \frac{zk_B T}{1 - z\phi(T)} \frac{d\phi(T)}{dT} - \langle N \rangle k_B \ln z - k_B \ln[1 - z\phi(T)] \tag{5.39}$$

で与えられることが示される．一方，(5.36) から

$$z\phi(T) \cong 1 - \frac{1}{\langle N \rangle} \tag{5.40}$$

であるから，結局，

平均エネルギー：

$$\langle E \rangle \cong \langle N \rangle k_B T^2 \frac{d}{dT} \ln \phi(T) \tag{5.41}$$

ヘルムホルツの自由エネルギー：

$$A \cong -\langle N \rangle k_B T \ln \phi(T) \tag{5.42}$$

エントロピー：

$$S \cong \langle N \rangle k_B \left[\ln \phi(T) + T \frac{d}{dT} \ln \phi(T)\right] \tag{5.43}$$

と表される．

5.2.3　固体と気体の相平衡再考

前章でみた温度 T における固体と気体の相平衡を再度考えてみよう．分子は，固相と気相の間を自由に行き来できるので，両者の化学ポテンシャル，あるいは絶対活動度が等しいときに平衡となる．気相にある分子数を N_g と

し, 気相の体積を $V_g \sim V$ とすると, 気相, 固相それぞれの相の絶対活動度は

$$z_g \cong \frac{N_g}{Vf(T)} \tag{5.44}$$

$$z_s \cong \frac{1}{\phi(T)} \tag{5.45}$$

と近似できる. 平衡条件 $z_g = z_s$ から

$$\frac{N_g}{V} \cong \frac{f(T)}{\phi(T)} \tag{5.46}$$

を得る. 気相の状態方程式 $P = k_B T z f(T)$ を用いると, 前章と同じ結果

$$P = k_B T \frac{f(T)}{\phi(T)} \tag{5.47}$$

が導かれる. 固相と気相が共存できるためには,

$$N > N_g \tag{5.48}$$

が必要であるから,

$$\frac{N}{V} > \frac{f(T)}{\phi(T)} \tag{5.49}$$

すなわち, T_c を $f(T_c)/\phi(T_c) = N/V$ で定義すると, $T < T_c$ のときのみ気体と固体が共存することになる.

§5.3 粒子数のゆらぎと圧縮率

粒子溜に接した系の粒子数は時々刻々変化する. 粒子数の平均値周りのゆらぎを求めてみよう. 　アニメ 11

$$\langle N \rangle = z \left(\frac{\partial}{\partial z} \ln \Xi \right)_{V,T}$$

であり, 一方, 粒子数の 2 乗の平均は

$$\langle N^2 \rangle = \frac{1}{\Xi} \left(z \frac{\partial}{\partial z} \right)^2_{V,T} \Xi \tag{5.50}$$

で与えられるから,

$$\langle \varDelta N^2 \rangle \equiv \langle N^2 \rangle - \langle N \rangle^2 = \left(z \frac{\partial}{\partial z} \langle N \rangle \right)_{V,T} \tag{5.51}$$

を得る．すなわち，

$$\langle \varDelta N^2 \rangle = k_B T \left(\frac{\partial \langle N \rangle}{\partial \mu} \right)_{V,T} \tag{5.52}$$

である．第1章の演習問題［5］で示した関係式

$$\left(\frac{\partial N}{\partial \mu} \right)_{V,T} = -\frac{N^2}{V^2} \left(\frac{\partial V}{\partial P} \right)_{N,T}$$

に注意して

$$\frac{\langle \varDelta N^2 \rangle}{\langle N \rangle^2} = \frac{k_B T \kappa_T}{V} \tag{5.53}$$

を得る．ここで

$$\kappa_T = -\frac{1}{V} \left(\frac{\partial V}{\partial P} \right)_{N,T} \tag{5.54}$$

は，等温圧縮率である．この関係式は，§4.7でみた熱溜に接する系のエネルギーのゆらぎと比熱との関係式（4.60）と同様の関係式である．圧縮率が異常を示さない限り，粒子数の相対ゆらぎは $1/\sqrt{V}$ のオーダーであり，十分小さいと考えてよい．圧縮率が発散する臨界点近傍では，ゆらぎは大きくなる．例えば，気体‐液体相転移の臨界点近傍で見られる臨界蛋白光は，密度ゆらぎの増加によって生じるものである．

演習問題

［1］熱・粒子溜に接触した系では，エネルギーも粒子数も時々刻々変化する．大分配関数 $\varXi(T, V, \mu)$ は

$$\varXi(T, V, \mu) = \sum_{N=0} z^N Z(T, V, N)$$

で与えられる．ただし，熱・粒子溜の温度と化学ポテンシャルを T, μ とし，

$$Z(T,V,N) = \sum_r \exp(-\beta E_r), \qquad z = e^{\beta\mu}, \qquad \beta = \frac{1}{k_B T}$$

である.

(1) 系の粒子数が N である確率 P_N が

$$P_N = \frac{z^N Z(T,V,N)}{\Xi(T,V,\mu)}$$

で与えられることに注意して,粒子数の平均 $\langle N \rangle$,粒子数の2乗の平均 $\langle N^2 \rangle$ を Ξ の微分で表し,粒子数のゆらぎ $\langle \Delta N^2 \rangle$ が

$$\langle \Delta N^2 \rangle = k_B T \left(\frac{\partial \langle N \rangle}{\partial \mu} \right)_{V,T}$$

で与えられることを示せ.

(2) 熱力学の関係式

$$\left(\frac{\partial N}{\partial \mu} \right)_{V,T} = -\frac{N^2}{V^2} \left(\frac{\partial V}{\partial P} \right)_{N,T}$$

および圧縮率の定義

$$\kappa_T = -\frac{1}{V} \left(\frac{\partial V}{\partial P} \right)_{N,T}$$

を用いて,粒子数のゆらぎの相対値 $\sqrt{\langle \Delta N^2 \rangle}/\langle N \rangle$ と圧縮率との関係を求めよ.

(3) エネルギーの平均値,エネルギーの2乗の平均値がそれぞれ

$$\langle E \rangle = -\frac{1}{\Xi} \left(\frac{\partial \Xi}{\partial \beta} \right)_{V,z}, \qquad \langle E^2 \rangle = \frac{1}{\Xi} \left(\frac{\partial^2 \Xi}{\partial \beta^2} \right)_{V,z}$$

で与えられることを示せ.

(4) エネルギーのゆらぎが

$$\langle E^2 \rangle - \langle E \rangle^2 = k_B T^2 \left(\frac{\partial \langle E \rangle}{\partial T} \right)_{V,z}$$

で与えられることを示せ.

(5) エネルギーのゆらぎが

$$\langle \Delta E^2 \rangle = k_B T^2 C_V + \langle \Delta N^2 \rangle \left(\frac{\partial E}{\partial N} \right)_{V,T}^2$$

と表されることを示せ.

[2] 固体表面に接する気体分子は，表面にある特定の場所（吸着中心という）に吸着することができる．吸着中心を N 個もつ固体表面が，圧力 P，温度 T の理想気体（質量 m）に接している．各吸着中心には最大 1 個の分子が吸着でき，吸着した分子は $-\varepsilon$ だけ低いエネルギーをもつ．吸着した分子間には，相互作用はないものとする．

（1） N_1 個の分子が吸着しているときの分配関数 Z_{N_1} が
$$Z_{N_1} = \frac{N!}{N_1!(N-N_1)!} e^{N_1 \varepsilon/k_B T}$$
で与えられることを示せ．

（2） 絶対活動度を $z\,(\equiv e^{\mu/k_B T})$ として，大分配関数が
$$\Xi = (1 + z e^{\varepsilon/k_B T})^N$$
で与えられることを示せ．

（3） 吸着されている分子数の平均 $\langle N_1 \rangle$ を求めよ．

（4） 理想気体の絶対活動度は
$$z = \frac{P}{k_B T} \left(\frac{h^2}{2\pi m k_B T} \right)^{3/2}$$
で与えられる（§4.3 の（4.26）を参照）．これから表面の被覆率（吸着中心の中で，実際に分子が吸着しているものの割合）に対する**ラングミュアの等温吸着式**
$$\frac{\langle N_1 \rangle}{N} = \frac{P}{P + P_0(T)}$$
を導き，$P_0(T)$ の表式を求めよ．

第 6 章

$T\text{-}P$ アンサンブル

熱・圧力溜に接触させて，温度および圧力を一定に保った系は，通常の実験室で実現される．この条件に対応したアンサンブルを考え，温度，圧力，粒子数を独立変数とする統計力学の枠組みを説明する．

アニメ 12

§6.1 熱・圧力溜に接した系

透熱・可動壁を隔てて，熱・圧力溜と接している系を考えよう．系のエネルギーと体積が時間とともに変動するので，系の物理量を求めるためには，系のエネルギーと体積を指定した状態が出現する確率が必要となる．系のエネルギーが E_r，体積が V である確率を $P(E_r, V)$ としよう．系と溜を合わせた全系は孤立しているものとし，全系のエネルギーと体積を $E^{(0)}$，$V^{(0)}$ とする．ここで，$|E_r/E^{(0)}| \ll 1$, $V/V^{(0)} \ll 1$ である．第 3 章，第 4 章でみたのと同様，確率 $P(E_r, V)$ は溜の微視状態の数 $W'(E^{(0)} - E_r, V^{(0)} - V)$ に比例すると考えられる．したがって，$|E_r/E^{(0)}| \ll 1$, $V/V^{(0)} \ll 1$ に注意して $\ln P(E_r, V)$ を展開すると

$$\ln P(E_r, V) \cong \ln W'(E^{(0)}, V^{(0)}) + \left.\frac{\partial \ln W'(E', V^{(0)})}{\partial E'}\right|_{E' = E^{(0)}} (-E_r)$$

$$+ \left.\frac{\partial \ln W'(E^{(0)}, V')}{\partial V'}\right|_{V' = V^{(0)}} (-V) + \cdots$$

(6.1)

となる．

6. T-Pアンサンブル

一方,これらの式に現れた微分係数は,次式によって熱・圧力溜の温度と圧力に関係づけられる.

$$\left.\frac{\partial \ln W'(E', V^{(0)})}{\partial E'}\right|_{E'=E^{(0)}} = \frac{1}{k_B T} \tag{6.2}$$

$$\left.\frac{\partial \ln W'(E^{(0)}, V')}{\partial V'}\right|_{V'=V^{(0)}} = \frac{P}{k_B T} \tag{6.3}$$

したがって,状態 E_r, V が出現する確率は

$$P(E_r, V) \propto e^{-E_r/k_B T - PV/k_B T} \tag{6.4}$$

で与えられる.確率を $\sum_r \sum_V e^{-E_r/k_B T - PV/k_B T} = 1$ となるように規格化して

$$P(E_r, V) = \frac{e^{-(E_r + PV)/k_B T}}{Y(T, P, N)} \tag{6.5}$$

$$Y(T, P, N) = \sum_r \sum_V e^{-(E_r + PV)/k_B T} \tag{6.6}$$

を得る.$Y(T, P, N)$ は **T-P 分配関数**とよばれる.状態についての和をとるとき,体積 V は連続変数であるから積分におきかえることができる.体積の単位を v_0 とすると,

$$Y(T, P, N) = \int_0^\infty \sum_r e^{-(E_r + PV)/k_B T} \frac{dV}{v_0} \tag{6.7}$$

$$= \int_0^\infty Z(T, V, N) e^{-PV/k_B T} \frac{dV}{v_0} \tag{6.8}$$

と表すことができる.すなわち T-P 分配関数 $Y(T, P, N)$ は,分配関数 $Z(T, V, N)$ の V に関するラプラス変換である.

$Y(T, P, N)$ の物理的な意味を探るために,体積およびエネルギーの平均値 $\langle V \rangle$, $\langle E \rangle$ を求めてみよう.$Y(T, P, N)$ の定義式 (6.7) から

$$\langle V \rangle = \frac{\int_0^\infty \sum_r V e^{-\beta(E_r + PV)} \frac{dV}{v_0}}{Y(T, P, N)}$$

$$= -\frac{1}{\beta} \frac{\partial}{\partial P} \ln Y(T, P, N) \tag{6.9}$$

§6.1 熱・圧力溜に接した系　91

$$\langle E \rangle = \frac{\int_0^\infty \sum_r E_r e^{-\beta(E_r + PV)} \frac{dV}{v_0}}{Y(T, P, N)}$$

$$= \frac{\int_0^\infty \left(-\frac{\partial}{\partial \beta} - PV\right) \sum_r e^{-\beta(E_r + PV)} \frac{dV}{v_0}}{Y(T, P, N)}$$

$$= -\frac{\partial}{\partial \beta} \ln Y(T, P, N) - P\langle V \rangle \quad (6.10)$$

を示すことができる ($\beta = 1/k_B T$). すなわち,

$$\langle E \rangle = T^2 \left(\frac{\partial k_B \ln Y}{\partial T}\right)_{P,N} + TP \left(\frac{\partial k_B \ln Y}{\partial P}\right)_{T,N} \quad (6.11)$$

である.一方,熱力学の公式(第1章の演習問題[4]参照)から,エネルギーはギブスの自由エネルギー G を用いて

$$E = -T^2 \left(\frac{\partial \left(\frac{G}{T}\right)}{\partial T}\right)_{P,N} - TP \left(\frac{\partial \left(\frac{G}{T}\right)}{\partial P}\right)_{T,N} \quad (6.12)$$

と表される.これを上式と比較して,

$$G(T, P, N) = -k_B T \ln Y(T, P, N) \quad (6.13)$$

が結論される.

同様に,エネルギーはプランク関数 $\phi(1/T, P/T, N)$ を用いると

$$E = -\frac{\partial \phi}{\partial \left(\frac{1}{T}\right)} + TP \frac{\partial \phi}{\partial P} \quad (6.14)$$

と表されるから,T-P 分配関数は

$$\phi\left(\frac{1}{T}, \frac{P}{T}, N\right) = k_B \ln Y(T, P, N) \quad (6.15)$$

によってプランク関数と関係づけられる.

ここで,この関係は v_0 の値とは関係なく成立し,また v_0 の実際の熱力学量への寄与は無視できることに注意しておく.

§6.2 いくつかの応用

6.2.1 古典理想気体

§4.3でみたように，温度 T，体積 V の容器に入れられた N 個の分子（質量 m）から成る古典理想気体の分配関数は，

$$Z(T,\ V,\ N) = \frac{V^N}{N!\,h^{3N}}(2\pi mk_\mathrm{B}T)^{3N/2} \tag{6.16}$$

で与えられる．したがって，T-P 分配関数は

$$\begin{aligned}
Y(T,\ P,\ N) &= \frac{(2\pi mk_\mathrm{B}T)^{3N/2}}{v_0 N!\,h^{3N}} \int_0^\infty V^N e^{-\beta PV}\,dV \\
&= \frac{(2\pi mk_\mathrm{B}T)^{3N/2}}{v_0 h^{3N}} \left(\frac{k_\mathrm{B}T}{P}\right)^{N+1}
\end{aligned} \tag{6.17}$$

となる．(6.13)からギブスの自由エネルギーは

$$G(T,\ P,\ N) = -Nk_\mathrm{B}T \ln\left[\left(\frac{2\pi mk_\mathrm{B}T}{h^2}\right)^{3/2} \frac{k_\mathrm{B}T}{P}\right] \tag{6.18}$$

となり，§2.3で得た結果と一致する．ここで，項 $\ln(k_\mathrm{B}T/Pv_0)$ はオーダー N の他の項に比べて十分小さいので無視した．つまり，体積の単位として導入した v_0 は，熱力学量には直接影響を与えない．

6.2.2 鎖状高分子の状態方程式

鎖状高分子の簡単なモデルとして，長さ l の棒状分子が N 個つながった系を考える．隣り合う棒状分子は互いに自由に回転できるようにつながっており，分子の運動エネルギーは無視できるものと仮定する．棒状分子に端から番号 ($i=1,\ 2,\ \cdots,\ N$) を付け，i 番目の分子の方向を，分子軸の極角 θ_i と方位角 ϕ_i で表す（図6.1参照）．

さて，両端の距離が L と $L+\varDelta L$ の間にある状態の数 $\varOmega(L)\varDelta L$ は各分子の考えている方向への正射影の総和が $(L,\ L+\varDelta L)$ という条件の下で，$(\theta_i,\ \phi_i)$ が取りうる状態の数として与えられる．したがって，

§6.2 いくつかの応用

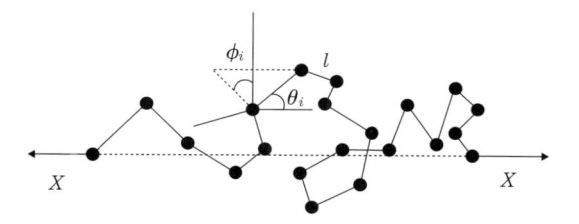

図 6.1 鎖状高分子のモデル

$$\Omega(L)\,\Delta L = \int \cdots \int_{L \leq \sum_i l\cos\theta_i \leq L + \Delta L} \prod_{i=1}^{N} \sin\theta_i\,d\theta_i\,d\phi_i \quad (6.19)$$

と書くことができる．この系が温度 T，張力 X の熱・張力溜に接しているとすると，$T\text{-}P$（$T\text{-}X$）分配関数は

$$Y(T, X, N) = \int_{-Nl}^{Nl} e^{\beta XL}\,\Omega(L)\,dL \quad (6.20)$$

で与えられる．$\Omega(L)$ の定義式 (6.19) では，積分領域に制限がある．(6.20) では L についての積分があるため，(θ_i, ϕ_i) の積分を全領域について行えばよい．すなわち，

$$Y(T, X, N) = \int \cdots \int e^{\beta X \sum_i l\cos\theta_i} \prod_{i=1}^{N} \sin\theta_i\,d\theta_i\,d\phi_i \quad (6.21)$$

$$= \prod_{i=1}^{N} \int_0^{\pi} \int_0^{2\pi} e^{\beta Xl\cos\theta_i} \sin\theta_i\,d\theta_i\,d\phi_i \quad (6.22)$$

$$= \left(\frac{4\pi \sinh\beta Xl}{\beta Xl} \right)^N \quad (6.23)$$

を得る．これより，高分子鎖の長さの平均値は

$$\langle L \rangle = \frac{1}{\beta Y} \frac{\partial Y}{\partial X} = Nl\,\mathcal{L}\left(\frac{Xl}{k_\mathrm{B}T} \right) \quad (6.24)$$

で与えられることが示される．ただし，$\mathcal{L}(x) \equiv \coth x - 1/x$ は (4.44) で定義したランジュバン関数である．

温度の関数として高分子鎖の平均の長さを図示すると，図 6.2 のようになる．温度の上昇にともなって長さが短くなる現象は，多くの高分子で見られる．

アニメ 12

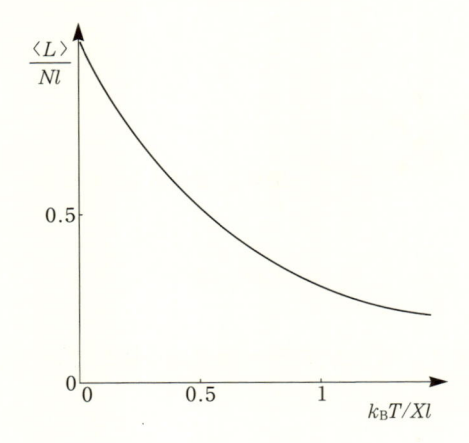

図 6.2 高分子鎖の長さの温度依存性

6.2.3 1次元気体の状態方程式

1次元空間内にある N 個の気体分子を考える．分子間には，隣り合うもの同士にのみ相互作用があるものとする．このとき，系のハミルトニアンは

$$H = \sum_{j=1}^{N} \frac{1}{2m} p_j^2 + \sum_{j=1}^{N-1} \phi(|x_{j+1} - x_j|) \tag{6.25}$$

で与えられる．ここで，x_j, p_j は j 番目の分子の座標と運動量を表し，m は分子の質量である．系の大きさは，$L \equiv x_N - x_1$ で与えられる．系全体の並進運動はないものとして，重心を原点に固定する．張力 X を一定に保った T-P 分配関数は，

$$\begin{aligned} Y(T, X, N) = \int_0^\infty dL \int \cdots \int_{-\infty}^\infty \prod_j \frac{dp_j}{h} \\ \times \int \cdots \int_{x_1 \leq x_2 \leq \cdots \leq x_N,\, x_N - x_1 = L} \prod_j dx_j\, e^{-\beta(H + XL)} \delta\left(\frac{1}{N} \sum_{j=1}^{N} x_j\right) \end{aligned} \tag{6.26}$$

で与えられる．デルタ関数 $\delta\left(\frac{1}{N} \sum_{j=1}^{N} x_j\right)$ は，重心を原点に束縛するために導入したものである．運動量に関する積分は直ちに実行できるので

$$Y(T, X, N) = \left(\frac{2\pi m k_B T}{h^2}\right)^{N/2} Q(T, X, N) \qquad (6.27)$$

ただし,

$$Q(T, X, N) = \int_0^\infty dL \int\cdots\int_{x_1 \leq x_2 \leq \cdots \leq x_N,\, x_N - x_1 = L} dx_1 \cdots dx_N$$
$$\times e^{-\beta[\sum_j \phi(x_{j+1} - x_j) + XL]} \delta\left(\frac{1}{N}\sum_{j=1}^N x_j\right)$$
$$(6.28)$$

である. L に関する積分があるから, $x_1, \cdots, x_N$ の積分に対する条件をはずすことができ,

$$Q(T, X, N) = \int_{-\infty}^\infty dx_N \int_{-\infty}^{x_N} \cdots \int_{-\infty}^{x_2} dx_1 \, e^{-\beta[\sum_j \phi(x_{j+1} - x_j) + X(x_N - x_1)]}$$
$$\times \delta\left(\frac{1}{N}\sum_{j=1}^N x_j\right)$$
$$(6.29)$$

と表せる. $x_1, \cdots, x_N$ に関する N 重積分は, 変数変換

$$\xi_j = x_{j+1} - x_j, \qquad \xi_N = x_N \qquad (j = 1, \cdots, N-1)$$

によって実行できる. 実際,

$$x_N - x_1 = \sum_{j=1}^{N-1} \xi_j, \qquad \frac{1}{N}\sum_{j=1}^N x_j = \xi_N - \frac{1}{N}\sum_{j=1}^{N-1} j\xi_j$$

に注意し, デルタ関数のフーリエ表示

$$\delta(x) = \frac{1}{2\pi}\int_{-\infty}^\infty e^{itx}\, dt \qquad (6.30)$$

を用いると,

$$Q(T, X, N) = \frac{1}{2\pi}\int_{-\infty}^\infty dt \int_{-\infty}^\infty d\xi_N \, e^{it\xi_N} \prod_{j=1}^{N-1} \int_0^\infty e^{-[\beta\phi(\xi_j) + (\beta X + itj/N)\xi_j]}\, d\xi_j$$
$$(6.31)$$

と表すことができる. ここで

であるから，t に関する積分を実行して

$$Q(T, X, N) = [I(\beta, X)]^{N-1} \tag{6.32}$$

を得る．ただし，

$$I(\beta, X) = \int_0^\infty e^{-\beta\phi(x)-\beta Xx} dx \tag{6.33}$$

である．これより系の平均の長さ（体積）を求めると

$$\langle L \rangle = -\frac{N-1}{\beta I} \frac{\partial I(\beta, X)}{\partial X} \tag{6.34}$$

となる．平均の長さ $\langle L \rangle$ は，X の単調減少関数であることが示される．*
つまり，分子間に相互作用があっても，1次元上の気体は相転移をしない．

簡単な例として，剛体球モデル

$$\phi(x) = \begin{cases} \infty & (|x| \leq b) \\ 0 & (|x| > b) \end{cases}$$

を考えると，

$$I(\beta, X) = -\frac{e^{-\beta Xb}}{\beta X}$$

であるから，状態方程式

$$X[\langle L \rangle - (N-1)b] = (N-1)k_B T \tag{6.35}$$

が導かれる．

§6.3 体積のゆらぎ

熱・圧力溜に接した系の体積は，時間的に変動する．体積の平均値は，

---

* $\left(\dfrac{\partial \langle L \rangle}{\partial X}\right)_\beta = -\dfrac{N-1}{\beta}\dfrac{II'' - I'^2}{I^2} = -\dfrac{N-1}{\beta}\dfrac{1}{I}\int_0^\infty \left(-\beta x - \dfrac{I'}{I}\right)^2 e^{-\beta Xx - \beta\phi(x)} dx \leq 0$
を示すことができる．

すでに (6.9) でみたように

$$\langle V \rangle = -\frac{1}{\beta} \frac{1}{Y(T, P, N)} \frac{\partial}{\partial P} Y(T, P, N) \quad (6.36)$$

で与えられる．同様に，体積の 2 乗の平均は

$$\langle V^2 \rangle = \frac{1}{\beta^2} \frac{1}{Y(T, P, N)} \frac{\partial^2}{\partial P^2} Y(T, P, N) \quad (6.37)$$

で与えられる．したがって，体積のゆらぎの 2 乗の平均は

$$\begin{aligned}
\langle \Delta V^2 \rangle &= \langle V^2 \rangle - \langle V \rangle^2 \\
&= \frac{1}{\beta^2} \left\{ \frac{1}{Y} \frac{\partial^2 Y}{\partial P^2} - \frac{1}{Y^2} \left(\frac{\partial Y}{\partial P} \right)^2 \right\} \\
&= -\frac{1}{\beta} \frac{\partial}{\partial P} \langle V \rangle \\
&= k_B T \langle V \rangle \kappa_T \quad (6.38)
\end{aligned}$$

と表される．ここで，

$$\kappa_T = -\frac{1}{V} \left(\frac{\partial V}{\partial P} \right)_{T, N} \quad (6.39)$$

は，等温圧縮率である．したがって，体積の相対ゆらぎの大きさは，

$$\frac{\sqrt{\langle \Delta V^2 \rangle}}{\langle V \rangle} = \sqrt{\frac{k_B T \kappa_T}{\langle V \rangle}} \quad (6.40)$$

で与えられる．つまり，十分大きな巨視系では，ゆらぎは無視できる．

演習問題

[1] 熱・圧力溜に接触した系がある．系内の分子の数を N とし，熱溜の温度を T，圧力溜の圧力を P とする．この系がエネルギーが E と $E + dE$ の間，体積が V と $V + dV$ の間にある確率 $P(E, V) \, dE \, dV$ は，

$$P(E, V) \, dE \, dV = \frac{e^{-\beta PV - \beta E} \Omega(E, V, N) \, dE \, dV}{Y(T, P, N)}$$

で与えられる $(\beta = 1/k_B T)$. ここで
$$Y(T, P, N) = \int_0^\infty dV \int_0^\infty dE\, e^{-\beta PV - \beta E} \Omega(E, V, N)$$
$\Omega(E, V, N)$ は状態密度である ($v_0 = 1$ とした).

(1) 体積の平均値 $\langle V \rangle$ が
$$\langle V \rangle = -\frac{1}{\beta} \frac{\partial}{\partial P} \ln Y(T, P, N)$$
で与えられることを示せ.

(2) エネルギーの平均値 $\langle E \rangle$ が
$$\langle E \rangle = -\frac{\partial}{\partial \beta} \ln Y(T, P, N) + \frac{P}{\beta} \frac{\partial}{\partial P} \ln Y(T, P, N)$$
で与えられることを示せ.

(3) エントロピーをエネルギーと体積両者に関してルジャンドル変換した関数をプランク関数とよび, $\Phi(1/T, P/T, N)$ で表す. Φ の全微分を求め, $E = H - PV$ から
$$E = -\left(\frac{\partial \Phi}{\partial \left(\frac{1}{T}\right)}\right)_{P,N} + PT \left(\frac{\partial \Phi}{\partial P}\right)_{T,N}$$
を導け.

(4) (2), (3) の結果を比べて, Φ と $Y(T, P, N)$ の関係を求めよ.

(5) 理想気体では
$$\Omega(E, V, N) = \frac{V^N}{N! h^{3N}} \frac{(2\pi m)^{3N/2} E^{3N/2 - 1}}{\Gamma\left(\frac{3N}{2}\right)}$$
である. 積分を実行して $Y(T, P, N)$ を求め, (4) の関係を用いて, 理想気体のプランク関数を求めよ. $\int_0^\infty e^{-t} t^N dt = \Gamma(N+1) = N!$ を用いてよい.

(6) 体積のゆらぎと圧縮率との関係を求めよ.

[2] N 個の要素が直線状に並んだ系がある. 各要素は 2 つの状態 h, v をとれるものとし, 状態 h では長さ l_h, エネルギー ε_h, 状態 v では長さ l_v, エネルギー ε_v をもつ. この系の両端には張力 X が掛けられている. つまり, 系は張力 (圧力)

溜に接している．

（1） N 個のうち状態 h の要素の数を N_h，状態 v の要素の数を N_v とする（$N = N_h + N_v$）．このとき，可能な状態の数 $W(N_h, N_v)$ を求めよ．

（2） （1）の状態のエネルギーは $E(N_h, N_v) = \varepsilon_h N_h + \varepsilon_v N_v$ であり，系の長さは $L(N_h, N_v) = l_h N_h + l_v N_v$ で与えられる．この状態が出現する確率は
$$\frac{W(N_h, N_v) \exp\left[-\beta\{E(N_h, N_v) - XL(N_h, N_v)\}\right]}{Y(T, X, N)}$$
である．ただし，分配関数 $Y(T, X, N)$ は
$$Y(T, X, N) = \sum_{N_h=0}^{N} W(N_h, N_v) \exp\left[-\beta\{E(N_h, N_v) - XL(N_h, N_v)\}\right]$$
で定義される．長さ L を分配関数 $Y(T, X, N)$ の導関数として表せ．

（3） 具体的に分配関数を求め，系の長さを温度と張力の関数として表せ．

（4） （3）で得た関係を用いて，一定の張力のもとで，系の長さを温度の関数として図示せよ．ただし，$K \equiv \varepsilon_v - \varepsilon_h - X(l_v - l_h) = $ 一定 として，$l_v/l_h = 0.5$ とする．図は適当にスケールして示せ．

［3］ 図のように，折り畳まれた状態 a と伸びた状態 b の 2 つの状態をとる要素がある．状態 a のエネルギーは ε であり，状態 b のエネルギーは 0 である．このような N 個の要素を熱溜に接触したまま 1 次元の直線上に並べて結合させ，両端に張力 X を掛けた．要素間の結合のエネルギーは十分小さく無視できるものとする．また，要素 b の長さを l とし，要素 a の長さは十分短いとして無視する．したがって，要素 a，b の個数がそれぞれ N_a，N_b のときの系の長さは lN_b で与えられる．

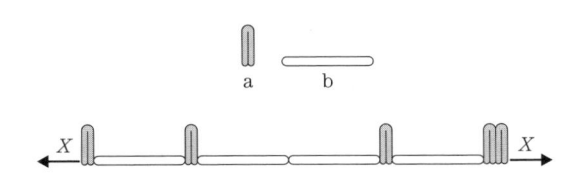

（1） この系の T-P 分配関数 $Y(T, X, N)$ が次式で与えられることを示せ．
$$Y(T, X, N) = (e^{-\varepsilon/k_\mathrm{B}T} + e^{Xl/k_\mathrm{B}T})^N$$

（2） この系の長さの平均値を求めよ．また，$Xl = \varepsilon$ の場合に平均の長さの温度依存性を図示せよ．

第 7 章

量子統計力学入門

　量子力学では，物理量は演算子で，系の状態は波動関数で表される．この章では，量子力学の記述を用いたアンサンブル理論を概説する．まず，量子力学に基づいてアンサンブル理論を定式化する．ついで，多粒子系の取扱いを説明し，ボース分布とフェルミ分布を導入する．

§7.1　密度演算子

　ハミルトニアン $\hat{H}$ で記述される系を考えよう．時刻 t における系の状態を $|\phi\rangle$ で表す．* この系を $\mathcal{N}$ 個集めたアンサンブルを考え，その中の要素 k の状態を $|\phi\rangle_k$ で表す．系の状態の時間発展は，次のシュレーディンガー方程式で記述される．

$$i\hbar \frac{\partial}{\partial t} |\phi\rangle_k = \hat{H} |\phi\rangle_k \tag{7.1}$$

ここで完全直交系 $\{|m\rangle\}$ を導入し，状態 $|\phi\rangle_k$ を次のように展開する．

$$|\phi\rangle_k = \sum_m a_m^k(t) |m\rangle \tag{7.2}$$

この式と $\langle n|$ との内積をとり，

---

* $|\phi\rangle$ や $\langle\phi|$ の記法については，J. J. Sakurai 著：「現代の量子力学」（桜井明夫 訳，吉岡書店）がくわしい．おおざっぱにいえば，$|\phi\rangle$ の座標表示をとったものが波動関数 $\phi(\boldsymbol{r}, t)$ に対応し，$\langle\phi|$ はその複素共役 $\phi(\boldsymbol{r}, t)^*$ に対応する．また，2つの状態 $\phi(\boldsymbol{r}, t), \phi'(\boldsymbol{r}, t)$ の内積は

$$\langle \phi' | \phi \rangle = \int \phi'(\boldsymbol{r}, t)^* \, \phi(\boldsymbol{r}, t) \, d\boldsymbol{r}$$

と表される．

7. 量子統計力学入門

に注意すると,
$$a_n^k(t) = \langle n | \phi \rangle_k \tag{7.3}$$
が導かれる. 一方, (7.2) を (7.1) に代入し, $\langle n |$ との内積をとると
$$i\hbar \frac{\partial}{\partial t} a_n^k(t) = \sum_m H_{nm} a_m^k(t) \tag{7.4}$$
を得る. ここで
$$H_{nm} = \langle n | \hat{H} | m \rangle \tag{7.5}$$
は, ハミルトニアン $\hat{H}$ の行列要素である.

さて, アンサンブル内の1つの要素 k の状態が $|\phi\rangle_k$ であるとき, その系について ある物理量 $\hat{G}$ を測定したときの期待値は,
$$\frac{{}_k\langle \phi | \hat{G} | \phi \rangle_k}{{}_k\langle \phi | \phi \rangle_k} \tag{7.6}$$
で与えられる.* ここで, 分母の量 ${}_k\langle \phi | \phi \rangle_k \equiv \langle \phi | \phi \rangle$ は状態の規格化によって決まるので, k には依存しない. したがって, 物理量 $\hat{G}$ の測定値のアンサンブル平均は
$$\langle \hat{G} \rangle = \frac{1}{\mathcal{N}} \sum_k \frac{{}_k\langle \phi | \hat{G} | \phi \rangle_k}{\langle \phi | \phi \rangle} \tag{7.7}$$
で与えられる. これに展開式 (7.2) を代入すると
$$\langle \hat{G} \rangle = \frac{\sum_{n,m} \left[\frac{1}{\mathcal{N}} \sum_k a_n^k(t)^* a_m^k(t) \right] G_{nm}}{\sum_{n,m} \left[\frac{1}{\mathcal{N}} \sum_k a_n^k(t)^* a_m^k(t) \right] \delta_{nm}} \tag{7.8}$$
を得る. ただし,
$$G_{nm} = \langle n | \hat{G} | m \rangle \tag{7.9}$$
は, 物理量 $\hat{G}$ の行列要素である. アンサンブルについての平均を表す (7.8) の右辺 [ ] 内の量を

---

* このような取扱いを**シュレーディンガー表示**とよぶ.

$$\rho_{mn}(t) = \frac{1}{\mathcal{N}} \sum_k a_n^k(t)^* a_m^k(t) \tag{7.10}$$

とおく．$\rho_{mn}(t)$ を用いると $\langle \hat{G} \rangle$ は

$$\langle \hat{G} \rangle = \frac{\sum_{n,m} \rho_{mn}(t)\, G_{nm}}{\sum_{n,m} \rho_{mn}(t)\, \delta_{nm}} \tag{7.11}$$

と表される．ここで

$$\rho_{mn}(t) = \langle m | \hat{\rho}(t) | n \rangle \tag{7.12}$$

となる演算子 $\hat{\rho}(t)$ を導入すると，(7.11) を

$$\langle \hat{G} \rangle = \frac{\operatorname{Tr} \hat{\rho}(t)\, \hat{G}}{\operatorname{Tr} \hat{\rho}(t)} \tag{7.13}$$

と書くことができる．* ここで $\operatorname{Tr} \hat{A} \equiv \sum_n A_{nn}$ は演算子 $\hat{A}$ または行列 $\{A_{mn}\}$ のトレース（対角和）を表す．$\hat{\rho}(t)$ を**密度演算子**，またその行列要素 $\rho_{mn}(t)$ から作られる行列を**密度行列**とよぶ．

定義からわかるように，密度演算子は時間に依存する．その時間発展を記述する方程式を求めてみよう．まず，行列要素 $\rho_{mn}(t)$ の時間微分が次のように変形できることに注意する．

$$\begin{aligned}
i\hbar \frac{\partial}{\partial t} \rho_{mn}(t) &= \frac{1}{\mathcal{N}} \sum_k \left[i\hbar \frac{\partial a_n^k(t)^*}{\partial t} a_m^k(t) + a_n^k(t)^* i\hbar \frac{\partial a_m^k(t)}{\partial t} \right] \\
&= \frac{1}{\mathcal{N}} \sum_k \left[-\sum_l H_{ln} a_l^k(t)^* a_m^k(t) + a_n^k(t)^* \sum_l H_{ml} a_l^k(t) \right] \\
&= \sum_l \left[H_{ml}\, \rho_{ln}(t) - \rho_{ml}(t)\, H_{ln} \right] \\
&= [\hat{H}, \hat{\rho}]_{mn}
\end{aligned} \tag{7.14}$$

ここで，$[\hat{A}, \hat{B}] \equiv \hat{A}\hat{B} - \hat{B}\hat{A}$ である．この方程式がすべての行列要素について成立するから，演算子に対しても同様の関係が成り立ち，

---

* $\hat{\rho}(t)/\operatorname{Tr} \hat{\rho}(t)$ を改めて密度演算子 $\hat{\rho}(t)$ と考えれば
$$\langle \hat{G} \rangle = \operatorname{Tr} \hat{\rho}(t) \hat{G}$$
と表される．

$$i\hbar \frac{\partial}{\partial t}\hat{\rho}(t) = [\hat{H}, \hat{\rho}(t)] \qquad (7.15)$$

を得る．この方程式は**ノイマン方程式**とよばれ，古典系に対するリウビル方程式 (3.12) に対応するものである．§3.2 の議論と同様，平衡状態では $\partial\hat{\rho}(t)/\partial t = 0$ であるから，平衡状態の密度演算子は

$$[\hat{H}, \hat{\rho}(t)] = 0 \qquad (7.16)$$

を満たすものでなければならない．

 密度行列の定義に用いたアンサンブルの要素についての和は，状態を指定した和と状態についての和の 2 段階に分けて行うことができる．

$$\begin{aligned}\rho_{mn}(t) &= \sum_s \frac{1}{\mathcal{N}} \sum_{k \in s}^{\mathcal{N}_s} a_n^k(t)^* a_m^k(t) \\ &= \sum_s \frac{\mathcal{N}_s}{\mathcal{N}} a_n^{(s)}(t)^* a_m^{(s)}(t) \qquad (7.17)\end{aligned}$$

ここで $\mathcal{N}_s$ は状態 s にあるアンサンブルの要素の数であり，これらの要素については $a_n^k(t)^* a_m^k(t) \equiv a_n^{(s)}(t)^* a_m^{(s)}(t)$ が同じものであることを用いた．比 $\mathcal{N}_s/\mathcal{N}$ は，全要素数に対する状態 s にある要素の数の比であるから，状態 s の出現確率 w_s を表す．すなわち，

$$\rho_{mn}(t) = \sum_s a_m^{(s)}(t) \, w_s \, a_n^{(s)}(t)^* \qquad (7.18)$$

となる．$a_m^k(t)$ の定義式 (7.3) を用いると，状態 s を $|\phi^{(s)}\rangle$ と書いて，

$$\rho_{mn}(t) = \sum_s \langle m|\phi^{(s)}\rangle w_s \langle \phi^{(s)}|n\rangle \qquad (7.19)$$

と表すことができる．これより，密度演算子を

$$\hat{\rho}(t) = \sum_s |\phi^{(s)}\rangle w_s \langle \phi^{(s)}| \qquad (7.20)$$

で定義すれば，

$$\rho_{mn}(t) = \langle m|\hat{\rho}(t)|n\rangle \qquad (7.21)$$

となる．平衡状態では，$\hat{\rho}(t)$ あるいは $\rho_{mn}(t)$ は時間 t に依存しない．

§7.2 いろいろなアンサンブル

状態の出現確率 w_s が与えられると，(7.20) から密度演算子が決まる．$|\phi^{(s)}\rangle$ としてエネルギーの固有状態をとり，また完全直交系としてエネルギーの固有状態 $\hat{H}|n\rangle = E_n|n\rangle$ を用いる．このとき，次式が成り立つ．

$$\rho_{mn} = w_n \delta_{mn} \tag{7.22}$$

ミクロカノニカルアンサンブル

系のエネルギー E（および，その不確定さ ΔE），体積 V，粒子数 N が指定されており，その条件下で取りうるすべての状態の数を $W(E, \Delta E, V, N)$ とすると，等重率の原理から

$$w_n = \frac{1}{W(E, \Delta E, V, N)} \tag{7.23}$$

である．したがって，密度演算子は

$$\begin{aligned}\hat{\rho} &= \sum_n \frac{|n\rangle\langle n|}{W(E, \Delta E, V, N)} \\ &= \frac{\hat{1}}{W(E, \Delta E, V, N)}\end{aligned} \tag{7.24}$$

で与えられる．ここで $\{|n\rangle\}$ が完全系であること，$\sum_n |n\rangle\langle n| = \hat{1}$（$\hat{1}$ は単位演算子）を用いた．

カノニカルアンサンブル

カノニカルアンサンブルでは，系は温度 T の熱溜に接しており，エネルギー E_s の状態が出現する確率は

$$w_s = \frac{e^{-E_s/k_B T}}{Z(T, V, N)} \tag{7.25}$$

で与えられる．ここで分配関数は

$$\begin{aligned}Z(T, V, N) &= \sum_s e^{-E_s/k_B T} \\ &= \sum_s \langle \phi_s | e^{-\hat{H}/k_B T} | \phi_s \rangle \\ &= \text{Tr}\, e^{-\hat{H}/k_B T}\end{aligned} \tag{7.26}$$

と表される．したがって，密度演算子は

$$\hat{\rho} = \frac{1}{Z} \sum_s e^{-E_s/k_\mathrm{B}T} |\phi_s\rangle\langle\phi_s|$$

$$= \frac{1}{Z} e^{-\hat{H}/k_\mathrm{B}T} \sum_s |\phi_s\rangle\langle\phi_s|$$

$$= \frac{e^{-\hat{H}/k_\mathrm{B}T}}{\mathrm{Tr}\, e^{-\hat{H}/k_\mathrm{B}T}} \tag{7.27}$$

と表すことができる．ここでも完全性の条件 $\sum_s |\phi_s\rangle\langle\phi_s| = \hat{1}$ を用いた．

物理量 $\hat{G}$ の平均値は

$$\langle \hat{G} \rangle = \frac{\mathrm{Tr}\, \hat{G} e^{-\hat{H}/k_\mathrm{B}T}}{\mathrm{Tr}\, e^{-\hat{H}/k_\mathrm{B}T}} \tag{7.28}$$

で与えられる．

グランドカノニカルアンサンブル

系の巨視状態は，温度 T，体積 V，化学ポテンシャル μ で指定される．系の状態としてハミルトニアン $\hat{H}$ および粒子数演算子 $\hat{N}$ の固有状態をとると，カノニカルアンサンブルの場合と同様にして

$$\hat{\rho} = \frac{e^{-\hat{H}/k_\mathrm{B}T + \mu\hat{N}/k_\mathrm{B}T}}{\mathrm{Tr}\, e^{-\hat{H}/k_\mathrm{B}T + \mu\hat{N}/k_\mathrm{B}T}} \tag{7.29}$$

である．

§7.3 カノニカルアンサンブルの例

磁場中のスピン

z 方向の磁場 H の中にある 1 個の電子スピンのハミルトニアンは

$$\hat{H} = -\mu_\mathrm{B} H \hat{\sigma}_z \tag{7.30}$$

で与えられる．ここで $\hat{\sigma}_z$ は，パウリのスピン行列

$$\hat{\sigma}_x = \begin{pmatrix} 0 & 1 \\ 1 & 0 \end{pmatrix}, \quad \hat{\sigma}_y = \begin{pmatrix} 0 & -i \\ i & 0 \end{pmatrix}, \quad \hat{\sigma}_z = \begin{pmatrix} 1 & 0 \\ 0 & -1 \end{pmatrix}$$

の z 成分，μ_B はボーア磁子である．系が温度 T ($\beta \equiv 1/k_B T$) の熱溜に接しているとすると，密度行列は

$$\hat{\rho} = \frac{e^{-\beta \hat{H}}}{\text{Tr}\, e^{-\beta \hat{H}}}$$

$$= \frac{1}{e^{\beta \mu_B H} + e^{-\beta \mu_B H}} \begin{pmatrix} e^{\beta \mu_B H} & 0 \\ 0 & e^{-\beta \mu_B H} \end{pmatrix} \quad (7.31)$$

で与えられる．ただし，演算子の指数関数は

$$e^{\hat{A}} = \sum_{n=0}^{\infty} \frac{1}{n!} \hat{A}^n$$

で定義される．

この系の磁化を求めてみよう．磁化の z 成分はスピンの z 成分の平均値であるから

$$\langle \hat{\sigma}_z \rangle = \text{Tr}\, \hat{\sigma}_z \hat{\rho} = \tanh \beta \mu_B H \quad (7.32)$$

を得る．これは 4.5.3 項で得た結果と一致する．一方，磁化の x, y 成分は 0 であることが示される．

箱の中の 1 個の自由粒子

1 辺 L の立方体の箱の中に入った 1 個の自由粒子（質量 m）を考えよう．ハミルトニアンは

$$\hat{H} = -\frac{\hbar^2}{2m} \left(\frac{\partial^2}{\partial x^2} + \frac{\partial^2}{\partial y^2} + \frac{\partial^2}{\partial z^2} \right) \quad (7.33)$$

であり，その座標表示の固有関数 $\varphi_E(\boldsymbol{r}) \equiv \langle \boldsymbol{r} | \varphi_E \rangle$ は $\hat{H} \varphi_E(\boldsymbol{r}) = E \varphi_E(\boldsymbol{r})$ を満たす．固有関数 $\varphi_E(\boldsymbol{r})$ に周期境界条件

$$\varphi_E(x+L, y, z) = \varphi_E(x, y+L, z) = \varphi_E(x, y, z+L) = \varphi_E(x, y, z) \quad (7.34)$$

を課すと，固有関数，エネルギー固有値はそれぞれ

$$\varphi_E(\boldsymbol{r}) = \frac{1}{\sqrt{L^3}} e^{i \boldsymbol{k} \cdot \boldsymbol{r}} \quad (7.35)$$

$$E = \frac{\hbar^2 k^2}{2m} \quad (7.36)$$

で与えられる．ただし，

$$\boldsymbol{k} = \frac{2\pi}{L}\boldsymbol{n} \quad (n_x,\ n_y,\ n_z = 0,\ \pm 1,\ \pm 2,\ \cdots) \quad (7.37)$$

である．$e^{-\beta \hat{H}}$ の行列要素を座標表示で表すと，

$$\langle \boldsymbol{r} | e^{-\beta \hat{H}} | \boldsymbol{r}' \rangle = \sum_E e^{-\beta E} \varphi_E(\boldsymbol{r}) \varphi_E^*(\boldsymbol{r}') \quad (7.38)$$

となる．

$$\begin{aligned}
\sum_E e^{-\beta E} \varphi_E(\boldsymbol{r}) \varphi_E^*(\boldsymbol{r}') &= \frac{1}{L^3} \sum_{\boldsymbol{k}} \exp\left[-\frac{\beta \hbar^2}{2m} \boldsymbol{k}^2 + i\boldsymbol{k}\cdot(\boldsymbol{r}-\boldsymbol{r}')\right] \\
&= \frac{1}{(2\pi)^3} \int_{-\infty}^{\infty} \exp\left[-\frac{\beta \hbar^2}{2m} \boldsymbol{k}^2 + i\boldsymbol{k}\cdot(\boldsymbol{r}-\boldsymbol{r}')\right] d\boldsymbol{k} \\
&= \left(\frac{m}{2\pi\beta\hbar^2}\right)^{3/2} \exp\left[-\frac{m}{2\beta\hbar^2}(\boldsymbol{r}-\boldsymbol{r}')^2\right]
\end{aligned}$$
$$(7.39)$$

であるから，

$$\operatorname{Tr} e^{-\beta \hat{H}} = \int_V \langle \boldsymbol{r} | e^{-\beta \hat{H}} | \boldsymbol{r} \rangle d\boldsymbol{r} = V \left(\frac{m}{2\pi\beta\hbar^2}\right)^{3/2} \quad (7.40)$$

を得る．これは §4.3 で得たものと一致する．

これより，密度演算子 $\hat{\rho} = e^{-\beta \hat{H}}/\operatorname{Tr} e^{-\beta \hat{H}}$ の行列要素は，

$$\langle \boldsymbol{r} | \hat{\rho} | \boldsymbol{r}' \rangle = \frac{1}{V} \exp\left\{-\frac{m}{2\beta\hbar^2}(\boldsymbol{r}-\boldsymbol{r}')^2\right\} \quad (7.41)$$

となる．この結果は，平衡状態にある粒子の位置に**熱ド・ブロイ波長** $\lambda_\mathrm{T} = \sqrt{\hbar^2/2\pi m k_\mathrm{B} T}$ と同程度の不確定さがあることを意味している．

エネルギーの平均値は，平均の定義式 (7.28) より

$$\begin{aligned}
\langle \hat{H} \rangle &= \frac{\operatorname{Tr} \hat{H} e^{-\hat{H}/k_\mathrm{B} T}}{\operatorname{Tr} e^{-\hat{H}/k_\mathrm{B} T}} \\
&= \frac{1}{V}\left(-\frac{\hbar^2}{2m}\right) \int_V \left[\nabla^2 \exp\left\{-\frac{m}{2\beta\hbar^2}(\boldsymbol{r}-\boldsymbol{r}')^2\right\}\right]_{\boldsymbol{r}=\boldsymbol{r}'} d\boldsymbol{r}
\end{aligned}$$

$$= \frac{1}{2\beta V} \int_V \left[\left\{ 3 - \frac{m}{\beta \hbar^2} (\boldsymbol{r} - \boldsymbol{r}')^2 \right\} \exp\left\{ -\frac{m}{2\beta \hbar^2} (\boldsymbol{r} - \boldsymbol{r}')^2 \right\} \right]_{r=r'} d\boldsymbol{r}$$

$$= \frac{3}{2} k_B T \tag{7.42}$$

となる.

§7.4 多粒子系

N 個の区別できない粒子から成る系を考えよう．話を簡単にするために，スピンがなく，かつ互いに相互作用のない粒子の気体を考える．系のハミルトニアン $\hat{H}$ は，各粒子のハミルトニアン $\hat{h}$ の和で与えられるから

$$\hat{H}(\boldsymbol{p}, \boldsymbol{q}) = \sum_{i=1}^{N} \hat{h}(\boldsymbol{p}_i, \boldsymbol{q}_i) \tag{7.43}$$

と表される．ここで，各粒子の運動量，座標をそれぞれ $\boldsymbol{p}_i$, $\boldsymbol{q}_i$ で表し，それらをまとめたものを $\boldsymbol{p}$, $\boldsymbol{q}$ で表した．シュレーディンガー方程式

$$\hat{H}(\boldsymbol{p}, \boldsymbol{q}) \phi(\boldsymbol{q}) = E \phi(\boldsymbol{q}) \tag{7.44}$$

により固有値 E が決まる．ハミルトニアンが (7.43) の形をしているので，固有関数と固有値は，各粒子の固有関数 $\phi_{\varepsilon_i}(\boldsymbol{q}_i)$

$$\hat{h}(\boldsymbol{p}_i, \boldsymbol{q}_i) \phi_{\varepsilon_i}(\boldsymbol{q}_i) = \varepsilon_i \phi_{\varepsilon_i}(\boldsymbol{q}_i) \tag{7.45}$$

を用いて，

$$\phi(\boldsymbol{q}) = \prod_{i=1}^{N} \phi_{\varepsilon_i}(\boldsymbol{q}_i) \tag{7.46}$$

$$E = \sum_{i=1}^{N} \varepsilon_i \tag{7.47}$$

と表すことができる.

N 個の粒子の中で，エネルギー ε_k の状態にあるものの数を n_k とすると，

$$\sum_k n_k = N \tag{7.48}$$

$$\sum_k \varepsilon_k n_k = E \tag{7.49}$$

が満たされる．以下では表記法を簡単化し，$\phi_{\varepsilon_k}(\boldsymbol{q}_m) \equiv \phi_k(m)$ と表し,

と書く。

$$\phi(\boldsymbol{q}) = \prod_{m=1}^{n_1} \phi_1(m) \prod_{m=n_1+1}^{n_1+n_2} \phi_2(m) \cdots \tag{7.50}$$

と書く。ここで N 個の座標 $(1, 2, 3, \cdots, N)$ の1つの置換を

$$\hat{P} = \begin{pmatrix} 1 & 2 & \cdots & N \\ p_1 & p_2 & \cdots & p_N \end{pmatrix} \tag{7.51}$$

と表す。この座標を置換する演算を波動関数 $\phi(\boldsymbol{q})$ に施すと，

$$\hat{P}\phi(\boldsymbol{q}) = \prod_{m=1}^{n_1} \phi_1(p_m) \prod_{m=n_1+1}^{n_1+n_2} \phi_2(p_m) \cdots \tag{7.52}$$

を得る。

このような置換を行っても量子状態は変らないはずであり，量子状態として可能な状態 $\phi(\boldsymbol{q})$ は，粒子の座標の置換に対して，その確率を不変に保つものである必要がある。すなわち，

$$|\hat{P}\phi(\boldsymbol{q})| = |\phi(\boldsymbol{q})| \tag{7.53}$$

が満たされなければならない。したがって，

$$\hat{P}\phi(\boldsymbol{q}) = e^{i\theta_P}\phi(\boldsymbol{q}) \tag{7.54}$$

と表すことができる。θ_P は任意の実数である。

自然界には，次の2通りの系が存在することが知られている。

(1) 対称関数
$$\hat{P}\phi(\boldsymbol{q}) = \phi(\boldsymbol{q}) \quad (すべての \hat{P} に対して)$$

(2) 反対称関数*
$$\hat{P}\phi(\boldsymbol{q}) = \begin{cases} \phi(\boldsymbol{q}) & (\hat{P} が偶置換のとき) \\ -\phi(\boldsymbol{q}) & (\hat{P} が奇置換のとき) \end{cases}$$

(1) を満たす対称波動関数を $\phi_S(\boldsymbol{q})$，(2) を満たす反対称波動関数を $\phi_A(\boldsymbol{q})$ と書く。容易にわかるように，これらの関数は (7.50) で作られる関数の線形結合で次のように表すことができる（C：任意定数）。

---

* 任意の置換は2個の要素の交換の積演算で表すことができる。このとき必要となる交換演算の数が偶数となるものを偶置換，奇数となるものを奇置換とよぶ。

$$\phi_S(\boldsymbol{q}) = C \sum_P \hat{P} \phi_B(\boldsymbol{q}) \tag{7.55}$$

$$\phi_A(\boldsymbol{q}) = C \sum_P \delta_P \hat{P} \phi_B(\boldsymbol{q}) \tag{7.56}$$

ただし，

$$\phi_B(\boldsymbol{q}) = \prod_{m=1}^{n_1} \phi_1(m) \prod_{m=n_1+1}^{n_1+n_2} \phi_2(m) \cdots \tag{7.57}$$

また，偶置換に対して $\delta_P = 1$，奇置換に対して $\delta_P = -1$ である．

対称波動関数 $\phi_S(\boldsymbol{q})$ で表される粒子は**ボース粒子（ボソン）**とよばれ，反対称波動関数 $\phi_A(\boldsymbol{q})$ で表される粒子は**フェルミ粒子（フェルミオン）**とよばれる．同じ理想気体であっても，ボース粒子とフェルミ粒子では全く異なった性質を示す．ボース粒子の従う統計を**ボース－アインシュタイン統計**，フェルミ粒子の従う統計を**フェルミ－ディラック統計**という．

ボース－アインシュタイン統計

状態 i にある粒子数 n_i には特別な制限はなく，$n_i = 0, 1, 2, \cdots$ が可能であり，すべての可能な組 $\{n_i\}$ が同等に出現する．粒子のスピンを考慮に入れると，^{4}He などの整数スピンをもつ粒子の系が この統計で記述される．

フェルミ－ディラック統計

反対称波動関数 $\phi_A(\boldsymbol{q})$ は，次の**スレーター行列式**で表すことができる．

$$\phi_A(\boldsymbol{q}) = C \begin{vmatrix} \phi_i(1) & \cdots & \phi_i(N) \\ \phi_j(1) & \cdots & \phi_j(N) \\ \vdots & \vdots & \vdots \\ \phi_k(1) & \cdots & \phi_k(N) \end{vmatrix} \quad (C：任意定数) \tag{7.58}$$

行列式の性質から 2 つ以上の状態が同じであれば $\phi_A(\boldsymbol{q}) = 0$ となる．これは，**パウリの排他律**を表すものである．このことから，$n_i = 0, 1$ の状態のみが許される，すなわち $\sum_i n_i^2 = N$ が満たされる $\{n_i\}$ のみが許される．電子，^{3}He など半整数のスピンをもつ粒子の系が この統計に従う．

§7.5 ボース分布とフェルミ分布

前節で述べた N 個の粒子から成る系が，温度 T の熱溜と接しているものとしよう．エネルギー ε_k の1粒子固有状態にある粒子の数を n_k とすると，全粒子数および全エネルギーは

$$N = \sum_k n_k \tag{7.59}$$

$$E = \sum_k \varepsilon_k n_k \tag{7.60}$$

で与えられる．量子数 $\{n_k\}$ に対する条件を $g(\{n_k\})$ で表すと，分配関数は

$$Z(T, V, N) = \sum_{\{n_k\}} g(\{n_k\}) e^{-\beta \sum_k \varepsilon_k n_k} \tag{7.61}$$

で与えられる．

前節でみたように，ボース粒子系に対しては $g(\{n_k\})$ に対する制限はなく

$$g_{\text{BE}}(\{n_k\}) = 1 \tag{7.62}$$

である．一方，フェルミ粒子系に対しては

$$g_{\text{FD}}(\{n_k\}) = \begin{cases} 1 & (\text{すべての } k \text{ について，} n_k = 0 \text{ または } n_k = 1 \text{ のとき}) \\ 0 & (\text{それ以外}) \end{cases} \tag{7.63}$$

である．

ついでに，波動関数の対称性を問題にしない粒子系（**マクスウェル‐ボルツマン統計**に従う系）の場合，粒子の置換によって $N!/\prod_k n_k!$ 個の微視状態が作られる．そして，粒子の同等性を考慮に入れて $N!$ で割ったものを状態 $\{n_k\}$ の重率と考えることができる．

$$g_{\text{MB}}(\{n_k\}) = \frac{1}{\prod_k n_k!} \tag{7.64}$$

分配関数 (7.61) の和は，マクスウェル‐ボルツマン統計に従う系の場合にのみ実行できる．実際，

$$Z_{\text{MB}}(T, V, N) = \frac{1}{N!} \sum_{\{n_k\}, \sum_k n_k = N} \frac{N!}{\prod_k n_k!} e^{-\beta \sum_k \varepsilon_k n_k}$$

§7.5 ボース分布とフェルミ分布

$$= \frac{1}{N!}\left[\sum_k e^{-\beta\varepsilon_k}\right]^N$$

$$= \frac{1}{N!}[Z(T, V, 1)]^N \tag{7.65}$$

を得る．これは §4.3 で得たものと同じ結果である．ボース粒子系やフェルミ粒子系では (7.61) の和を実行できず，分配関数を簡単な表式で表すことはできない．

一方，系が熱・粒子溜に接している場合に必要となる大分配関数は具体的に求めることができる．実際，大分配関数は

$$\Xi(T, V, \mu) = \sum_{N=0}^{\infty} z^N Z(T, V, N) \tag{7.66}$$

で与えられる．ただし，$z = e^{\beta\mu}$ である．したがって大分配関数は，

$$\Xi(T, V, \mu) = \sum_{N=0}^{\infty} \sum_{\{n_k\}, \sum_k n_k = N} g(\{n_k\}) \prod_k (ze^{-\beta\varepsilon_k})^{n_k}$$

$$= \sum_{n_1} \sum_{n_2} \cdots g(\{n_k\}) \prod_k (ze^{-\beta\varepsilon_k})^{n_k}$$

$$= \prod_k {\sum_{n_k}}' (ze^{-\beta\varepsilon_k})^{n_k} \tag{7.67}$$

と表される．ここで $\sum_{n_k}'$ は，ボース粒子系のときは $n_k = 0, 1, 2, 3, \cdots$，フェルミ粒子系のときは $n_k = 0, 1$ の和を表す．したがって，ボース-アインシュタイン統計に対しては

$$\Xi_{\text{BE}}(T, V, \mu) = \prod_k \frac{1}{1 - ze^{-\beta\varepsilon_k}} \tag{7.68}$$

フェルミ-ディラック統計に対しては

$$\Xi_{\text{FD}}(T, V, \mu) = \prod_k (1 + ze^{-\beta\varepsilon_k}) \tag{7.69}$$

となる．よって，(5.19) を用いて，グランドポテンシャル

$$J(T, V, \mu) = \pm \sum_k k_{\text{B}} T \ln(1 \mp ze^{-\beta\varepsilon_k}) \tag{7.70}$$

を得る．ここで，複合の上の方がボース-アインシュタイン統計を表し，下の方がフェルミ-ディラック統計を表す．

この表式は,マクスウェル-ボルツマン統計を含めて,

$$J(T, V, \mu) = -\frac{k_B T}{a} \sum_k \ln(1 + aze^{-\beta\varepsilon_k}) \quad (7.71)$$

とまとめることができる.ただし,

$$a = \begin{cases} -1 & (\text{ボース-アインシュタイン統計}) \\ 1 & (\text{フェルミ-ディラック統計}) \\ 0 & (\text{マクスウェル-ボルツマン統計}) \end{cases}$$

である.

(7.67)から粒子数,エネルギーの平均値を求めることができる.

$$\langle N \rangle = z\left(\frac{\partial}{\partial z}\ln \Xi(T, V, \mu)\right)_{T,V} = \sum_k \frac{1}{\frac{1}{z}e^{\beta\varepsilon_k} + a} \quad (7.72)$$

$$\langle E \rangle = -\left(\frac{\partial}{\partial \beta}\ln \Xi(T, V, \mu)\right)_{V,z} = \sum_k \frac{\varepsilon_k}{\frac{1}{z}e^{\beta\varepsilon_k} + a} \quad (7.73)$$

また,各エネルギー準位にある粒子数の平均値は

$$\langle n_k \rangle = \frac{\sum_{N=0}^{\infty}\sum_{\{n_k\}, \sum_k n_k = N} n_k g(\{n_k\}) \prod_k (ze^{-\beta\varepsilon_k})^{n_k}}{\Xi(T, V, \mu)}$$

$$= -\frac{1}{\beta}\left(\frac{\partial}{\partial \varepsilon_k}\ln \Xi(T, V, \mu)\right)_{T, z, \{\varepsilon_j\}}$$

から

$$\langle n_k \rangle = \frac{1}{\frac{1}{z}e^{\beta\varepsilon_k} + a}$$

$$= \frac{1}{e^{(\varepsilon_k - \mu)/k_B T} + a} \quad (7.74)$$

で与えられる.すなわち,各エネルギー準位にある粒子数の平均値は,ボース粒子系に対しては**ボース分布関数**

$$\langle n_k \rangle = \frac{1}{e^{(\varepsilon_k - \mu)/k_{\mathrm{B}}T} - 1} \tag{7.75}$$

フェルミ粒子系に対しては**フェルミ分布関数**

$$\langle n_k \rangle = \frac{1}{e^{(\varepsilon_k - \mu)/k_{\mathrm{B}}T} + 1} \tag{7.76}$$

で与えられる．なお，$a = 0$ に対応する分布関数

$$\langle n_k \rangle = e^{(\mu - \varepsilon_k)/k_{\mathrm{B}}T} \tag{7.77}$$

は，すでにみた**ボルツマン分布関数**である．図 7.1 に，これらの分布関数のエネルギー依存性を示す．

> アニメ 13

フェルミ分布では常に $0 \leq n_k \leq 1$ であり，$T = 0$ のときは $\varepsilon_k \leq \mu$ の状態は $\langle n_k \rangle = 1$，$\varepsilon_k > \mu$ の状態は $\langle n_k \rangle = 0$ となる．そして，絶対零度 $T = 0$ における化学ポテンシャル $\mu \equiv \varepsilon_{\mathrm{F}}$ の値を**フェルミエネルギー**とよぶ．フェルミエネルギーは，エネルギーの低い準位から順に N 個の粒子を配置したときに到達する一番高い準位のエネルギーである．理想フェルミ気体については，第 9 章でくわしく説明する．

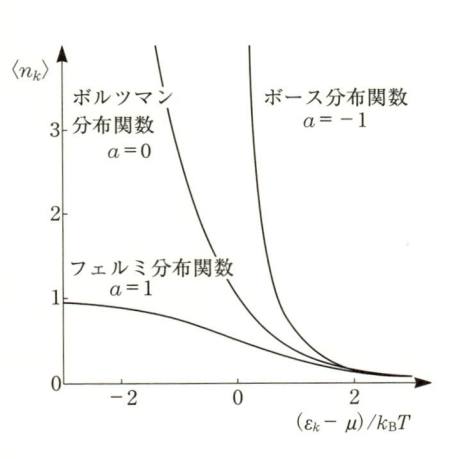

図 7.1

ボース分布の場合，どの準位の平均粒子数 $\langle n_k \rangle$ も正でなければならないから，すべての準位について $\mu \leq \varepsilon_k$ が成り立たなければならない．化学ポテンシャル μ が最も低い準位のエネルギー ε_0 に一致すると $\langle n_0 \rangle$ は無限に大きくなり，いわゆる**ボース－アインシュタイン凝縮**が起こる．この現象については，第 10 章でくわしく議論する．

最後に，1 つのエネルギー準位にある粒子数のゆらぎを求めておく．容易

に示せるように，

$$\langle n_k^2 \rangle = \frac{1}{\Xi} \left(\frac{1}{\beta^2} \frac{\partial^2 \Xi}{\partial \varepsilon_k^2} \right)_{z, T, \{\varepsilon_j\}} \tag{7.78}$$

であるから，

$$\frac{\langle n_k^2 \rangle - \langle n_k \rangle^2}{\langle n_k \rangle^2} = \frac{1}{\beta} \frac{\partial}{\partial \varepsilon_k} \frac{1}{\langle n_k \rangle} = \frac{1}{z} e^{\beta \varepsilon_k} \tag{7.79}$$

が統計の種類に関係なく成り立つ．すなわち，

$$\langle n_k^2 \rangle - \langle n_k \rangle^2 = \langle n_k \rangle (1 - a \langle n_k \rangle) \tag{7.80}$$

と表すことができる．

§7.6 理想気体

体積 $V(= L \times L \times L)$ の容器に入れられた N 個の区別できない粒子（質量 m）から成る理想気体を考える．系は温度 T の熱溜に接しているものとし，系のハミルトニアンを $\hat{H}$，座標表示の固有関数を $\phi_E(\{r_i\})$ とする．

$$\hat{H} \phi_E(\{r_i\}) = E \phi_E(\{r_i\}) \tag{7.81}$$

以下，粒子の位置ベクトルを $r_i \equiv i$ などと簡略化して表すことにする．エネルギー固有値は，$K^2 = k_1^2 + k_2^2 + \cdots + k_N^2$ として

$$E = \frac{\hbar^2 K^2}{2m} = \frac{\hbar^2}{2m} (k_1^2 + k_2^2 + \cdots + k_N^2) \tag{7.82}$$

固有関数は

$$\phi_K(1, 2, \cdots, N) = \frac{1}{\sqrt{N!}} \sum_P \delta_P \hat{P} \{\phi_{k_1}(1) \cdots \phi_{k_N}(N)\} \tag{7.83}$$

$$\phi_k(r) = \frac{1}{\sqrt{V}} e^{ik \cdot r}$$

$$k = \frac{2\pi}{L} n \quad (n_x, n_y, n_z = 0, \pm 1, \pm 2, \cdots)$$

で与えられる．ただし，$\hat{P}$ は (7.51) で定義した置換を表し，δ_P はボース粒

子系の場合には常に $\delta_P = 1$，フェルミ粒子系の場合は置換の偶奇に応じて $\delta_P = 1$ または -1 となる変数である．ここで，(7.83) の置換は $(1, 2, \cdots, N)$ または $(\boldsymbol{k}_1, \boldsymbol{k}_2, \cdots, \boldsymbol{k}_N)$ のどちらについてとってもよいことを注意しておく．

さて，分配関数を求めるために $e^{-\beta \hat{H}}$ の行列要素を求めよう．

$$\langle 1' 2' \cdots N' | e^{-\beta \hat{H}} | 1 2 \cdots N \rangle = \frac{1}{N!} \sum_K e^{-\beta(\hbar^2 K^2/2m)} \Big[\sum_P \delta_P \{\phi_{\boldsymbol{k}_1}(p_1) \cdots \phi_{\boldsymbol{k}_N}(p_N)\} \\ \times \sum_{P'} \delta_{P'} \hat{P} \{\phi^*_{p'_{\boldsymbol{k}_1}}(1') \cdots \phi^*_{p'_{\boldsymbol{k}_N}}(N')\} \Big] \tag{7.84}$$

ここで，$\sum_K$ はすべての可能なエネルギーについての和であるから

$$\sum_K \rightarrow \frac{1}{N!} \sum_{\boldsymbol{k}_1} \sum_{\boldsymbol{k}_2} \cdots \sum_{\boldsymbol{k}_N}$$

におきかえてよい．このとき，各置換 $\hat{P}'$ は同じ寄与を与えるので，$\hat{P}'$ に関する和は単に $N!$ 倍でおきかえてよい．よって，

$$\langle 1' 2' \cdots N' | e^{-\beta \hat{H}} | 1 2 \cdots N \rangle$$
$$= \frac{1}{N!} \sum_{\boldsymbol{k}_1} \cdots \sum_{\boldsymbol{k}_N} e^{-(\beta \hbar^2/2m)(\boldsymbol{k}_1^2 + \cdots + \boldsymbol{k}_N^2)} \Big[\sum_P \delta_P \{\phi_{\boldsymbol{k}_1}(p_1) \cdots \phi_{\boldsymbol{k}_N}(p_N) \phi^*_{\boldsymbol{k}_1}(1') \cdots \phi^*_{\boldsymbol{k}_N}(N')\} \Big]$$
$$= \frac{1}{N!} \left(\frac{V}{8\pi^3}\right)^N \frac{1}{V^N} \sum_P \delta_P \Big[\int_{-\infty}^{\infty} e^{-(\beta \hbar^2/2m)\boldsymbol{k}_1^2 + i\boldsymbol{k}_1 \cdot (p_1 - 1')} d\boldsymbol{k}_1 \int_{-\infty}^{\infty} \cdots \Big]$$
$$= \frac{1}{N!} \frac{1}{\lambda_T^{3N}} \sum_P \delta_P e^{-(m/2\beta\hbar^2)(p_1 - 1')^2} \cdots e^{-(m/2\beta\hbar^2)(p_N - N')^2} \tag{7.85}$$

と表すことができる．ただし，λ_T は §7.3 で定義した熱ド・ブロイ波長である．これより対角要素は

$$\langle 1 2 \cdots N | e^{-\beta \hat{H}} | 1 2 \cdots N \rangle = \frac{1}{N! \lambda_T^{3N}} \sum_P \delta_P \prod_k e^{-(m/2\beta\hbar^2)(p_k - k)^2} \tag{7.86}$$

で与えられる．ここで粒子間の平均距離 $(V/N)^{1/3}$ が λ_T より十分長いと仮

定すると，右辺の和の中で最も大きな寄与をするのは $\boldsymbol{p}_k = \boldsymbol{k}$ の無置換の項に限られるので，

$$\langle 1\,2\,\cdots N|e^{-\beta\hat{H}}|1\,2\,\cdots N\rangle = \frac{1}{N!\lambda_T^{3N}} \tag{7.87}$$

を得る．したがって，分配関数は

$$Z(T,\,V,\,N) = \int\cdots\int_V \langle 1\cdots N|e^{-\beta\hat{H}}|1\cdots N\rangle\,d\boldsymbol{r}_1\cdots d\boldsymbol{r}_N = \frac{1}{N!}\left(\frac{V}{\lambda_T^3}\right)^N \tag{7.88}$$

で与えられる．これは§4.3で求めたものと一致する．すなわち，量子力学に基づく定式から自動的に因子 $1/N!$ および位相空間の単位 h が導かれ，§2.3の仮定の正しさが裏付けられたことになる．

粒子の置換がおよぼす効果をみるために，2粒子の系を考えてみよう．上の議論を $N=2$ の場合に適用すれば，(7.86) より

$$\langle 1\,2|e^{-\beta\hat{H}}|1\,2\rangle = \frac{1}{2\lambda_T^6}\left[1 + \delta e^{-(2\pi/\lambda_T^2)(r_1-r_2)^2}\right] \tag{7.89}$$

である．ただし，ボース粒子の場合は $\delta=1$，フェルミ粒子の場合は $\delta=-1$ である．分配関数を求めると

$$Z(T,\,V,\,2) = \frac{V^2}{2\lambda_T^6}\left(1 + \delta\frac{\lambda_T^3}{2^{3/2}V}\right) \tag{7.90}$$

を得る．密度が十分小さいときは，前に得たように

$$Z(T,\,V,\,2) \cong \frac{1}{2}\left(\frac{V}{\lambda_T^3}\right)^2 \tag{7.91}$$

で近似できる．

図7.2は $|\boldsymbol{r}_1 - \boldsymbol{r}_2| \equiv r$ として，$\rho(r) \equiv \left\langle 1\,2\left|\dfrac{e^{-\beta\hat{H}}}{\mathrm{Tr}\,e^{-\beta\hat{H}}}\right|1\,2\right\rangle$ を r の関数として示したものである．$r=0$ 近傍の存在確率は，ボース粒子とフェルミ粒子で大きく異なる．波動関数の対称性の相違から生じるこのような効果は，**統計相互作用**とよばれる．

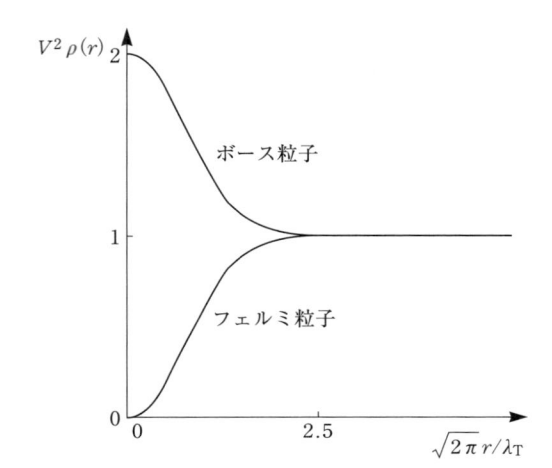

図 7.2　2粒子系における統計相互作用を示す.

演習問題

[1]　z 方向の磁場 H の中にある1個の電子スピンが，温度 T の熱溜に接している．この系のハミルトニアンは (7.30) で与えられる．

（1）　$\langle \hat{\sigma}_x \rangle = \langle \hat{\sigma}_y \rangle = 0$ を示せ．

（2）　エネルギーの平均値 $\langle \hat{H} \rangle = -\mu_B H \langle \hat{\sigma}_z \rangle$ を求め，1電子スピン当りの比熱 C を求めよ．

（3）　$\hat{\sigma}_z^2$ の平均値 $\langle \hat{\sigma}_z^2 \rangle$ を求めよ．

（4）　$\hat{\sigma}_z$ のゆらぎ $\langle \hat{\sigma}_z^2 \rangle - \langle \hat{\sigma}_z \rangle^2$ を求め，そのゆらぎと比熱 C との関係を示せ．

[2]　§7.5 の議論に従い，次のことを示せ．

（1）　1つのエネルギー準位にある粒子数の平均値は

$$\langle n_k \rangle = -\frac{1}{\beta \Xi} \left(\frac{\partial \Xi}{\partial \varepsilon_k} \right)_{z, T, \{\varepsilon_j\}}$$

で与えられる．したがって，

$$\langle n_k \rangle = \frac{1}{\frac{1}{z} e^{\beta \varepsilon_k} + a}$$

である.

（2） 1つのエネルギー準位にある粒子数の2乗平均値は

$$\langle n_k^2 \rangle = \frac{1}{\Xi} \left(\frac{1}{\beta^2} \frac{\partial^2 \Xi}{\partial \varepsilon_k^2} \right)_{z, T, \{\varepsilon_j\}}$$

で与えられる．また，次式が統計の種類に関係なく成り立つ．

$$\frac{\langle n_k^2 \rangle - \langle n_k \rangle^2}{\langle n_k \rangle^2} = \frac{1}{\beta} \frac{\partial}{\partial \varepsilon_k} \frac{1}{\langle n_k \rangle}$$

[3] 温度 T に保たれた n 型半導体の N 個の不純物レベル（エネルギー $\varepsilon < 0$）を n 個の電子が占有している．

（1） 各不純物レベルは＋スピン，－スピンをもつ電子で同時に占有されることが可能であり，電子は＋スピン，－スピンをもつものがそれぞれ $n/2$ 個あるものとして，ヘルムホルツの自由エネルギーが

$$A = n\varepsilon + Nk_\mathrm{B}T \left(\frac{2N-n}{N} \ln \frac{2N-n}{2N} + \frac{n}{N} \ln \frac{n}{2N} \right)$$

で与えられること，よって不純物レベルの占有率が次式で与えられることを示せ．

$$\frac{n}{N} = \frac{2}{e^{(\varepsilon - \mu)/k_\mathrm{B}T} + 1}$$

（2） 同じレベルを占める電子間にはクーロン斥力がはたらき，実際の半導体では1つのレベルには1個の電子しか入れない．つまり，N 個のレベルのうち n 個が電子で占有され，そのスピンは＋，－どちらでも取りうる．このときヘルムホルツの自由エネルギーが

$$A = n\varepsilon + Nk_\mathrm{B}T \left(\frac{N-n}{N} \ln \frac{N-n}{N} + \frac{n}{N} \ln \frac{n}{2N} \right)$$

で与えられること，よって不純物レベルの占有率が次式で与えられることを示せ．

$$\frac{n}{N} = \frac{1}{\frac{1}{2} e^{(\varepsilon - \mu)/k_\mathrm{B}T} + 1}$$

[4] ある系に摂動として外場 $F(t)$ が掛かっているときのハミルトニアンが

$$\hat{H}_\mathrm{T} = \hat{H} - \hat{A} F(t)$$

で与えられるものとする．ここで，$\hat{A}$ は系のある物理量で，外場 $F(t)$ と相互作用

するものである．この系の密度演算子 $\hat{\rho}_T(t)$ と無摂動系の密度演算子 $\hat{\rho}$ の差を $\Delta\hat{\rho}(t)$ と書く．

$$\hat{\rho}_T(t) = \hat{\rho} + \Delta\hat{\rho}(t)$$

この系のある物理量 $\hat{B}$ に対する外場の効果は次式で与えられる．

$$\langle \Delta\hat{B} \rangle(t) = \mathrm{Tr}\,[\Delta\hat{\rho}(t)\,\hat{B}]$$

（1） 摂動の線形の効果のみを考えると，$\Delta\hat{\rho}(t)$ の時間発展は

$$i\hbar \frac{\partial \Delta\hat{\rho}(t)}{\partial t} = [\hat{H},\, \Delta\hat{\rho}(t)] - [\hat{A},\, \hat{\rho}]\, F(t)$$

で与えられることを示せ．

（2） $\Delta\hat{\rho}(t) = e^{-i\hat{H}t/\hbar} \hat{\rho}'(t) e^{i\hat{H}t/\hbar}$ により $\hat{\rho}'(t)$ を定義すると，$\hat{\rho}'(t)$ が

$$i\hbar \frac{\partial \hat{\rho}'(t)}{\partial t} = -e^{i\hat{H}t/\hbar} [\hat{A},\, \hat{\rho}] e^{-i\hat{H}t/\hbar} F(t)$$

を満たすことを示せ．

（3） 上式を解いて

$$\Delta\hat{\rho}(t) = \frac{i}{\hbar} \int_{-\infty}^{t} e^{-i\hat{H}(t-t')/\hbar} [\hat{A},\, \hat{\rho}]\, e^{i\hat{H}(t-t')/\hbar} F(t')\, dt'$$

であることを示せ．

（4） 外場による応答が

$$\langle \Delta\hat{B} \rangle(t) = \int_0^{\infty} \phi_{AB}(\tau)\, F(t-\tau)\, d\tau$$

$$\phi_{AB}(t) = \frac{i}{\hbar} \mathrm{Tr}\,(e^{-i\hat{H}t/\hbar} [\hat{A},\, \hat{\rho}]\, e^{i\hat{H}t/\hbar} \hat{B}) = -\frac{i}{\hbar} \mathrm{Tr}\,(\hat{\rho}[\hat{A},\, \hat{B}(t)])$$

で与えられることを示せ．ただし，$\hat{B}(t) = e^{i\hat{H}t/\hbar} \hat{B} e^{-i\hat{H}t/\hbar}$ である．（この表式は**線形応答理論**として知られるものである．）

[5] $-\varepsilon, 0, \varepsilon$ のエネルギー状態だけをとれる2個の粒子が1つの系をなし，温度 T の熱溜に接している．2個の粒子が，(1) 同種のフェルミ粒子の場合，(2) 同種のボース粒子の場合それぞれについて，系の分配関数およびエネルギーを求めよ．粒子間の相互作用はないものとし，粒子の内部自由度は無視してよい．

第 8 章

多原子分子気体の性質

統計力学の典型的な応用として,多原子分子気体の性質を求める.特に,核スピンの内部状態と回転状態との相関が無視できない同じ原子から成る 2 原子分子気体の性質をくわしく論じる.

§8.1 多原子分子

内部自由度をもつ分子の気体を考えよう.分子間の相互作用は無視できるものとする.さらに,密度が小さく分子間の平均距離が熱ド・ブロイ波長より十分長いものとする.

$$\frac{N}{V} \lambda_T^3 \ll 1$$

つまり,内部自由度をもつマクスウェル-ボルツマン気体を考察する.

分子が M 個の原子から構成されているものとすると,その自由度は $3M$ である.これらの自由度は,分子全体の並進運動の自由度 3,回転の自由度 3(非直線分子の場合)または 2(直線分子の場合)と,振動の自由度 $3M-6$(非直線分子の場合)または $3M-5$(直線分子の場合)に分けることができる.

アニメ 14

このような分子 N 個(質量 m)から成る系が温度 T の熱溜に接しているとき,系の分配関数は

$$Z(T, V, N) = \frac{1}{N!}[Z(T, V, 1)]^N \tag{8.1}$$

$$Z(T, V, 1) = V\left(\frac{2\pi m k_B T}{h^2}\right)^{3/2} j(T) \tag{8.2}$$

と書くことができる．ここで，$j(T)$ は内部自由度の寄与による分配関数

$$j(T) = \sum_i g_i e^{-\varepsilon_i/k_B T} \tag{8.3}$$

である．ε_i, g_i は，それぞれ分子の内部状態 i のエネルギーと縮退度を表す．(4.13) からヘルムホルツの自由エネルギーは，単原子分子理想気体の自由エネルギーに内部自由度の寄与 $-Nk_B T \ln j(T)$ が付け加わったもので与えられることがわかる．したがって，他の熱力学量にも相加的に内部自由度の寄与が付け加わることになる．

分子の内部自由度として，すでにみた分子内振動と回転運動だけでなく，電子状態および核スピンの状態も考える必要があるが，多くの場合それぞれの寄与を独立に扱うことができる．一方，後でみる等核2原子分子など，核スピンと回転運動が相互に関連する場合には，それらの自由度については同時に取扱う必要がある．以下では，2原子分子を剛体回転子と見なし，その回転運動の熱力学量に対する寄与を考察する．

§8.2 異核2原子分子

A, B 2種の原子から成る分子 AB を考えよう．核種が異なる場合，核スピンの状態と回転運動は互いに独立であり，それぞれの核スピンの大きさを s_A, s_B とすると，核スピンの状態の縮退度は，$(2s_A + 1)(2s_B + 1)$ で与えられる．剛体回転子の慣性モーメントを $(I, I, 0)$ とすると，回転運動のエネルギー準位は

$$\varepsilon_J = \frac{\hbar^2}{2I} J(J+1) \quad (J = 0, 1, 2, \cdots) \tag{8.4}$$

で与えられ，その縮退度は $2J+1$ であることが知られている．* したがって，回転運動の分配関数は

$$j_{\rm rot}(T) = \sum_{J=0}^{\infty} (2J+1)\, e^{-J(J+1)\Theta_r/T} \tag{8.5}$$

で与えられる．ただし

$$\Theta_r = \frac{\hbar^2}{2Ik_{\rm B}}$$

は，分子の回転定数とよばれる量である．たとえば，HCl では $\Theta_r = 15\,{\rm K}$，HD では $\Theta_r = 64\,{\rm K}$ 程度の大きさである．

高温の極限 $T \gg \Theta_r$ では，(8.5)の和を積分で近似できる．すなわち，

$$j_{\rm rot}(T) \cong \int_0^{\infty} (2J+1)\, e^{-J(J+1)\Theta_r/T}\, dJ = \frac{T}{\Theta_r} \tag{8.6}$$

である．これが，古典力学に従う剛体回転子の分配関数と一致することは容易に確かめることができる（章末の演習問題 [1] 参照）．

分配関数 $j_{\rm rot}(T)$ の高温における近似式は，無限回微分可能な関数 $f(x)$ に対するオイラー‐マクローリンの公式

$$\sum_{J=0}^{\infty} f(J) = \int_0^{\infty} f(x)\, dx + \frac{1}{2}f(0) - \frac{1}{12}f'(0) + \frac{1}{720}f'''(0)$$

$$- \frac{1}{30240}f^{(5)}(0) + \frac{1}{1209600}f^{(7)}(0) + \cdots$$

を用いて求めることができる．$f(J) = (2J+1)\, e^{-J(J+1)\Theta_r/T}$ として微分係数を求め，上式に代入することにより

$$j_{\rm rot}(T) = \frac{T}{\Theta_r} + \frac{1}{3} + \frac{1}{15}\frac{\Theta_r}{T} + \frac{4}{315}\left(\frac{\Theta_r}{T}\right)^2 + \cdots \tag{8.7}$$

を得る．これから内部エネルギーおよび比熱を求めると，

$$E_{\rm rot}(T) = Nk_{\rm B}T\left[1 - \frac{1}{3}\frac{\Theta_r}{T} - \frac{1}{45}\left(\frac{\Theta_r}{T}\right)^2 - \frac{8}{945}\left(\frac{\Theta_r}{T}\right)^3 + \cdots\right] \tag{8.8}$$

---

* 固有関数は球面調和関数 $Y_{Jm}(\theta, \phi)$ で与えられる．m は，$J, J-1, J-2, \cdots, -J+1, -J$ の $2J+1$ 個の値をとる．

$$C_{V_{\text{rot}}}(T) = Nk_\text{B}\left[1 + \frac{1}{45}\left(\frac{\Theta_r}{T}\right)^2 + \frac{16}{945}\left(\frac{\Theta_r}{T}\right)^3 + \cdots\right]$$
(8.9)

を得る．

　一方，低温の極限では (8.5) の和に寄与するのは J の小さな項のみであるから，分配関数，エネルギー，比熱はそれぞれ

$$j_{\text{rot}}(T) \cong 1 + 3e^{-2\Theta_r/T} + \cdots \tag{8.10}$$

$$E_{\text{rot}}(T) \cong 6Nk_\text{B}\Theta_r e^{-2\Theta_r/T} + \cdots \tag{8.11}$$

$$C_{V_{\text{rot}}}(T) \cong 12Nk_\text{B}\left(\frac{\Theta_r}{T}\right)^2 e^{-2\Theta_r/T} + \cdots \tag{8.12}$$

と表される．

　図 8.1 に，剛体回転子のエネルギーと比熱の温度依存性を示す．

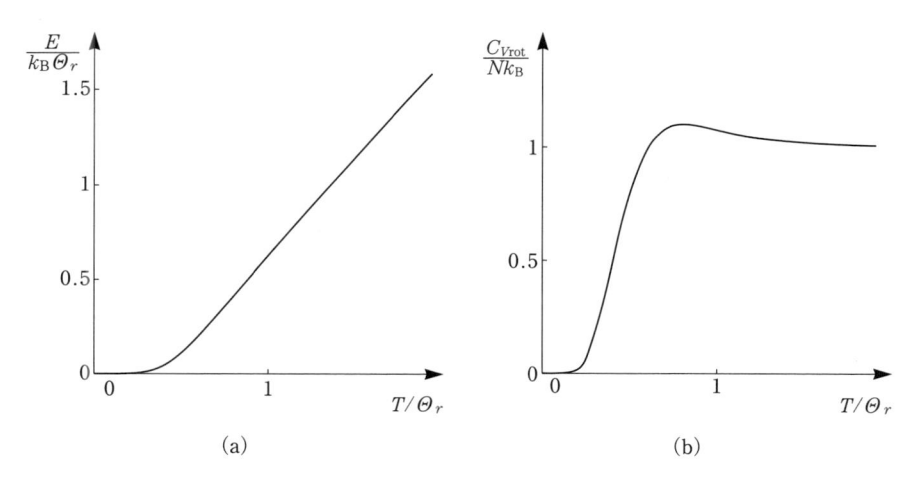

図 8.1 剛体回転子モデルを用いた異核 2 原子分子のエネルギー (a) と定積比熱 (b) の温度依存性．

§8.3 等核2原子分子

同じ種類の原子から成る2原子分子では，分子軸の角度が (θ, ϕ) と $(\pi - \theta, \pi + \phi)$ は全く同じ状態を表す．したがって，古典的な取扱いにおいても分配関数は，異核2原子分子の場合の半分としなければならない．

> アニメ 14

量子論的に取扱う場合，構成原子がボース粒子であるかフェルミ粒子であるかが決定的な役割をする．すなわち，2つの原子を入れ替える回転操作に対して，全波動関数は，構成原子がボース粒子の場合は対称的である必要があり，フェルミ粒子の場合は反対称的である必要がある．

分子の全波動関数 $\Phi_{Jm}(\theta, \phi, s_1, s_2)$ は，回転状態を表す球面調和関数 $Y_{Jm}(\theta, \phi)$ とスピン状態を表す波動関数 $S(s_1, s_2)$ の積で与えられる．

$$\Phi_{Jm}(\theta, \phi, s_1, s_2) = Y_{Jm}(\theta, \phi) \, S(s_1, s_2)$$

ここで，s_1, s_2 はそれぞれの原子の核スピンの z 成分である．原子を入れ替えた波動関数は

$$\Phi_{Jm}(\pi - \theta, \pi + \phi, s_2, s_1) = \begin{cases} \Phi_{Jm}(\theta, \phi, s_1, s_2) & \text{（ボース粒子の場合）} \\ -\Phi_{Jm}(\theta, \phi, s_1, s_2) & \text{（フェルミ粒子の場合）} \end{cases}$$

(8.13)

を満たさなければならない．一方，球面調和関数は， > アニメ A3

$$Y_{Jm}(\pi - \theta, \pi + \phi) = (-1)^J \, Y_{Jm}(\theta, \phi)$$

を満たす．また，核スピンの大きさを s_A とするとき，スピン波動関数には $(s_A + 1)(2s_A + 1)$ 個の対称状態と，$s_A(2s_A + 1)$ 個の反対称状態が存在する．

[**注意**] 大きさ s_A の核スピン1個の波動関数を $v(s_z)$ とする．2個のスピンの対称状態には，両者が同じスピンをもつ $2s_A + 1$ 個の状態

$$S(s_z, s_z) = v_1(s_z) \, v_2(s_z) \quad (-s_A \leq s_z \leq s_A)$$

と，異なったスピンをもつ $s_A(2s_A + 1)$ 個の状態

$$S(s_z, s_z') = \frac{1}{\sqrt{2}} [v_1(s_z) \, v_2(s_z') + v_1(s_z') \, v_2(s_z)] \quad (-s_A \leq s_z \neq s_z' \leq s_A)$$

がある．一方，反対称状態には $s_A(2s_A + 1)$ 個の状態

$$S(s_z, s_z') = \frac{1}{\sqrt{2}} [v_1(s_z) v_2(s_z') - v_1(s_z') v_2(s_z)] \quad (-s_A \leq s_z \neq s_z' \leq s_A)$$

が存在する．

すなわち，分子の回転状態と核スピンの状態は独立ではなく，両者を同時に考慮に入れた分配関数を求めなければならない．

（1） 原子がボース粒子のとき

全波動関数は対称的である必要があるので，回転波動関数，スピン波動関数はともに対称的か反対称的である必要がある．したがって，分配関数は次式で与えられる．

$$j_{\text{rot-nu}}^{\text{BE}}(T) = s_A(2s_A + 1)r_\text{o} + (s_A + 1)(2s_A + 1)r_\text{e} \quad (8.14)$$

ただし，r_e，r_o はそれぞれ回転量子数 J が偶数のみ，奇数のみをとるときの回転分配関数

$$r_\text{e} = \sum_{J=\text{even}} (2J + 1) e^{-J(J+1)\Theta_r/T}$$
$$r_\text{o} = \sum_{J=\text{odd}} (2J + 1) e^{-J(J+1)\Theta_r/T}$$

である．

（2） 原子がフェルミ粒子のとき

全波動関数は反対称的である必要があるので，回転波動関数が対称的であるときは，スピン波動関数が反対称的であり，逆に回転波動関数が反対称的であるときは，スピン波動関数が対称的となる．したがって，分配関数は次式で与えられる．

$$j_{\text{rot-nu}}^{\text{FD}}(T) = s_A(2s_A + 1)r_\text{e} + (s_A + 1)(2s_A + 1)r_\text{o} \quad (8.15)$$

核スピンが対称状態の分子は**オルソ分子**とよばれ，反対称状態の分子は**パラ分子**とよばれる．これらの分子種の個数の比 $n \equiv N_\text{orth}/N_\text{para}$ は，対応する分配関数の比で決まる．すなわち，ボース粒子の場合，

$$n^{\text{BE}}(T) = \frac{s_A + 1}{s_A} \frac{r_\text{e}}{r_\text{o}} \quad (8.16)$$

128   8. 多原子分子気体の性質

フェルミ粒子の場合は

$$n^{\mathrm{FD}}(T) = \frac{s_A + 1}{s_A} \frac{r_\mathrm{o}}{r_\mathrm{e}} \tag{8.17}$$

である．高温の極限では $r_\mathrm{e} = r_\mathrm{o}$ であるから，

$$n^{\mathrm{BE}}(\infty) = n^{\mathrm{FD}}(\infty) = \frac{s_A + 1}{s_A}$$

である．一方，低温の極限では $r_\mathrm{e} \sim 1$, $r_\mathrm{o} \sim 3e^{-2\Theta_r/T}$ であるから，

$$n^{\mathrm{BE}}(0) = \infty, \qquad n^{\mathrm{FD}}(0) = 0$$

である．

例えば，水素 H_2 は $s_A = 1/2$ のフェルミ粒子から成るので $n^{\mathrm{H}_2}(T) = 3r_\mathrm{o}/r_\mathrm{e}$ であり，高温の極限では

$$n^{\mathrm{H}_2}(\infty) = 3, \qquad n^{\mathrm{H}_2}(0) = 0$$

である．重水素 D_2 は $s_A = 1$ のボース粒子から成るので $n^{\mathrm{D}_2}(T) = 2r_\mathrm{e}/r_\mathrm{o}$ であり，高温の極限では

$$n^{\mathrm{D}_2}(\infty) = 2, \qquad n^{\mathrm{D}_2}(0) = \infty$$

となる．すなわち絶対零度においては，H_2 はすべてパラ分子となり，D_2 はすべてオルソ分子となる．図 8.2 に，H_2 と D_2 についてオルソ分子とパラ分子の存在比の温度依存性を示す．

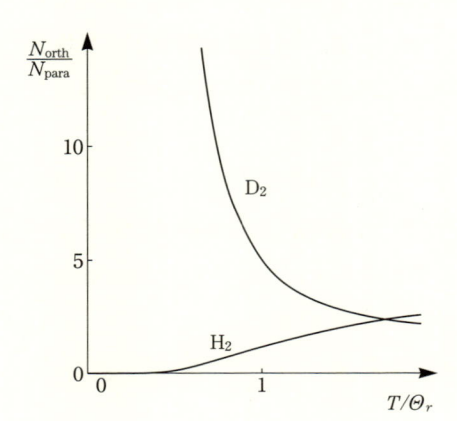

図 8.2 H_2 と D_2 について，オルソ分子とパラ分子の存在比の温度依存性を示す．

§8.3 等核2原子分子

分子 N 個から成る系の回転運動のヘルムホルツの自由エネルギーは，例えばフェルミ粒子から成る分子の場合

$$A_{\text{nu-rot}}^{\text{FD}}(T) = -k_B T \ln \frac{1}{N!} [(2s_A+1)^2 r_{\text{ave}}^{\text{FD}}]^N \quad (8.18)$$

ただし，

$$r_{\text{ave}}^{\text{FD}} = \frac{1}{(2s_A+1)^2} [s_A(2s_A+1)r_e + (s_A+1)(2s_A+1)r_o] \quad (8.19)$$

で与えられ，回転運動の分配関数 r_e, r_o をスピン種の存在確率によって平均した分配関数 $r_{\text{ave}}^{\text{FD}}$ をもつ分子の集団と見なすことができる．

このヘルムホルツの自由エネルギーから求めた比熱の温度依存性を図 8.3 の点線で示す．この扱いでは，各分子はオルソ種とパラ種の間を自由に転換できると仮定し，その存在割合に応じて分配関数を平均したことになっている．この定式を**アニールド平均**とよぶ．図 8.3 に示すように，H_2 気体で観測された比熱の温度依存性は，アニールド平均（8.18）から求めたものとはかけ離れた振舞を示している．

この不一致は，スピン種の転換速度が遅いことに着目することによって解決される．実際，スピン種転換の緩和時間は 1 年程度であり，通常の速度で冷

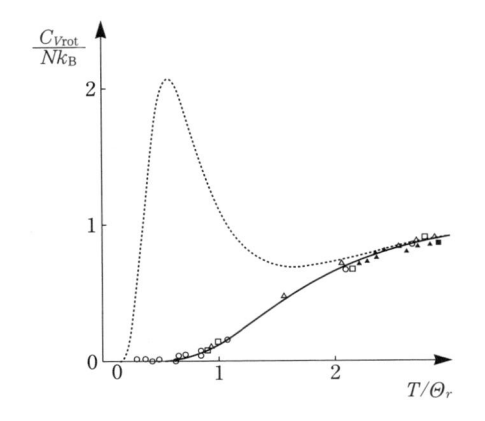

図 8.3 水素気体の比熱の温度依存性．点線は，スピン種間の平衡を仮定したアニールド平均の結果である．実線は，スピン種の割合が高温状態のままであると仮定したクエンチド平均の結果である．記号で示した実験値は，クエンチド平均の結果と一致する．

130   8. 多原子分子気体の性質

却された場合，パラ水素とオルソ水素の割合は高温状態の値 $s_A/(s_A+1)$ に保たれていると考えられる．その場合，N 個の分子の系は $\{s_A/(2s_A+1)\}N$ 個のパラ水素と $\{(s_A+1)/(2s_A+1)\}N$ 個のオルソ水素から成る混合系と考えなければならない．このとき回転分配関数は

$$j_{\text{rot-nu}}(T) = \frac{[s_A(2s_A+1)r_e]^{s_A N/(2s_A+1)}}{\left(\dfrac{s_A}{2s_A+1}N\right)!}$$

$$\times \frac{[(s_A+1)(2s_A+1)r_o]^{(s_A+1)N/(2s_A+1)}}{\left(\dfrac{s_A+1}{2s_A+1}N\right)!}$$

(8.20)

で与えられる．分配関数の対数をとってヘルムホルツの自由エネルギーを求めると，

$$A_{\text{nu-rot}}^{\text{FD}}(T)$$

$$= -k_B T \frac{s_A \ln\dfrac{1}{N!}[(2s_A+1)^2 r_e]^N + (s_A+1)\ln\dfrac{1}{N!}[(2s_A+1)^2 r_o]^N}{2s_A+1}$$

(8.21)

を得る．すなわち，(8.21) では，ヘルムホルツの自由エネルギーがそれぞれのスピン種の自由エネルギーの平均で与えられる．この平均は**クエンチド平均**とよばれる．(8.21) の自由エネルギーから比熱を求めると，

$$C_{\text{rot-nu}}^{\text{FD}}(T) = \frac{s_A C_e + (s_A+1)C_o}{2s_A+1} \qquad (8.22)$$

を得る．ただし，

$$C_{e/o} = Nk_B \frac{\partial}{\partial T}\left(T^2 \frac{\partial}{\partial T}\ln r_{e/o}\right) \qquad (8.23)$$

は，それぞれ $J=$ 偶数のみ または $J=$ 奇数のみ をとる系の回転運動による比熱を表す．$s_A=1/2$ として得た比熱の温度依存性は図 8.3 の実線で示した．図からわかるように，クエンチド平均によって得た比熱は ほぼ実験

を再現する.*

重水素 D_2 のようにボース粒子系では,スピン種と組み合わされる回転状態の分配関数が逆になり,例えばアニールド平均では

$$A_{\text{nu-rot}}^{\text{BE}}(T) = -k_B T \ln \frac{1}{N!} \{(2s_A+1)[s_A r_o + (s_A+1)r_e]\}^N \tag{8.24}$$

クエンチド平均では

$$A_{\text{nu-rot}}^{\text{FD}}(T)$$

$$= -k_B T \frac{s_A \ln \frac{1}{N!}[(2s_A+1)^2 r_o]^N + (s_A+1)\ln \frac{1}{N!}[(2s_A+1)^2 r_e]^N}{2s_A+1} \tag{8.25}$$

で与えられる.

演習問題

[1] 2原子分子の回転運動のハミルトニアンは,

$$H(\theta, \phi, p_\theta, p_\phi) = \frac{1}{2I}\left(p_\theta^2 + \frac{1}{\sin^2\theta}p_\phi^2\right)$$

で与えられる.I は慣性モーメント,θ, ϕ はそれぞれ分子軸の極角と方位角を表し,p_θ, p_ϕ はそれらに共役な角運動量である.

古典論に基づいて等核2原子分子1個の回転運動の分配関数を求め,ヘルムホルツの自由エネルギーおよび比熱を求めよ.また,異核2原子分子との違いを説明せよ.

[2] 重水素 D_2 気体について,スピン種が常に平衡状態にあるものとする.

---

* 最近,観測時間をあらわに取り入れた非平衡系の取扱いにより,観測時間が長くなるにつれて,クエンチド平均からアニールド平均に移り変る様子が示されている.

8. 多原子分子気体の性質

(1) 回転運動に関する分配関数の量子論に基づいた表式を示せ．
(2) オルソ重水素とパラ重水素の存在比の温度依存性を求めよ．
(3) 比熱の温度依存性を求めよ．

[3] 問題[2]において，スピン種間の遷移が十分遅いとすると，オルソ重水素とパラ重水素の存在比は高温の極限値のままに保たれる．このときの比熱の温度依存性を求めよ．

第 9 章

理想フェルミ気体

相互作用のないフェルミ粒子気体の性質を，絶対零度と有限温度に分けて論じる．金属中の電子や中性子星など近似的に理想フェルミ気体と見なせる系は，自然界に数多く見られ，その記述の中で必要となるフェルミ球やフェルミ温度などの概念を説明する．

§9.1 基本公式

§7.5でみたように，相互作用のない理想フェルミ粒子の気体が温度 T の熱溜に接しているとき，エネルギーレベル ε_k に存在する粒子数の平均値は，フェルミ分布関数

$$\langle n_k \rangle = \frac{1}{e^{(\varepsilon_k - \mu)/k_\mathrm{B}T} + 1} \tag{9.1}$$

で与えられる．ここで μ は化学ポテンシャルであり，粒子数と

$$N = \sum_k \frac{1}{e^{(\varepsilon_k - \mu)/k_\mathrm{B}T} + 1} \tag{9.2}$$

という関係で結ばれている．また，系のエネルギーは

$$E = \sum_k \frac{\varepsilon_k}{e^{(\varepsilon_k - \mu)/k_\mathrm{B}T} + 1} \tag{9.3}$$

で与えられる．

フェルミ分布関数

9. 理想フェルミ気体

$$f(\varepsilon) = \frac{1}{e^{(\varepsilon-\mu)/k_B T} + 1} \tag{9.4}$$

の温度依存性を図 9.1 に示す．絶対零度では階段関数であり，温度が高くなるにつれて，ボルツマン分布に近づく．

アニメ 15

エネルギーレベルの状態密度 $D(\varepsilon)$ を

$$D(\varepsilon) = \sum_k \delta(\varepsilon - \varepsilon_k) \tag{9.5}$$

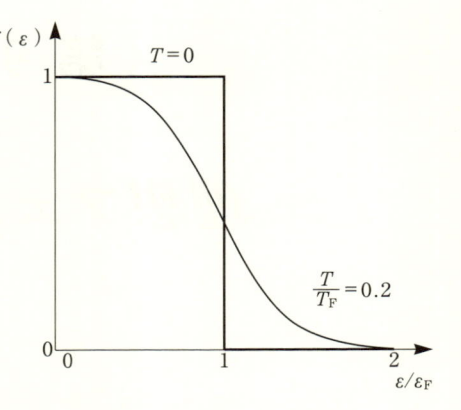

図 9.1 絶対零度および $T/T_F = 0.2$ におけるフェルミ分布関数．$T_F \equiv \varepsilon_F/k_B$ は，次節で定義するフェルミ温度である．

によって定義すると，粒子数，エネルギーは

$$N = \int_{-\infty}^{\infty} \frac{D(\varepsilon)}{e^{(\varepsilon-\mu)/k_B T} + 1} \, d\varepsilon \tag{9.6}$$

$$E = \int_{-\infty}^{\infty} \frac{\varepsilon D(\varepsilon)}{e^{(\varepsilon-\mu)/k_B T} + 1} \, d\varepsilon \tag{9.7}$$

と表すことができる．

ここで，粒子（質量 m）が 1 辺 L の立方体の容器に入っているとして，状態密度を求めよう．§7.3 ですでに議論したように，周期境界条件を仮定すれば，1 粒子のエネルギー固有値は

$$\varepsilon_k = \frac{4\pi^2 \hbar^2}{2mL^2}(n_x^2 + n_y^2 + n_z^2) \quad (n_x, n_y, n_z = 0, \pm 1, \pm 2, \cdots) \tag{9.8}$$

で与えられる．各固有状態は，波数 k_x, k_y, k_z の張る空間の格子定数 $2\pi/L$ の単純立方格子の格子点で与えられる．したがって，エネルギー E 以下の状態数 $\Sigma(E)$ は，この空間の中の半径 $\sqrt{2mE/\hbar^2}$ の球内の点の数で与えられる．

$$\Sigma(E) = \frac{1}{\left(\dfrac{2\pi}{L}\right)^3} \frac{4\pi}{3} \left(\frac{2mE}{\hbar^2}\right)^{3/2}$$

$$= \frac{4\pi V}{3} \left(\frac{2m}{h^2}\right)^{3/2} E^{3/2} \tag{9.9}$$

状態密度 $D(E)$ は

$$D(E) = \frac{d\Sigma(E)}{dE}$$

で与えられるから,

$$D(E) = 2\pi V \left(\frac{2m}{h^2}\right)^{3/2} \sqrt{E} \qquad (E \geq 0) \tag{9.10}$$

となる ($E < 0$ のときは $D(E) = 0$ である). 実際の粒子には内部自由度があり, 粒子の状態密度には内部状態を含める必要がある. 内部状態の数を g とすれば, 状態密度は (9.10) を g 倍したものとなる.

§9.2 絶対零度における性質

§7.5 でみたように, 絶対零度においては, フェルミ分布関数は階段関数となる. (このとき, フェルミ気体は (完全に) **縮退**しているという.)

$$\langle n_k \rangle = \begin{cases} 1 & (\varepsilon_k \leq \varepsilon_\mathrm{F} \text{ のとき}) \\ 0 & (\text{それ以外}) \end{cases} \tag{9.11}$$

ここで, ε_F は絶対零度における化学ポテンシャルであり, フェルミエネルギーである. (9.6), (9.7) から粒子数, エネルギーとフェルミエネルギーの関係を求めることができる. 実際, 内部状態の数を g として,

$$N = \int_0^{\varepsilon_\mathrm{F}} g\, D(\varepsilon)\, d\varepsilon = \frac{4\pi g V}{3h^3} (2m\varepsilon_\mathrm{F})^{3/2} \tag{9.12}$$

$$E = \int_0^{\varepsilon_\mathrm{F}} g\, D(\varepsilon)\, \varepsilon\, d\varepsilon = \frac{4\pi g V}{5h^3} (2m)^{3/2} \varepsilon_\mathrm{F}^{5/2} \tag{9.13}$$

であり, したがって,

136   9. 理想フェルミ気体

$$\varepsilon_\mathrm{F} = \frac{\hbar^2}{2m}\left(\frac{6\pi^2 N}{gV}\right)^{2/3} \tag{9.14}$$

および

$$\frac{E}{N} = \frac{3}{5}\varepsilon_\mathrm{F} \tag{9.15}$$

を得る．すなわち，フェルミエネルギーは密度の 2/3 乗に比例すること，また 1 粒子当りの平均エネルギーがフェルミエネルギーの 60％ であることがわかる．また，フェルミエネルギーを温度で表した

$$T_\mathrm{F} = \frac{\varepsilon_\mathrm{F}}{k_\mathrm{B}} = \frac{\hbar^2}{2mk_\mathrm{B}}\left(\frac{6\pi^2 N}{gV}\right)^{2/3} \tag{9.16}$$

を**フェルミ温度**という．

フェルミ粒子系は古典気体とは異なり，絶対零度においてもエネルギーが体積に依存するから，有限の大きさの圧力をもつ．絶対零度であることに注意して，

$$P = -\frac{\partial E}{\partial V} = \frac{2N\varepsilon_\mathrm{F}}{5V} \tag{9.17}$$

を得る．あるいは，少し書き直すと

$$P = \frac{2}{3}EV^{-1} \propto \left(\frac{N}{V}\right)^{5/3} \tag{9.18}$$

である．すなわち，絶対零度のフェルミ気体の圧力は体積の $-5/3$ 乗に比例する．

§9.3　有限温度における性質

9.3.1　一般的考察

(7.71) に示したグランドポテンシャル $J(=-PV)$ の表式から，理想フェルミ気体に対して

§9.3 有限温度における性質

$$\frac{PV}{k_{\rm B}T} = \sum_{\varepsilon} \ln\left[1 + e^{-\beta(\varepsilon-\mu)}\right]$$

$$= \int_0^\infty g D(\varepsilon) \ln\left(1 + ze^{-\beta\varepsilon}\right) d\varepsilon \quad (9.19)$$

を得る．(9.10) の状態密度 $D(\varepsilon)$ を代入し，部分積分を行えば

$$\frac{P}{k_{\rm B}T} = \frac{g(2\pi m k_{\rm B}T)^{3/2}}{h^3} \frac{4}{3\sqrt{\pi}} \int_0^\infty \frac{x^{3/2}}{\frac{1}{z}e^x + 1} dx \quad (9.20)$$

が導かれる．熱ド・ブロイ波長 $\lambda_{\rm T} \equiv h/\sqrt{2\pi m k_{\rm B}T}$ およびフェルミ-ディラック積分（付録E参照）

$$f_n(z) = \frac{1}{\Gamma(n)} \int_0^\infty \frac{x^{n-1}}{\frac{1}{z}e^x + 1} dx \quad (9.21)$$

($\Gamma(x)$ はガンマ関数）を用いると，(9.20) は

$$\frac{P}{k_{\rm B}T} = \frac{g}{\lambda_{\rm T}^3} f_{5/2}(z) \quad (9.22)$$

と表される．同様に，粒子数に対する表式は，

$$\frac{N}{V} = \frac{g}{\lambda_{\rm T}^3} f_{3/2}(z) \quad (9.23)$$

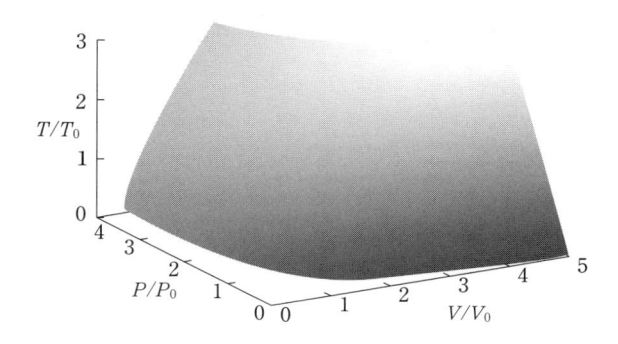

図 9.2 理想フェルミ気体の状態方程式の3次元プロット．ただし，
$$P_0 V_0 = \frac{2}{5} N k_{\rm B} T_0, \qquad T_0 = \frac{\hbar^2}{2mk_{\rm B}} \left(\frac{6\pi^2 N}{g V_0}\right)^{2/3}$$

と表すことができる. これらの $P/k_\mathrm{B}T$, N/V の式から z を消去すれば, 状態方程式が導かれる. 図9.2に, 温度を圧力, 体積の関数として3次元的にプロットした状態方程式を示す.

(9.23) から数値的に求めた化学ポテンシャル μ の温度依存性を図9.3に示す. 図からわかるように, 低温では μ はフェルミエネルギー程度であるが, 高温では負になる.

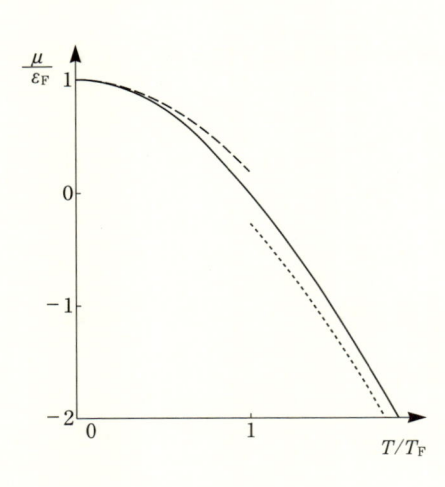

図9.3 理想フェルミ気体の化学ポテンシャルの温度依存性. 破線は低温における近似式 (9.37), 点線は高温の近似式 (9.30) を示す.

(9.7) から内部エネルギーは

$$E = \frac{3k_\mathrm{B}T}{2} \frac{gV}{\lambda_\mathrm{T}^3} f_{5/2}(z)$$

$$= \frac{3}{2} Nk_\mathrm{B}T \frac{f_{5/2}(z)}{f_{3/2}(z)} \quad (9.24)$$

で与えられることが示される. これから

$$E = \frac{3}{2} PV \quad (9.25)$$

が, 任意の温度で成り立つことがわかる.

(9.25) を温度で微分して, 定積比熱を求めることができる. 実際, 付録E

に示す

$$z\frac{df_n(z)}{dz} = f_{n-1}(z)$$

および (9.23) を $N/V = $ 一定 のもとで T で微分して示される

$$\left(\frac{\partial z}{\partial T}\right)_{N/V} = -\frac{3z}{2T}\frac{f_{3/2}(z)}{f_{1/2}(z)}$$

に注意して,

$$C_V = Nk_{\rm B}\left[\frac{15f_{5/2}(z)}{4f_{3/2}(z)} - \frac{9f_{3/2}(z)}{4f_{1/2}(z)}\right] \quad (9.26)$$

を得る. 図 9.4 に比熱の温度依存性を示す.

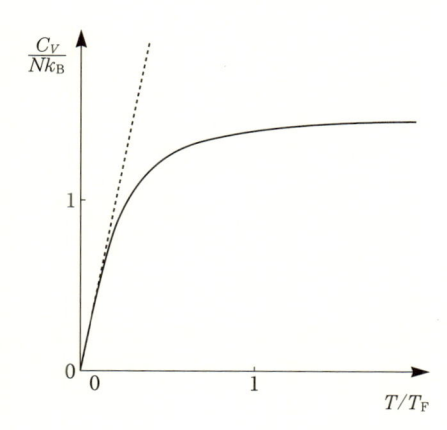

図 9.4 理想フェルミ気体の定積比熱の温度依存性. 点線は低温における比熱の表式 (9.40) の第 1 項を示す.

また, ヘルムホルツの自由エネルギーおよびエントロピーは

$$F = N\mu - PV = Nk_{\rm B}T\left[\ln z - \frac{f_{5/2}(z)}{f_{3/2}(z)}\right] \quad (9.27)$$

$$S = \frac{E - F}{T} = Nk_{\rm B}\left[\frac{5f_{5/2}(z)}{2f_{3/2}(z)} - \ln z\right] \quad (9.28)$$

と表される.

9.3.2 高温および低温の極限における性質

すべての物理量が $f_n(z)$ の関数として表されているので, (9.23) から z が $N\lambda_T^3/V$ の関数として求まれば, すべての物理量が N, V, T の関数として表される. 残念ながら, この手順を任意の温度において解析的に行うことは不可能であり, 数値的な手法に頼らざるを得ない. しかし, 高温および低温の極限における振舞は解析的に求めることができる.

付録Eに示すように,

(1) $z \ll 1$ のとき, すなわち後でみるように $N\lambda_T^3/gV \ll 1$ あるいは $T \gg T_F$ のとき

$$f_n(z) = \sum_{l=1}^{\infty} (-1)^{l+1} \frac{z^l}{l^n}$$

(2) $z \gg 1$ のとき, すなわち $T \ll T_F$ のとき

$$f_n(z) = \frac{\ln z^n}{\Gamma(n+1)} \left[1 + \sum_{j=2,4,6,\cdots} 2n(n-1)(n-2)\cdots \right.$$
$$\left. \cdots (n+1-j)(1-2^{1-j})\frac{\zeta(j)}{\ln z^j} \right]$$

である.

これらの展開式を用いて, 高温および低温の極限における振舞を求めることができる.

(1) 高温の極限 ($T \gg T_F$)

$z \ll 1$ ($T \gg T_F$) のときは $f_n(z) \cong z$ と近似できるので, (9.23) から

$$\frac{N}{V} \cong \frac{gz}{\lambda_T^3} \tag{9.29}$$

であり, したがって

$$z \cong \frac{N\lambda_T^3}{gV} \tag{9.30}$$

を得る. ($N\lambda_T^3/gV \ll 1$ のとき $z \ll 1$ が満たされる.) また, (9.20), (9.25) を用いると

$$\frac{P}{k_B T} \cong \frac{gz}{\lambda_T^3} \tag{9.31}$$

$$\frac{E}{V} \cong \frac{3}{2} k_B T \frac{gz}{\lambda_T^3} \tag{9.32}$$

であるから，これらの式から z を消去して，状態方程式

$$PV = N k_B T \tag{9.33}$$

$$E = \frac{3}{2} N k_B T \tag{9.34}$$

が導かれる．これらは古典理想気体の状態方程式と一致しており，高温の理想フェルミ気体は古典理想気体と同じ振舞をすることがわかる．この結論は，フェルミ分布関数が高温の極限ではボルツマン分布関数に近づくことから理解できる．

（2） 低温の極限（$T \ll T_F$）

$z \gg 1$（$T \ll T_F$）における展開式

$$f_{1/2}(z) = \frac{2}{\sqrt{\pi}} (\ln z)^{1/2} \left[1 - \frac{\pi^2}{24} \frac{1}{(\ln z)^2} + \cdots \right]$$

$$f_{3/2}(z) = \frac{4}{3\sqrt{\pi}} (\ln z)^{3/2} \left[1 + \frac{\pi^2}{8} \frac{1}{(\ln z)^2} + \cdots \right]$$

$$f_{5/2}(z) = \frac{8}{15\sqrt{\pi}} (\ln z)^{5/2} \left[1 + \frac{5\pi^2}{8} \frac{1}{(\ln z)^2} + \cdots \right]$$

を用いると，さまざまな物理量の低温の極限における振舞が求められる．

まず，粒子数は

$$\frac{N}{V} = \frac{4\pi g}{3} \left(\frac{2m}{h^2} \right)^{3/2} (k_B T \ln z)^{3/2} \left[1 + \frac{\pi^2}{8} \frac{1}{(\ln z)^2} + \cdots \right] \tag{9.35}$$

と表されるから，$\mu = k_B T \ln z$ に対する最低次の近似として

$$k_B T \ln z \cong \left(\frac{3N}{4\pi g V} \right)^{2/3} \frac{h^2}{2m} = \varepsilon_F \tag{9.36}$$

を得る．これを上式に用いて，より良い近似を求めると

$$k_{\rm B}T \ln z = \varepsilon_{\rm F}\left[1 - \frac{\pi^2}{12}\left(\frac{k_{\rm B}T}{\varepsilon_{\rm F}}\right)^2 + \cdots\right] \qquad (9.37)$$

となる．図 9.3 に破線で示したように，この式は低温領域で良い近似式となっている．

一方，内部エネルギーは

$$E \cong \frac{3}{5} N k_{\rm B} T \ln z \left[1 + \frac{\pi^2}{2}\frac{1}{(\ln z)^2} + \cdots\right] \qquad (9.38)$$

と展開される．したがって，

$$\frac{E}{N} \cong \frac{3}{5} \varepsilon_{\rm F}\left[1 + \frac{5\pi^2}{12}\left(\frac{k_{\rm B}T}{\varepsilon_{\rm F}}\right)^2 + \cdots\right] \qquad (9.39)$$

が示される．これより，低温領域における定積比熱として

$$C_V \cong N k_{\rm B} \frac{\pi^2}{2}\frac{k_{\rm B}T}{\varepsilon_{\rm F}} + \cdots \qquad (9.40)$$

を得る．同様にして，圧力に対する表式

$$P \cong \frac{2N}{5V}\varepsilon_{\rm F}\left[1 + \frac{5\pi^2}{12}\left(\frac{k_{\rm B}T}{\varepsilon_{\rm F}}\right) + \cdots\right] \qquad (9.41)$$

を求めることができる．

　理想フェルミ気体の低温の比熱が絶対温度に比例するという結果は，金属の電子比熱で観測されるところである．その振舞は，物理的には次のように理解できる．絶対零度近傍から T だけ温度が上昇すると，フェルミエネルギー以下 $k_{\rm B}T$ 程度のエネルギー範囲にある粒子が $k_{\rm B}T$ 程度のエネルギーだけ励起する．したがって，系のエネルギーの増加量が

$$\varDelta E \cong D(\varepsilon_{\rm F})\, k_{\rm B}T \cdot k_{\rm B}T$$

程度となり，比熱が絶対温度 T に比例することが理解できる．

演習問題

[1] 1辺 L の立方体の箱に入れられた N 個のフェルミ気体（粒子の質量 m）のフェルミエネルギーは，次のような議論でも求めることができる．固有状態は波数空間 (k_x, k_y, k_z) の点で表される．各状態は g 重に縮退しているものとする．

（1） 波数空間の単位体積当りの状態数が $gV/8\pi^3$ であることを示せ．

（2） 低いエネルギーの状態から順に粒子を詰めていき，N 個の粒子を詰めたときの最大の波数 k_F（**フェルミ波数**とよぶ）を求めよ．

（3） フェルミ運動量 p_F，フェルミエネルギー ε_F を求めよ．

[2] (9.6)から，化学ポテンシャルと温度との間に

$$\left(\frac{T_F}{T}\right)^{3/2} = \frac{3}{2}\int_0^\infty \frac{\sqrt{x}}{e^{x-\xi}+1}\,dx$$

（ただし $\xi = \mu/k_B T$）の関係があることを導き，化学ポテンシャルの温度依存性を数値的に求めよ．

[3] 低温領域の理想フェルミ気体のヘルムホルツの自由エネルギーが

$$A \cong \frac{3N}{5}\varepsilon_F\left[1 - \frac{5\pi^2}{12}\left(\frac{k_B T}{\varepsilon_F}\right)^2 + \cdots\right]$$

エントロピーが

$$S \cong Nk_B\frac{\pi^2}{2}\frac{k_B T}{\varepsilon_F} + \cdots$$

で与えられることを示せ．

[4] 白色矮星（縮退星）は完全にイオン化した He から成り，電子の作り出す圧力と He 原子核の集団の重力がつり合って安定化している．星の質量を M，半径を R とすると，半径がそれほど小さくなく相対論的効果が無視できるときは，$R \propto M^{-1/3}$ であることが知られている．He は原子 1 個当り 2 個の電子をもつので，質量 M の白色矮星中の電子数 N は $N = 2M/m_{He}$ で与えられる．ただし，m_{He} は He の原子核 1 個の質量であり，電子の質量は無視できるものとした．また

フェルミ温度は星の温度より十分高く，電子は完全に縮退した理想フェルミ気体と考えてよい．

白色矮星の平衡状態の半径 R（体積は $V = 4\pi R^3/3$）は，電子系のエネルギー E_0 と He 原子核の重力による位置エネルギー $-\alpha M^2/R$ の和で与えられる全エネルギー E が R に関して最小となる条件から決められる（α は万有引力定数に比例する定数である）．このことから $R \propto M^{-1/3}$ を示せ．

[5] 2次元平面内に閉じ込められた ^{3}He の低温における定積比熱が ^{3}He の量に依存しないことが見出されている．^{3}He はスピン 1/2（したがってスピンの縮退度は 2 である）であるので，理想フェルミ気体と考えて，この性質が説明できるかを調べてみよう．^{3}He の質量を m とし，面積 A の中にある N 個の ^{3}He を考える．(2 次元内の粒子では，波数ベクトル空間の単位面積当りの状態数は $A/(2\pi)^2$ である．)

(1) フェルミ波数 k_F は $\sqrt{2\pi N/A}$，フェルミエネルギー ε_F は $\pi \hbar^2 N/mA$ であることを示せ．

(2) 絶対零度における系のエネルギーが $\varepsilon_F N/2$ であることを示せ．

(3) 状態密度 $D(\varepsilon)$ が ε に依存せず，$D(\varepsilon) = mA/\pi\hbar^2$（$\varepsilon \geq 0$）で与えられることを示せ．（$\varepsilon < 0$ のときは $D(\varepsilon) = 0$ である．）

(4) 温度 T（$k_B T/\varepsilon_F$ は十分小さいとする）におけるエネルギーを求めるために，フェルミ分布関数 $f(\varepsilon)$ を3本の直線から成る次式で近似する．

$$f(\varepsilon) = \begin{cases} 1 & (\varepsilon - \mu \leq -2k_B T \text{ のとき}) \\ \dfrac{1}{2} - \dfrac{\varepsilon - \mu}{4k_B T} & (-2k_B T \leq \varepsilon - \mu \leq 2k_B T \text{ のとき}) \\ 0 & (2k_B T \leq \varepsilon - \mu \text{ のとき}) \end{cases}$$

このとき，化学ポテンシャル μ は ε_F に等しいことを示せ．

(5) (4) の近似の範囲で温度 T におけるエネルギーを求め，定積比熱が温度に比例し，さらに粒子数 N に依存しないことを示せ．

[6] 体積 V の立方体の容器に閉じ込められている N（$N \gg 1$）個の粒子から成る理想フェルミ気体を考える．粒子のエネルギースペクトル（エネルギーと運動

量の関係）は $\varepsilon = Ap^a$ ($A > 0$, $a > 0$) であることがわかっている．また，粒子の内部自由度による状態数を g とする．

（1） 波数空間内の単位体積当りの状態数が $V/8\pi^3$ であることに注意して，状態密度 $D(\varepsilon)$ が次式のように書けることを示せ．f_a は a に依存する定数である．
$$D(\varepsilon) = V f_a \varepsilon^{(3-a)/a}$$

（2） フェルミエネルギー ε_F が $V^{-a/3}$ に比例することを示せ．

（3） 絶対零度における系の全エネルギー E を ε_F を用いて表せ．

（4） 絶対零度における系の圧力 P が，$3PV = aE$ を満たすことを示せ．

［7］ 体積 V の中にある N 個の電子系が絶対零度で完全に縮退している．電子（質量 m）を理想フェルミ気体と見なし，系には z 方向の磁場 H が掛けられているものとする．電子のエネルギーは，そのスピン磁気モーメントが磁場に平行か反平行かによって $-\mu_B H$ か $\mu_B H$ だけ変化する．

（1） $|\mu_B H/\varepsilon_F| \ll 1$ のとき，磁場 H が掛けられている状態におけるフェルミエネルギー ε_H と $H = 0$ のときのフェルミエネルギー ε_F の差が $(\mu_B H/\varepsilon_F)^2$ に比例することを示せ．

（2） ＋スピン，－スピンをもつ電子数をそれぞれ N_+, N_- とすると，全磁気モーメント M は $M = \mu_B(N_+ - N_-)$ で与えられる．系のスピン常磁性磁化率
$$\chi_S \equiv \left. \frac{\partial M}{\partial H} \right|_{H=0}$$
を求めよ．

第 10 章

理想ボース気体

相互作用のないボース粒子気体の性質を説明する．まず，低温で起こるボース－アインシュタイン凝縮について述べる．次に，ボース粒子の集団と見なせる空洞放射や格子振動を論じる．

§10.1 基本公式

§7.5 でみたように，相互作用のない理想ボース粒子の気体が温度 T の熱溜に接しているとき，エネルギーレベル ε_k に存在する粒子数の平均値は

$$\langle n_k \rangle = \frac{1}{\frac{1}{z}e^{\varepsilon_k/k_{\mathrm{B}}T} - 1} \tag{10.1}$$

で与えられる．ここで $z \equiv e^{\mu/k_{\mathrm{B}}T}$ は**絶対活動度**であり，粒子数と

$$N = \sum_k \frac{1}{\frac{1}{z}e^{\varepsilon_k/k_{\mathrm{B}}T} - 1} \tag{10.2}$$

という関係で結ばれている．また，系の圧力とエネルギーは

$$P = -\frac{k_{\mathrm{B}}T}{V} \sum_k \ln\left(1 - ze^{-\varepsilon_k/k_{\mathrm{B}}T}\right) \tag{10.3}$$

$$E = \sum_k \frac{\varepsilon_k}{\frac{1}{z}e^{\varepsilon_k/k_{\mathrm{B}}T} - 1} \tag{10.4}$$

で与えられる．

また，状態密度 $D(\varepsilon)$ を用いると，粒子数，圧力，エネルギーはそれぞれ

$$N = \int_{-\infty}^{\infty} \frac{D(\varepsilon)}{\frac{1}{z}e^{\varepsilon/k_\mathrm{B}T} - 1} d\varepsilon \tag{10.5}$$

$$P = -\frac{k_\mathrm{B}T}{V} \int_{-\infty}^{\infty} D(\varepsilon) \ln\left(1 - ze^{-\varepsilon/k_\mathrm{B}T}\right) d\varepsilon \tag{10.6}$$

$$E = \int_{-\infty}^{\infty} \frac{\varepsilon\, D(\varepsilon)}{\frac{1}{z}e^{\varepsilon/k_\mathrm{B}T} - 1} d\varepsilon \tag{10.7}$$

と表すことができる．

ここで，粒子が体積 V の立方体の容器に入っているとすると，状態密度は (9.10) で与えられるから，

$$D(\varepsilon) = 2\pi V \left(\frac{2m}{h^2}\right)^{3/2} \sqrt{\varepsilon} \qquad (\varepsilon \geqq 0 \text{ のとき}) \tag{10.8}$$

である（$\varepsilon < 0$ のときは $D(\varepsilon) = 0$）．以下，簡単のために粒子の内部自由度による縮退はないものと仮定する．ここで，議論を進める上で重要な問題がある．$\varepsilon = 0$ の状態は，$k_x = k_y = k_z = 0$ の状態を表し，確実に存在するが，状態密度 (10.8) では $D(0) = 0$ であり，$\varepsilon = 0$ の状態が物理量に反映しない．一方，ボース粒子の場合，1つの状態に多くの粒子が入ることも可能である．したがって，$\varepsilon = 0$ の状態の寄与を求め，その寄与が粒子数 N と同程度である場合には，その寄与をあからさまに考慮に入れる必要が生じる．そこで，(10.5)，(10.6) を

$$\frac{N}{V} = 2\pi \left(\frac{2m}{h^2}\right)^{3/2} \int_0^{\infty} \frac{\sqrt{\varepsilon}}{\frac{1}{z}e^{\varepsilon/k_\mathrm{B}T} - 1} d\varepsilon + \frac{1}{V}\frac{z}{1-z} \tag{10.9}$$

$$\frac{P}{k_\mathrm{B}T} = -2\pi \left(\frac{2m}{h^2}\right)^{3/2} \int_0^{\infty} \sqrt{\varepsilon} \ln\left(1 - ze^{-\varepsilon/k_\mathrm{B}T}\right) d\varepsilon - \frac{1}{V}\ln(1-z) \tag{10.10}$$

と書くことにする．

(10.9) の右辺第 2 項を $\varepsilon = 0$ の状態を占める粒子数 N_0 を用いて N_0/V と書くと，(10.9) は

$$\frac{N - N_0}{V} = 2\pi \left(\frac{2m}{h^2}\right)^{3/2} \int_0^\infty \frac{\sqrt{\varepsilon}}{\frac{1}{z}e^{\varepsilon/k_B T} - 1} d\varepsilon$$

$$= \frac{1}{\lambda_T^3} \frac{2}{\sqrt{\pi}} \int_0^\infty \frac{\sqrt{x}}{\frac{1}{z}e^x - 1} dx \qquad (10.11)$$

と表すことができる．ここで，$\lambda_T (= h/\sqrt{2\pi m k_B T})$ は熱ド・ブロイ波長である．ボース‐アインシュタイン積分（付録 F 参照）

$$b_n(z) = \frac{1}{\Gamma(n)} \int_0^\infty \frac{x^{n-1}}{\frac{1}{z}e^x - 1} dx \qquad (10.12)$$

を定義すると

$$\frac{N - N_0}{V} = \frac{1}{\lambda_T^3} b_{3/2}(z) \qquad (10.13)$$

と表される．

ここで，N_0 と z の関係を考えてみよう．定義式 $N_0 = z/(1-z)$ を z について解けば

$$z = \frac{N_0}{N_0 + 1} \leqq 1 \qquad (10.14)$$

であるから，

$$1 - z = \frac{1}{N_0 + 1} \qquad (10.15)$$

を得る．この関係から，(10.10) の $\varepsilon = 0$ の状態の寄与は $(1/V)\ln(1-z)$ $= -(1/V)\ln(N_0 + 1)$ となり，無視できる．結局，(10.10) を一度部分積分して，

$$\frac{P}{k_B T} = \frac{1}{\lambda_T^3} b_{5/2}(z) \qquad (10.16)$$

と表すことができる．また $0 \leqq z \leqq 1$ であるから，$\mu \leqq 0$ でなければならない．

　内部エネルギーは (10.7) から求めてもよいが，次のように求めることができる．

$$E = k_B T^2 \left(\frac{\partial}{\partial T} \frac{PV}{k_B T} \right)_{z,V}$$

$$= \frac{3k_B T}{2} \frac{V}{\lambda_T^3} b_{5/2}(z) \qquad (10.17)$$

(10.16) と比較して，理想フェルミ気体の場合と同様

$$E = \frac{3}{2} PV \qquad (10.18)$$

を得る．

§10.2　高温極限における性質

　$z \ll 1$ のときは，以下でみるように $\lambda_T^3 N/V \ll 1$ と等価であり，高温極限すなわち古典極限に対応する．このとき付録Fに示すように，$b_n(z)$ は

$$b_n(z) \cong \sum_{l=1}^{\infty} \frac{z^l}{l^n}$$

と展開できる．さらに $N_0 \sim z \ll 1$ だから N_0 を無視すると，(10.13) から

$$\lambda_T^3 \frac{N}{V} = z + \frac{z^2}{2^{3/2}} + \frac{z^3}{3^{3/2}} + \cdots \qquad (10.19)$$

と表せる．$z \ll 1$ として z について解くと

$$z \cong \lambda_T^3 \frac{N}{V} - \frac{1}{2^{3/2}} \left(\lambda_T^3 \frac{N}{V} \right)^2 + \left(\frac{1}{4} - \frac{1}{3^{3/2}} \right) \left(\lambda_T^3 \frac{N}{V} \right)^3 + \cdots \qquad (10.20)$$

を得る．したがって，(10.16) より

$$\frac{PV}{N k_B T} = \frac{1}{\lambda_T^3} \left(z + \frac{z^2}{2^{5/2}} + \frac{z^3}{3^{5/2}} + \cdots \right)$$

$$= 1 - \frac{1}{2^{5/2}}\left(\frac{\lambda_T^3 N}{V}\right) + \left(\frac{1}{8} - \frac{2}{3^{5/2}}\right)\left(\frac{\lambda_T^3 N}{V}\right)^2 + \cdots \tag{10.21}$$

を得る．高温極限では $z \cong \lambda_T^3(N/V) \cong 0$ であり，(10.21) は古典理想気体の状態方程式 $PV = Nk_B T$ に帰着する．

また，エネルギーの表式から定積比熱は

$$C_V = \left(\frac{\partial E}{\partial T}\right)_{N,V} = \frac{3}{2}\left(\frac{\partial PV}{\partial T}\right)_{N,V} \tag{10.22}$$

であるから，(10.21) に注意して

$$\frac{C_V}{Nk_B} = \frac{3}{2}\left[1 + \frac{1}{2^{7/2}}\left(\frac{\lambda_T^3 N}{V}\right) + \left(\frac{4}{3^{5/2}} - \frac{1}{2}\right)\left(\frac{\lambda_T^3 N}{V}\right)^2 + \cdots\right] \tag{10.23}$$

を得る．定積比熱も，高温極限では古典理想気体の値 $C_V = (3/2)Nk_B$ と一致する．

§10.3 低温における振舞とボース‐アインシュタイン凝縮

絶対活動度 z は，(10.13)

$$N = \frac{V}{\lambda_T^3} b_{3/2}(z) + \frac{z}{1-z} \tag{10.24}$$

から，T, V, N の関数として決定される．付録 F に示すように，z の定義域で $b_n(z)$ は単調増加関数であり，

$$b_{3/2}(z) \leq b_{3/2}(1) = \zeta\left(\frac{3}{2}\right) \cong 2.612381\cdots \tag{10.25}$$

が満たされる．$\zeta(n)$ はツェータ関数である．したがって，

$$T_c = \frac{h^2}{2\pi m k_B}\left(\frac{N}{\zeta(3/2)V}\right)^{2/3} \tag{10.26}$$

を定義すると，絶対活動度 z は

§10.3 低温における振舞とボース – アインシュタイン凝縮　151

$$1 = \left(\frac{T}{T_c}\right)^{3/2} \frac{b_{3/2}(z)}{\zeta(3/2)} + \frac{1}{N} \frac{z}{1-z} \equiv B(z) \qquad (10.27)$$

から決められる．粒子数 N はアボガドロ数 10^{23} 程度の量であるから，$B(z)$ は z の関数としておよそ図 10.1 に示すように振舞う．

絶対活動度 z は，$B(z)$ の値が 1 となる点として決定されるから，$T > T_c$ のときは

$$\left(\frac{T}{T_c}\right)^{3/2} \frac{b_{3/2}(z)}{\zeta(3/2)} = 1$$
$$(10.28)$$

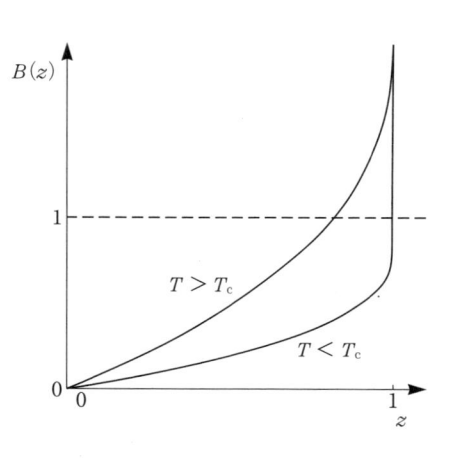

図 10.1 (10.27) の右辺 $B(z)$ を z の関数として示す．絶対活動度は，$B(z)$ の値が 1 となる z の値として決められる．

から決められ，$T \leqq T_c$ のときは $z \cong 1$ となる．すなわち $T > T_c$ のときは，$\varepsilon = 0$ の状態を占有する粒子の数は全粒子数に比べて無視できる．一方 $T \leqq T_c$ のときは，$\varepsilon > 0$ の励起状態だけでは全粒子を収容することができず，励起状態を占める粒子数は可能な最大値 $V\lambda_T^3 \zeta(3/2) < N$ となり，残りの粒子はすべて $\varepsilon = 0$ の状態を占めるようになる．高温の状態から温度を下げたときに T_c で起こるこの転移を**ボース – アインシュタイン凝縮**という．この転移が実際に ^{87}Rb，^{7}Li などで起こることが 1995 年の実験で初めて確かめられた．

　アニメ 16

T_c の上下におけるさまざまな物理量の振舞を求めることにしよう．

（1）　励起状態，基底状態の粒子数

励起状態（$\varepsilon > 0$）の粒子数 N_e および基底状態（$\varepsilon = 0$）の粒子数 N_0 はそれぞれ

$$\frac{N_{\rm e}}{N} = \begin{cases} 1 & (T > T_{\rm c} \text{のとき}) \\ \left(\dfrac{T}{T_{\rm c}}\right)^{3/2} & (T \leqq T_{\rm c} \text{のとき}) \end{cases} \quad (10.29)$$

$$\frac{N_0}{N} = \begin{cases} O\!\left(\dfrac{1}{N}\right) & (T > T_{\rm c} \text{のとき}) \\ 1 - \left(\dfrac{T}{T_{\rm c}}\right)^{3/2} & (T \leqq T_{\rm c} \text{のとき}) \end{cases} \quad (10.30)$$

で与えられる．図 10.2 に，これらの粒子数の温度依存性を示す．

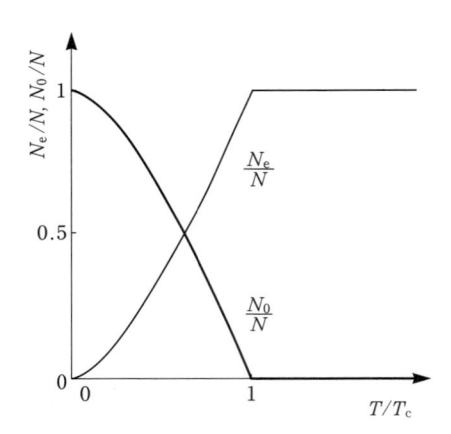

図 10.2 基底状態および励起状態を占める粒子数の温度依存性

（2） 化学ポテンシャル

化学ポテンシャルは，(10.27) から決まる絶対活動度から求められる．$T \leqq T_{\rm c}$ のときは，$z \cong 1 - 1/N_0 \sim 1$ であるから $\mu \cong 0$ である．一方，$T > T_{\rm c}$ のときは，絶対活動度は

$$\frac{T}{T_{\rm c}} = \left(\frac{\zeta(3/2)}{b_{3/2}(z)}\right)^{2/3} \quad (10.31)$$

として数値的に求めることができ，その値から化学ポテンシャルは $\mu = k_{\rm B} T \ln z$ として求められる．図 10.3 に，化学ポテンシャルの温度依存性を示す．

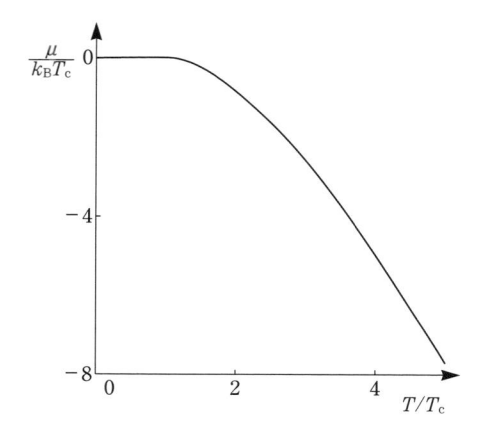

図 10.3 理想ボース気体の化学ポテンシャルの温度依存性

（3） 状態方程式

状態方程式は（10.16）から求めることができる．$T \leqq T_\mathrm{c}$ のときは $z \cong 1$ であるから，$b_{5/2}(1) = \zeta(5/2)$ に注意して，

$$P = \frac{k_\mathrm{B}T}{\lambda_\mathrm{T}^3} \zeta\left(\frac{5}{2}\right) \propto T^{5/2} \tag{10.32}$$

を得る．T_c の定義式（10.26）および N_e の表式（10.29）を用いると，

$$P = \frac{\zeta(5/2)}{\zeta(3/2)} N \left(\frac{T}{T_\mathrm{c}}\right)^{3/2} \frac{k_\mathrm{B}T}{V} = \frac{\zeta(5/2)}{\zeta(3/2)} \frac{N_\mathrm{e} k_\mathrm{B}T}{V}$$

$$\cong 0.5134 \frac{N_\mathrm{e} k_\mathrm{B}T}{V} \tag{10.33}$$

と表される．したがって，基底状態に凝縮した粒子は圧力には寄与せず，さらに励起状態にある粒子も古典気体の場合に比べておよそ半分の寄与しかしないことがわかる．

$T > T_\mathrm{c}$ のときは，

$$P = \frac{k_\mathrm{B}T}{\lambda_\mathrm{T}^3} b_{5/2}(z) \tag{10.34}$$

および

$$\frac{N}{V} = \frac{1}{\lambda_T^3} b_{3/2}(z) \tag{10.35}$$

であるから，これらの式から z を消去して状態方程式が求められる．また (10.34)，(10.35) から λ_T を消去すれば

$$P = \frac{Nk_BT}{V} \frac{b_{5/2}(z)}{b_{3/2}(z)} \tag{10.36}$$

と表されるから，高温の極限 $z \cong 0$ では理想気体の状態方程式になることがわかる．図 10.4 に，T を P，V の関数として状態方程式を 3 次元的にプロットしたものを示す．

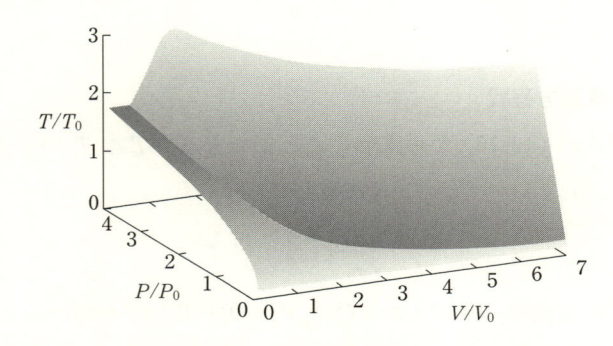

図 10.4 理想ボース気体の状態方程式の 3 次元プロット．ただし，
$$P_0 V_0 = \frac{\zeta(5/2)}{\zeta(3/2)} Nk_B T_0, \quad P_0 = (k_B T_0)^{5/2} \left(\frac{2\pi m}{h^2}\right)^{3/2} \zeta\left(\frac{5}{2}\right)$$

（4） エントロピー

オイラーの関係式から $E - TS + PV = N\mu$ であり，$E = 3PV/2$ を用いると

$$\begin{aligned}\frac{S}{Nk_B} &= \frac{E + PV}{Nk_BT} - \frac{\mu}{k_BT} \\ &= \frac{5PV}{2Nk_BT} - \frac{\mu}{k_BT}\end{aligned} \tag{10.37}$$

と表すことができる．したがって，すでに示した結果からエントロピーの温度依存性

§10.3 低温における振舞とボース-アインシュタイン凝縮　155

$$\frac{S}{Nk_\mathrm{B}} = \begin{cases} \dfrac{5\zeta(5/2)}{2\zeta(3/2)}\left(\dfrac{T}{T_\mathrm{c}}\right)^{3/2} & (T \leq T_\mathrm{c} \text{ のとき}) \\ \dfrac{5b_{5/2}(z)}{2b_{3/2}(z)} - \ln z & (T > T_\mathrm{c} \text{ のとき}) \end{cases} \quad (10.38)$$

を得る．

（5） エネルギーと定積比熱

エネルギーは $E = 3PV/2$ で与えられるので，すでに得た状態方程式からエネルギーの温度依存性が求まる．定積比熱は，エネルギーを温度で微分して

$$C_V = \left(\frac{\partial E}{\partial T}\right)_{V,N} = \frac{3}{2}\left(\frac{\partial PV}{\partial T}\right)_{V,N} \quad (10.39)$$

で与えられる．

$T \leq T_\mathrm{c}$ のときは，

$$\begin{aligned}\frac{C_V}{Nk_\mathrm{B}} &= \frac{3V}{2Nk_\mathrm{B}}\zeta\left(\frac{5}{2}\right)\left(\frac{\partial}{\partial T}\frac{k_\mathrm{B}T}{\lambda_\mathrm{T}^3}\right)_{V,N} \\ &= \frac{15\zeta(5/2)}{4\zeta(3/2)}\left(\frac{T}{T_\mathrm{c}}\right)^{3/2} \end{aligned} \quad (10.40)$$

であり，$T = T_\mathrm{c}$ のときの値は，$15\zeta(5/2)/4\zeta(3/2) \cong 1.925$ である．$T > T_\mathrm{c}$ のときは，

$$\begin{aligned}\frac{C_V}{Nk_\mathrm{B}} &= \left(\frac{\partial}{\partial T}\frac{3T}{2}\frac{b_{5/2}(z)}{b_{3/2}(z)}\right)_{V,N} \\ &= \frac{15b_{5/2}(z)}{4b_{3/2}(z)} - \frac{9b_{3/2}(z)}{4b_{1/2}(z)} \end{aligned} \quad (10.41)$$

で与えられる．ただし，付録Fに示した

$$z\frac{\partial}{\partial z}b_n(z) = b_{n-1}(z)$$

および（10.35）から導かれる

$$\left(\frac{\partial z}{\partial T}\right)_{N/V} = -\frac{3}{2}\frac{z}{T}\frac{b_{3/2}(z)}{b_{1/2}(z)}$$

を用いた．$b_{1/2}(1) = \infty$ に注意すれば，$T \to T_c + 0$ のときも $C_V/Nk_B = 15\zeta(5/2)/4\zeta(3/2)$ が示されるから，C_V は $T = T_c$ において連続である．一方，章末の演習問題［1］で示すように，C_V の $T = T_c$ における微分係数は不連続である．また，高温の極限では $z = 0$ であり，C_V/Nk_B は古典気体の値 $3/2$ に近づく．理想ボース気体のエネルギーおよび定積比熱の温度依存性を図 10.5 に示す．

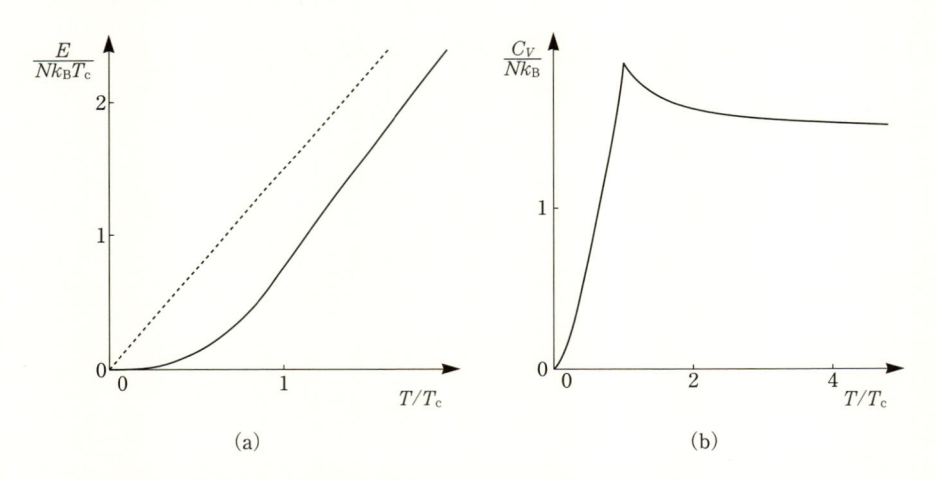

図 10.5　理想ボース気体のエネルギー（a）および定積比熱（b）の温度依存性

§10.4　いくつかの応用

10.4.1　空洞放射

容器の中に閉じ込められた電磁波は，容器の内壁による吸収と放射によって，熱平衡状態となる．電磁波は，固有振動の重ね合わせとして表せる．$s(s = 0, 1, 2, \cdots)$ 番目の固有振動の角振動数を ω_s，その固有振動の量子数を n_s とすると，零点振動の寄与を除いた電磁波のエネルギーは

$$E = \sum_s n_s \hbar \omega_s \tag{10.42}$$

で与えられる．容器が温度 T に保たれている場合，カノニカル分布に従うから，量子数 n_s の平均値は

$$\langle n_s \rangle = \frac{\sum_{n_s=0}^{\infty} n_s e^{-n_s \hbar \omega_s / k_B T}}{\sum_{n_s=0}^{\infty} e^{-n_s \hbar \omega_s / k_B T}} = \frac{1}{e^{\hbar \omega_s / k_B T} - 1} \tag{10.43}$$

で与えられる．ただし，各固有振動についての和が独立であることを用いた．量子数 n_s を固有振動 ω_s をもつ光子の個数と見なすと，(10.43) は角振動数 ω_s をもつ光子の分布関数が化学ポテンシャル $\mu = 0$ のボース分布に従うことを示す．化学ポテンシャルが 0 となるのは，光子の数に制限がないからである．

空洞放射の振動数分布は，壁に開けられた小さな穴から漏れ出る電磁波のエネルギー密度として測定される．固有状態の密度は，電磁波には 2 つの偏りがあるので，波数空間では $V/4\pi^3$ で与えられる．また，電磁波の分散関係は $\omega = ck$ (c は光速) で与えられるから，ω と $\omega + d\omega$ の間にある単位体積当りの状態数は

$$D(\omega)\,d\omega = \frac{\omega^2}{\pi^2 c^3}\,d\omega$$

で与えられる．したがって，同じ領域にある電磁波のエネルギー密度は

$$u(\omega)\,d\omega = \frac{\hbar}{\pi^2 c^3} \frac{\omega^3}{e^{\hbar \omega / k_B T} - 1}\,d\omega \tag{10.44}$$

で与えられる．この式は，**プランクの輻射式**とよばれる．輻射エネルギー密度の振動数依存性を図 10.6 に示す．

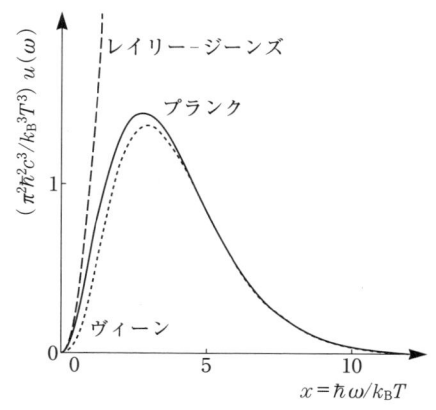

図 10.6 空洞輻射のエネルギー密度の振動数・温度依存性．実線はプランクの輻射式，点線はヴィーンの輻射式，破線はレイリー－ジーンズの輻射式を示す（章末の演習問題 [4] 参照）．

(10.44)をすべての振動数について積分して，空洞内の全エネルギー密度を求めると，

$$\frac{E}{V} = \int_0^\infty u(\omega)\,d\omega = \frac{(k_\mathrm{B}T)^4}{\pi^2\hbar^3 c^3}\int_0^\infty \frac{x^3}{e^x-1}\,dx = \frac{\pi^2 k_\mathrm{B}^4}{15\hbar^3 c^3}T^4 \tag{10.45}$$

を得る.* すなわち，空洞内の電磁波のエネルギー密度は絶対温度の 4 乗に比例する．この法則は，**シュテファン‐ボルツマン則**とよばれるものである．

壁面から漏れ出る電磁波の単位立体角当りの密度 R は，面に垂直な軸からの偏角を θ，方位角を ϕ とすると，面に垂直な流れの外向き成分を積分すればよいから

$$R = \int_0^\infty d\omega \int_0^{2\pi}\int_0^{\pi/2} u(\omega)\,c\cos\theta\,\frac{\sin\theta\,d\phi\,d\theta}{4\pi} = \sigma T^4 \tag{10.46}$$

ただし，

$$\sigma = \frac{\pi^2 k_\mathrm{B}^4}{60\hbar^3 c^2} \cong 5.672\times 10^{-8}\,\mathrm{W\cdot m^{-2}\cdot K^{-4}} \tag{10.47}$$

を得る．σ は**シュテファン‐ボルツマン定数**とよばれる．

10.4.2 格子振動のデバイ模型

結晶を構成する原子の運動は，調和近似の範囲で基準振動に分解すると，独立な調和振動子の集団と見なすことができる．基準振動 ω_s の量子数 n_s は音量子（フォノン）の数と見なせるが，光子の場合と同様，その総数には何ら制限がないため，$\mu=0$ のボース分布に従う．したがって，結晶が温度 T に保たれている場合，零点振動を除いた振動子のエネルギーは

$$E = \sum_s \frac{\hbar\omega_s}{e^{\hbar\omega_s/k_\mathrm{B}T}-1} \tag{10.48}$$

---

* 定積分

$$\int_0^\infty \frac{x^3}{e^x-1}\,dx = \frac{\pi^4}{15}$$

を用いた．

で与えられる．振動数の状態密度 $D(\omega)$ を用いると

$$E = \int_0^\infty \frac{\hbar\omega\, D(\omega)}{e^{\hbar\omega/k_\mathrm{B}T} - 1}\, d\omega \qquad (10.49)$$

と表すことができ，さらに定積比熱は

$$C_V = \int_0^\infty k_\mathrm{B}\, D(\omega) \left(\frac{\hbar\omega}{k_\mathrm{B}T}\right)^2 \frac{e^{\hbar\omega/k_\mathrm{B}T}}{(e^{\hbar\omega/k_\mathrm{B}T} - 1)^2}\, d\omega \qquad (10.50)$$

と表される．

デバイは，状態密度として連続弾性体と同じ ω^2 に比例するものを採用し，

$$D(\omega) = \begin{cases} \dfrac{V}{2\pi^2}\left(\dfrac{1}{c_l^3} + \dfrac{2}{c_t^3}\right)\omega^2 \equiv \dfrac{9N}{\omega_\mathrm{D}^3}\omega^2 & (0 \leqq \omega \leqq \omega_\mathrm{D}\text{ のとき}) \\ 0 & (\text{それ以外のとき}) \end{cases}$$

$$(10.51)$$

と仮定した．ただし，c_l, c_t はそれぞれ縦波，横波の速さであり，振動数の最大値は，自由度の数が $3N$ となるように

$$\int_0^{\omega_\mathrm{D}} D(\omega)\, d\omega = 3N$$

から決められる．(10.50) に代入して比熱を求めると

$$\begin{aligned}
C_V &= k_\mathrm{B}\frac{9N}{\omega_\mathrm{D}^3} \int_0^{\omega_\mathrm{D}} \omega^2 \left(\frac{\hbar\omega}{k_\mathrm{B}T}\right)^2 \frac{e^{\hbar\omega/k_\mathrm{B}T}}{(e^{\hbar\omega/k_\mathrm{B}T} - 1)^2}\, d\omega \\
&= 9Nk_\mathrm{B}\left(\frac{T}{\Theta_\mathrm{D}}\right)^3 \int_0^{\Theta_\mathrm{D}/T} \frac{x^4 e^x}{(e^x - 1)^2}\, dx \qquad (10.52)
\end{aligned}$$

を得る．$\Theta_\mathrm{D} \equiv \hbar\omega_\mathrm{D}/k_\mathrm{B}$ は**デバイ温度**とよばれる．高温では被積分関数を x^2 と近似して，

$$C_V \cong 3Nk_\mathrm{B} \qquad (10.53)$$

となる．低温の極限では積分の上限を無限大としてよいので，

$$C_V \cong \frac{12\pi^4 k_\mathrm{B} N}{5}\left(\frac{T}{\Theta_\mathrm{D}}\right)^3 \qquad (10.54)$$

が導かれる．* 低温で温度の 3 乗に比例する比熱は実験で観測されるもので

---

* 一度 部分積分し，さらに前頁の脚注を用いた．

160   10. 理想ボース気体

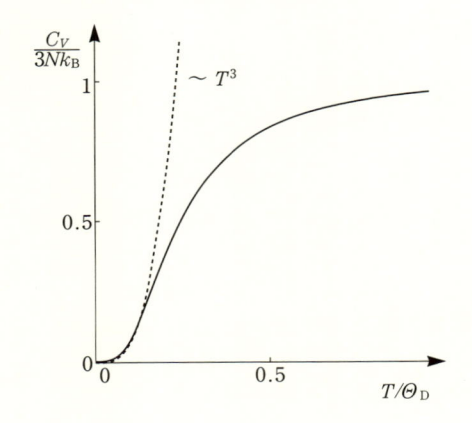

図 10.7 格子振動のデバイ模型による比熱の温度依存性．点線は低温極限の振舞（10.54）を示す．

ある．図 10.7 にデバイ模型の比熱の温度依存性を示す．

演 習 問 題

[1]　理想ボース気体の $T = T_c$ における定積比熱の温度に関する微分係数が不連続であることを次の手順で示せ．

（1）　$T \leqq T_c$ のとき
$$\frac{\partial}{\partial T}\frac{C_V}{Nk_B}\bigg|_{T=T_c} = \frac{45}{8T_c}\frac{\zeta(5/2)}{\zeta(3/2)}$$
を示せ．

（2）　$T > T_c$ のとき
$$\frac{\partial}{\partial T}\frac{C_V}{Nk_B} = \frac{1}{T}\left\{\frac{45b_{5/2}(z)}{8b_{3/2}(z)} - \frac{9b_{3/2}(z)}{4b_{1/2}(z)} - \frac{27b_{3/2}(z)^2 b_{-1/2}(z)}{8b_{1/2}(z)^3}\right\}$$
を示せ．

（3）
$$\lim_{z \to 1}\frac{b_{-1/2}(z)}{b_{1/2}(z)^3} = \frac{1}{2\pi}$$
を証明し，比熱の微分係数が連続ではないことを示せ．

[2] ^{87}Rb が密度 $2 \times 10^{13}\,\mathrm{cm}^{-3}$ に保たれている．ボース‐アインシュタイン凝縮の起こる転移温度を求めよ．

[3] プランクの輻射式（10.44）の高温および低温の極限が，それぞれ

$$u(\omega) = \frac{\omega^2}{\pi^2 c^3} k_\mathrm{B} T \quad \text{（レイリー‐ジーンズの輻射式）}$$

$$u(\omega) = \frac{\hbar \omega^3}{\pi^2 c^3} e^{-\hbar\omega/k_\mathrm{B} T} \quad \text{（ヴィーンの輻射式）}$$

となることを示せ．

[4] 温度 T に保たれた体積 V（1辺 L の立方体とする）の中にある光子を考える．光子は，静止質量 0 でボース統計に従うことが知られている．

（1） 振動数が ν と $\nu + d\nu$ の間にある光子の数が $(8\pi V \nu^2/c^3) d\nu$ で与えられることを示せ．ただし，周期境界条件を仮定し，系は十分に大きいとする．

（2） 光子気体の大分配関数は

$$\Xi(T, V, \mu=0) = \sum_{\{n_{\nu}\}} \exp\left(\frac{-\sum_{\nu'} \varepsilon_{\nu'} n_{\nu'}}{k_\mathrm{B} T}\right) = \prod_{\nu'} \left\{1 - \exp\left(-\frac{\varepsilon_{\nu'}}{k_\mathrm{B} T}\right)\right\}^{-1}$$

で与えられる．ただし，$\varepsilon_\nu \equiv h\nu$, n_ν は，それぞれ振動数 ν の光子のエネルギーおよび数である．振動数 ν の光子の平均数 $\langle n_\nu \rangle$ を求めよ．

（3） 振動数が ν と $\nu + d\nu$ の間にある光子のエネルギーの表式を書き，この体積内の光子気体のエネルギー密度が T^4 に比例することを示せ．

（4） 光子気体の圧力は T^4 に比例することを示せ．

第 11 章

相 転 移

　この章では，強い相互作用をもつ系でみられる相転移について，簡単な取扱いを述べる．例としてスピン系を取り上げ，単純なモデルを用いて平均場近似による取扱いを説明する．さらに，2次相転移に対するスケーリング理論とくり込み群の方法について簡単に触れる．

§11.1 はじめに

　§1.4で説明したように，温度や圧力の示強変数を変化させると，物質の相が突然変化する相転移が見られることがある．1次相転移を熱力学ポテンシャルの1次微係数が不連続となる転移，2次相転移を熱力学ポテンシャルの2次微係数が不連続となる転移として定義した．一般に，熱力学ポテンシャルのn次微係数が不連続となる転移をn次相転移とよぶ．たとえば，水が1気圧の下で，100℃で水蒸気になるのは1次相転移である．また，水と水蒸気の共存状態を保ちながら温度と圧力を上げていくと，臨界点374.1℃，218.5気圧において，水と水蒸気の密度の差がなくなる．臨界点におけるこの転移は2次相転移である．§10.3で述べたボース-アインシュタイン凝縮は，3次相転移である．

アニメ 17

　相転移は，秩序変数の変化によって特徴づけられる．1次相転移では，秩序変数が不連続的な跳びを示し，2次相転移では秩序変数が連続的に変化す

る．さらに，2次相転移は次のような特徴をもつ．

1. 秩序変数は，転移点より高温側（無秩序相）では0，転移点以下（秩序相）で有限の値をもつ．
2. 秩序相は2つ以上の相から成り，系自身の対称性よりも低い対称性をもつ．
3. 秩序変数の共役な場に対する応答関数は，転移点で発散する．

このような相転移現象では，系を構成する要素間の相互作用が決定的な役割をする．相転移温度と相互作用の強さ，系の構造との関係を明らかにすることは，統計力学の重要な課題である．要素間の相互作用が無視できない系では，分配関数を厳密に求められるものは少なく，何らかの近似を用いる必要がある．

一方，相転移点は系の構造に依存するのに対し，転移点における物理量の異常を特徴づける臨界指数は系の詳細な空間構造には依存せず，系の空間次元だけで決まる普遍性（ユニバーサリティー）を示す．このような相転移の特徴がどのように理解できるかを示すことも，統計力学の重要な課題である．

§11.2 イジング模型の相転移と平均場近似

格子点上に局在するスピンを考える．スピンは，z軸方向の正または負の向きのみを向くものとする．このようなスピンを**イジングスピン**，イジングスピンを用いた磁性体のモデルを**イジング模型**とよぶ．格子点i上にあるスピン変数をσ_iとし，σ_iは$+1$または-1をとるものとする．最近接格子点間にあるスピン間にのみ相互作用があるものとすると，系のハミルトニアンは

$$\mathcal{H} = - \sum_{<i,j>} J\sigma_i\sigma_j - \sum_i \bar{\mu}H\sigma_i \tag{11.1}$$

と表すことができる．ここでHはz方向の外部磁場，$\bar{\mu}$はスピンの磁気モーメントである．ここでは強磁性的スピン間相互作用$J > 0$を仮定し，スピン

対が同じ向きを向く方がエネルギーが低くなるものとする．また，$\sum_{<i,j>}$ は最近接格子点対についての和を表す．

さて，系が温度 T の熱溜に接しているとしよう．$+$，$-$ をもつスピンの数は，時々刻々変化するが，ある瞬間の $+$，$-$ をもつスピン数をそれぞれ N_+，N_- とすると，系の秩序変数は $M \equiv (N_+ - N_-)/N$ の平均値で定義される．つまり，すべてのスピンが同じ向きを向いた状態が秩序相（$M = \pm 1$）であり，$+$，$-$ のスピン数が平均として同数ある状態が無秩序状態（$M = 0$）である．平衡状態の M を求めるには，自由エネルギーを M の関数として表し，その自由エネルギーを最小とする M の値を求めればよい．自由エネルギー A は，エネルギー E とエントロピー S を用いて

$$A = E - TS \tag{11.2}$$

として求められる．

エントロピーは，N_+ 個の $+$ スピンと，N_- 個の $-$ スピンを N 個の格子点に配置する場合の数から，

$$\begin{aligned}S &= k_B \ln \frac{N!}{N_+! N_-!} \\ &= -Nk_B \left\{ \frac{1}{2}(1+M) \ln \frac{1}{2}(1+M) + \frac{1}{2}(1-M) \ln \frac{1}{2}(1-M) \right\}\end{aligned} \tag{11.3}$$

として求められる．ただし，スターリングの公式，$N = N_+ + N_-$ および M の定義式を用いた．一方，エネルギーは，N_+，N_- からだけでは決められず，隣り合うスピンが互いにどの向きを向いているかによる．そこで，隣り合うスピン対の中で $++$，$+-$，$--$ の対の数をそれぞれ N_{++}，N_{+-}，N_{--} とすると，系のエネルギーは

$$E = -J(N_{++} + N_{--} - N_{+-}) - h(N_+ - N_-) \tag{11.4}$$

で与えられる．ただし，$h \equiv \bar{\mu}H$ とおいた．

自由エネルギーは（11.2）により，N_+，N_-，N_{++}，N_{+-}，N_{--} で表され

る．しかし，スピン対の数 N_{++}, N_{+-}, N_{--} が N_+, N_- のみでは表されず，自由エネルギーは M のみの関数とはならない．したがって，議論を進めるためには，何らかの近似を用いて N_{++} などを M で表す必要がある．

最も単純な近似として，**平均場近似*** を考えよう．この近似では，1つのスピンの最近接格子点にある z 個（z は格子の配位数である）のスピンの中には，$+$, $-$ スピンが全系におけるそれぞれの出現確率に比例して存在すると仮定する．すなわち，

$$N_{++} \sim \frac{1}{2} N_+ z \frac{N_+}{N} = \frac{Nz}{8}(1+M)^2 \qquad (11.5)$$

$$N_{--} \sim \frac{1}{2} N_- z \frac{N_-}{N} = \frac{Nz}{8}(1-M)^2 \qquad (11.6)$$

$$N_{+-} \sim N_+ z \frac{N_-}{N} = \frac{Nz}{4}(1-M^2) \qquad (11.7)$$

と近似する．最初の2つの式に $1/2$ を掛けているのは，$++$, $--$ 対の数を2重に数えることを防ぐためである．この表式が与える最近接格子点対の総数 $N_{++} + N_{+-} + N_{--}$ が正しく $(1/2)zN$ を与えることは容易に確かめられる．(11.5)～(11.7) を (11.4) に代入し，(11.3) とともに (11.2) に入れて整理すると

$$A = -\frac{1}{2} zNJM^2 + Nk_{\mathrm{B}} T \left\{ \frac{1}{2}(1+M) \ln \frac{1}{2}(1+M) \right.$$
$$\left. + \frac{1}{2}(1-M) \ln \frac{1}{2}(1-M) \right\} - NhM$$
$$(11.8)$$

を得る．

まず，外場のない場合 $h = 0$ を考える．さまざまな温度における自由エネルギー $A/Nk_{\mathrm{B}}T_{\mathrm{c}}$（ただし，$T_{\mathrm{c}} = zJ/k_{\mathrm{B}}$）を M の関数として図 11.1 に示す．熱平衡状態で実現される M の値は，自由エネルギーを最小にするものである．温度が高いときは，$M = 0$ にただ1個の極小点があるだけであるが，

---

* 分子場近似あるいはブラッグ-ウィリアムズ近似とよばれることもある．

ある温度以下になると $M \neq 0$ に 2 個の極小点が現れることがわかる．極小点の位置は，A の M に関する微係数が 0 となる点として求められ，

$$\frac{\partial A}{\partial M} = -zJNM + \frac{1}{2}Nk_\mathrm{B}T \ln\frac{1+M}{1-M} \tag{11.9}$$

であるから，$\partial A/\partial M = 0$ より極小点の位置は

$$M = \tanh\left(\frac{zJ}{k_\mathrm{B}T}M\right) \tag{11.10}$$

の解として求められる．

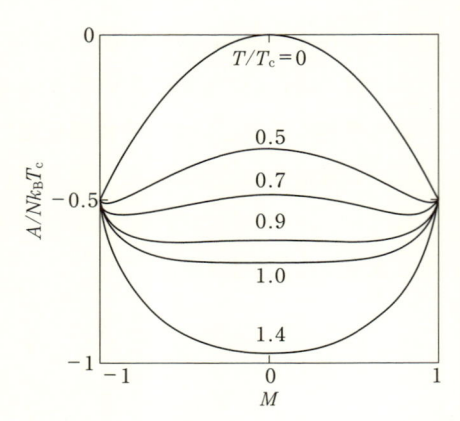

図 11.1 平均場近似によって求めたイジング模型の自由エネルギーを，さまざまな温度について秩序変数の関数として示す（$T_\mathrm{c} = zJ/k_\mathrm{B}$）．$T \geq T_\mathrm{c}$ のときはただ 1 個の極小点があるだけであるが，$T < T_\mathrm{c}$ のときは 2 個の極小点が出現する．

(11.10) の右辺を M の関数とみたとき，$M = 0$ における接線の傾きは $zJ/k_\mathrm{B}T$ である．したがって，図 11.2 に示すように方程式 (11.10) の解の数は $T \geq T_\mathrm{c}$ のときは 1 個であり，$T < T_\mathrm{c}$ のときは 3 個である．3 個のうち $M = 0$ は，極大点に対応する．実際，自由エネルギーを M が小さいとして展開すると，

$$A \cong -Nk_\mathrm{B}T\ln 2 + \frac{Nk_\mathrm{B}}{2}(T-T_\mathrm{c})M^2 + \frac{Nk_\mathrm{B}}{12}TM^4 + \cdots \tag{11.11}$$

を得る．したがって，$M = 0$ は $T \geq T_\mathrm{c}$ のときは極小点であるが，$T < T_\mathrm{c}$ のときは極大点となる．

平衡状態に対応する秩序変数 M を温度の関数として図 11.3 に示す．$T > T_\mathrm{c}$ の高温においては，平衡状態では $+$，$-$ スピンが同程度に出現し，

§11.2 イジング模型の相転移と平均場近似

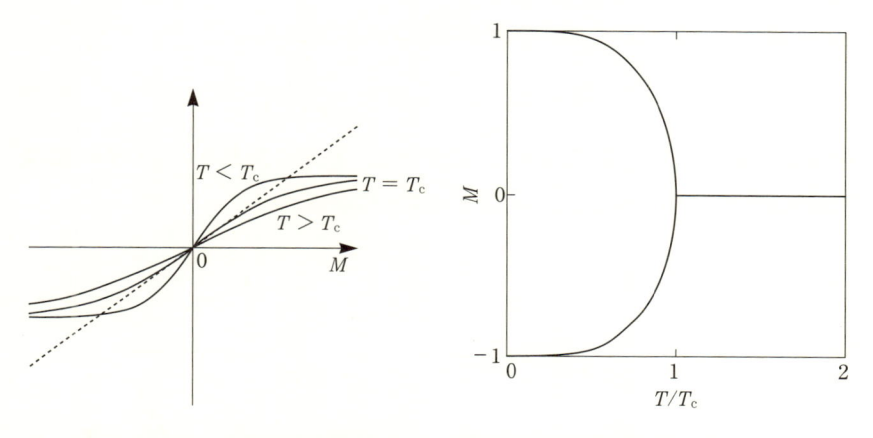

図 11.2 (11.10) の右辺を M の関数として示したもの．$T \geqq T_c$ のときはただ1個の解があるだけであるが，$T < T_c$ のときは3個の解が出現する．

図 11.3 分子場近似によって求めたイジング模型の秩序変数の温度依存性．$T < T_c$ では2つの状態が可能であり，比較的上向きスピンの多い状態と比較的下向きスピンの多い状態が出現する．

系は完全に対称的になっている．$T = T_c$ において相転移が起こり，$T < T_c$ においては対称性が破れて，$M > 0$ または $M < 0$ の状態が出現する．$T = T_c$ における転移は，2次相転移である．

> アニメ 17

相転移の起こる理由は以下のように理解できる．自由エネルギーにはエネルギーとエントロピーの寄与がある．エネルギー項は $|M|$ が大きいほど，すなわちスピンの向きがそろうほど低くなり，自由エネルギーを低下させる．一方，エントロピー項はスピンの向きが乱雑なほど自由エネルギーを低下させ，またその効果は温度が高いほど大きい．温度が高い場合，エントロピーの効果が優勢であり，$M = 0$ が平衡状態となる．温度を下げると，エネルギーの効果が相対的に増加し，T_c 以下において $M \neq 0$ の状態が実現されるようになるのである．

磁場が掛かっている場合も同様に議論を進めることができる．（11.8）か

168   11. 相転移

ら $\partial A/\partial M = 0$ とおいて秩序変数 M を決める式を求めると，

$$M = \tanh\left\{\frac{T_c}{T}\left(M + \frac{h}{zJ}\right)\right\} \qquad (11.12)$$

を得る．温度を $T > T_c$ と $T < T_c$ に分けて，右辺の関数をいくつかの磁場の領域について図示すると，図 11.4 のようになる．

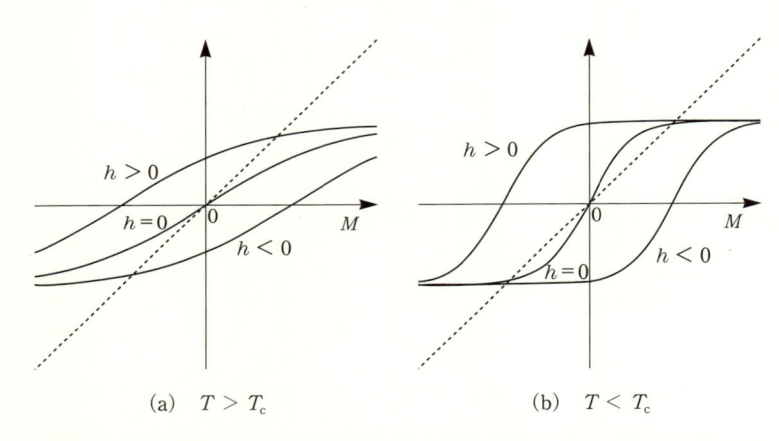

(a) $T > T_c$ (b) $T < T_c$

図 11.4   磁場がある場合の秩序変数に対する方程式 (11.12) の解をグラフを用いて求める図．傾き 1 の直線と曲線との交点が (11.12) の解である．

この曲線と図に示した傾き 1 の直線との交点が方程式の解である．図 11.5 は，このようにして決められる平衡状態の秩序変数を，模式的に h の関数として示したものである．$T > T_c$ のときは，M は連続的に変化する．$T < T_c$ のときは 3 つの解が存在する領域があり，波線で示した解は不安定状態，点線で示した解は準安定状態に対応する．平衡状態の M の値は，磁場を変化させると $h = 0$ のところで不連続的に変化し，系は 1 次相転移を示す．$T = T_c$ においては磁化率 $N\partial M/\partial h|_{h=0}$ が発散する．$T < T_c$ において，磁場を正の値から負の値へ変化させると，実際の転移は $h = 0$ では起こらず，$h = 0$ と図に示した $h = h_-$ の間で観測されることが多い．また，転移後の状態から磁場を再び増加させると，転移は $h = 0$ と図に示した $h = h_+$ の間

で起こることが見られる．このように，磁場を減少・増加させる過程において，秩序変数が同じ道筋を通らない現象は**履歴現象**（ヒステリシス）とよばれ，1次相転移の1つの特徴となっている．

$T = T_c$における転移の特徴をくわしくみるために，転移点近傍における秩序変数，比熱，磁化率の変化を求めてみよう．まず，Mが小さいとして(11.10)の右辺を展開し，3次の項までとってMを求めると，$T < T_c$に対して

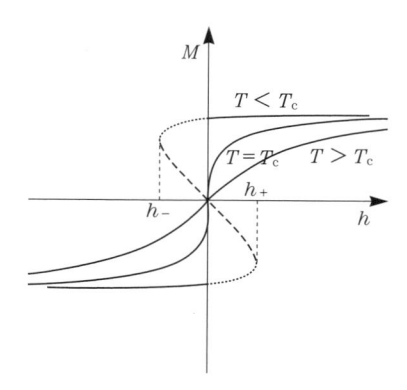

$$M \cong \pm\sqrt{\frac{3}{T_c}}(T_c - T)^{1/2} \tag{11.13}$$

図 11.5 磁場がある場合の秩序変数の磁場依存性．$T > T_c$のときは連続的に変化するのに対し，$T < T_c$のときは$h = 0$で不連続的に変化する．破線部分は不安定状態，点線部分は準安定状態であり，ともに平衡状態では実現されない．

が示される．あるいは§1.4の議論に従って臨界指数βを

$$M \sim \pm(T_c - T)^\beta \quad (T < T_c) \tag{11.14}$$

により定義すると，$\beta = 1/2$である．

エネルギーは$E = -(1/2)zJNM^2$で与えられるから，比熱は

$$C_H = -zJNM\frac{dM}{dT} \tag{11.15}$$

と表すことができる．(11.10)の両辺をTで微分してdM/dTを求め，上式に代入すると，最終的に

$$C_H = \begin{cases} 0 & (T > T_c \text{のとき}) \\ Nk_B\left(\frac{T_c}{T}\right)^2 M^2 \dfrac{1 - M^2}{1 - \dfrac{T_c}{T}(1 - M^2)} & (T < T_c \text{のとき}) \end{cases} \tag{11.16}$$

を得る．$T = T_c$の近傍では，$T < T_c$のとき$M^2 \sim (3/T_c)(T_c - T)$，

$T > T_c$ のとき $M^2 = 0$ であるから,

$$\frac{C_H}{Nk_B} \sim \begin{cases} 0 & (T > T_c \text{ のとき}) \\ \dfrac{3}{2} - 3\dfrac{T_c - T}{T_c} & (T < T_c \text{ のとき}) \end{cases} \qquad (11.17)$$

となる.§1.4 の議論に従って臨界指数 α, α' を

$$C_H \sim \begin{cases} (T - T_c)^{-\alpha} & (T > T_c \text{ のとき}) \\ (T_c - T)^{-\alpha'} & (T < T_c \text{ のとき}) \end{cases} \qquad (11.18)$$

により定義すると,$\alpha = \alpha' = 0$ となる.

磁化は $\bar{\mu}NM$ で定義されるから,磁化率は $\chi = \bar{\mu}N\,\partial M/\partial H|_{H=0}$ で与えられる.(11.12) の両辺を H で微分して求まる $\partial M/\partial H$ を用いると,

$$\frac{\chi}{\bar{\mu}N} = \frac{\bar{\mu}}{k_B T} \frac{1 - M^2}{1 - \dfrac{T_c}{T}(1 - M^2)} \qquad (11.19)$$

が示される.臨界指数 γ, γ' は

$$\chi \sim \begin{cases} (T - T_c)^{-\gamma} & (T > T_c \text{ のとき}) \\ (T_c - T)^{-\gamma'} & (T < T_c \text{ のとき}) \end{cases} \qquad (11.20)$$

によって定義(§1.4 参照)され,$T > T_c$, $T < T_c$ における M^2 の振舞を用いて $\gamma = \gamma' = 1$ が示される.

最後に,$T = T_c$ における磁化の磁場依存性を表す臨界指数 δ は

$$\bar{\mu}NM \sim |H|^{1/\delta} \qquad (T = T_c) \qquad (11.21)$$

によって定義され,(11.12) から $\delta = 3$ が示される.

§11.3 ランダウ理論

11.3.1 2次相転移

前節の取扱いからわかるように相転移の特徴は,自由エネルギーの $T = T_c$,$M = 0$ 近傍の振舞によって決まる.ランダウは,2次相転移に対する種々の

平均場近似を統一的に記述するモデルを提案した．このモデルでは，自由エネルギーを秩序変数 M と温度 T の関数と考え，(11.11)を一般化した

$$A(M, T) = A_0(T) + \frac{a}{2}(T - T_c)M^2 + \frac{b}{4}M^4 + \cdots \quad (11.22)$$

を出発点とする．ここで，a, b は正定数である．また，磁場がないときは系の対称性から $A(M, T) = A(-M, T)$ が満たされるはずだから，M の奇数次の項は含めていない．前節で行ったのと同様に，平衡状態における秩序変数は自由エネルギーを最小にするものとして決定される．したがって，

$$\frac{\partial A}{\partial M} = a(T - T_c)M + bM^3 = 0 \quad (11.23)$$

より，$M = 0$ あるいは $M^2 = (a/b)(T_c - T)$ を得る．$\partial^2 A/\partial M^2 = a(T - T_c) + 3bM^2$ であるから，$T > T_c$ のときは $M = 0$ は自由エネルギーの極小点であり，$T < T_c$ のときは，$M^2 = (a/b)(T_c - T)$ が極小点となる．

図 11.6 に，自由エネルギー $A(M, T)$ の M^2 依存性を示す．したがって，平衡状態の秩序変数は

$$M(T) = \begin{cases} 0 & (T > T_c \text{ のとき}) \\ \pm\sqrt{\frac{a}{b}}(T_c - T)^{1/2} & (T < T_c \text{ のとき}) \end{cases}$$

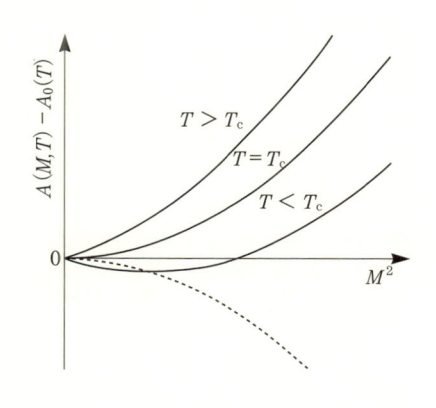

$$(11.24)$$

図 11.6 ランダウ理論で仮定された自由エネルギーを M^2 の関数として模式的に示したもの．$T < T_c$ のときは，$M \neq 0$ に極小点が現れる．点線は極小点の軌跡である．

172   11. 相　転　移

と表され，図 11.3 と同様の振舞を示すことがわかる．

平衡状態の自由エネルギーは

$$A(T) = \begin{cases} A_0(T) & (T > T_c \text{ のとき}) \\ A_0(T) - \dfrac{a^2}{4b}(T - T_c)^2 & (T < T_c \text{ のとき}) \end{cases}$$

(11.25)

で与えられる．したがって，エントロピーは

$$S(T) = \begin{cases} -A_0'(T) & (T > T_c \text{ のとき}) \\ -A_0'(T) + \dfrac{a^2}{2b}(T - T_c) & (T < T_c \text{ のとき}) \end{cases}$$

(11.26)

で与えられるから（ただし，$A_0'(T) = dA_0(T)/dT$)，$S(T)$ は $T = T_c$ で連続であり，転移にともなう潜熱はない．比熱は (11.25) を温度について 2 回微分すれば求められ，

$$C_H = \begin{cases} -T A_0''(T) & (T > T_c \text{ のとき}) \\ -T A_0''(T) + T\dfrac{a^2}{2b} & (T < T_c \text{ のとき}) \end{cases}$$

(11.27)

が示される（ただし，$A_0''(T) = d^2 A_0(T)/dT^2$)．図 11.7 に，期待される比熱の温度依存性を模式的に示しておく．なお，ランダウ理論から導かれる臨

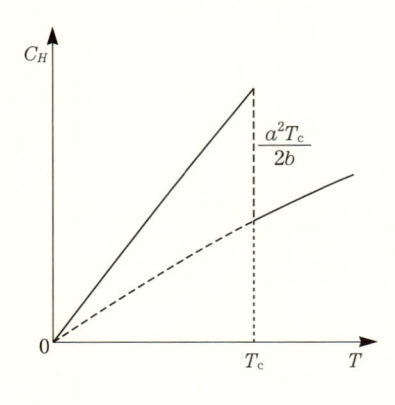

図 11.7　2 次相転移のランダウ理論による比熱の温度依存性を模式的に示す．$T = T_c$ において $a^2 T_c/2b$ の跳びを示す．

界指数は，平均場近似で得たものと同じであることは容易に確かめられる．

11.3.2　1次相転移

1次相転移の一般的特徴は，自由エネルギー

$$A(M, T) = A_0(T) + \frac{a}{2}(T - T_0)M^2 - \frac{b}{4}M^4 + \frac{c}{6}M^6 + \cdots$$

（11.28）

により理解することができる．a, b, c は正定数である．$A(M, T)$ を M^2 の関数としてみると，図 11.8 に示すような振舞をする．平衡状態における秩序変数は

$$\frac{\partial A}{\partial M} = M\left[a(T - T_0) - bM^2 + cM^4\right] = 0 \quad (11.29)$$

により決定される．したがって，$T \geqq T_1 \equiv T_0 + b^2/4ac$ のときは，$M = 0$ のみが実現する．一方，$T_1 > T \geqq T_0$ のときは，$A(M, T)$ を M^2 の関数とみると，極値は3ヶ所に現れる．また，$T < T_0$ のときは2つの極値が出現する．さらに，$T_0 < T_c \equiv T_0 + 3b^2/16ac < T_1$ を満たす温度 T_c において，

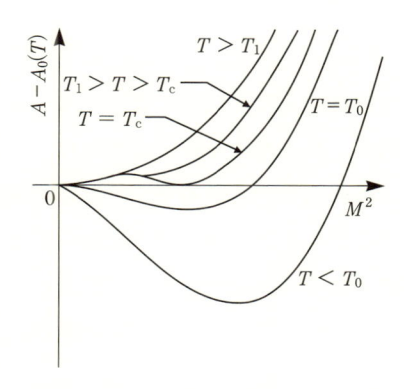

図 11.8　1次相転移のランダウ理論による自由エネルギーの振舞を模式的に示す．

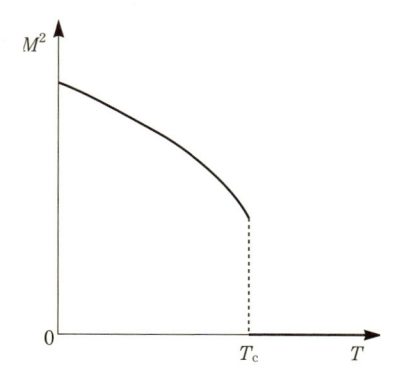

図 11.9　1次相転移に対するランダウ理論による秩序変数の温度依存性を模式的に示す．

極小点が $M = 0$ から $M \neq 0$ の点に不連続的に移動することが確かめられる．これらの考察から，秩序変数（の2乗）M^2 は図 11.9 に示すような温度変化を示すことがわかる．

11.3.3 平均場近似の妥当性

§11.2 の平均場近似では，相転移温度（臨界温度ともよばれる）は格子の配位数のみで決まっている．実験や計算機シミュレーションによれば，相転移温度は格子構造にも依存し，また2次元正方格子の分子場近似の結果は厳密解とは一致しない．厳密解およびいくつかの近似によって求められた2次元正方格子上のイジング模型の比熱の温度依存性を図 11.10 に示す．平均場近似の改良によって，相転移温度として より厳密解に近い値が得られている．（例えば，章末の演習問題 [3] をみよ．）

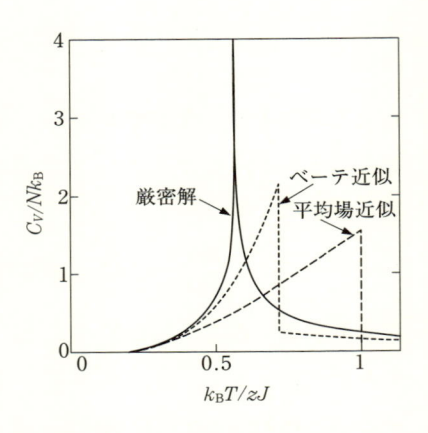

図 11.10 2 次元正方格子上のイジング模型の比熱の温度依存性．実線は厳密解，破線は §11.2 でみた平均場近似，点線はベーテ近似の結果である．

一方，これらの近似法の構造はランダウ理論で完全に記述でき，したがって，どの近似によっても得られる臨界指数は，格子や次元性とは関係なく，常にランダウ理論で得たものと一致する．臨界指数の実験値や，イジング模型の厳密解，計算機シミュレーションによる推定値は，ランダウ理論の値とは異なっており，さらにその値は格子構造ではなく，次元によって決まった値をとることが知られている．表 11.1 に，イジングスピン系の主な臨界指数の値をまとめておく．

臨界点では，スピンの向きの長距離秩序が出現するのにともない，スピンのゆらぎの相関距離が発散する．一方，平均場近似やその改良された近似で

表11.1 イジングスピン系の主な臨界指数

臨界指数	定義	ランダウ理論	2次元	3次元	観測値の範囲
α	$C_H \propto (T-T_c)^{-\alpha}\ (T>T_c)$	0	$0^{(1)}$	~ 0.11	$-0.2 \sim 0.2$
α'	$C_H \propto (T_c-T)^{-\alpha'}\ (T<T_c)$	0	$0^{(1)}$	~ 0.11	$-0.2 \sim 0.3$
β	$M \propto (T_c-T)^{\beta}\ (T<T_c)$	1/2	1/8	~ 0.325	$0.3 \sim 0.4$
γ	$\chi \propto (T-T_c)^{-\gamma}\ (T>T_c)$	1	7/4	~ 1.24	$1.2 \sim 1.4$
γ'	$\chi \propto (T_c-T)^{-\gamma'}\ (T<T_c)$	1	7/4	~ 1.24	$1 \sim 1.2$
δ	$M \propto |H|^{1/\delta}\ (T=T_c)$	3	15	~ 4.82	$4 \sim 5$
ν	$\xi \propto (T-T_c)^{-\nu}\ (T>T_c)^{(2)}$	1/2	1	~ 0.63	$0.6 \sim 0.7$
ν'	$\xi \propto (T_c-T)^{-\nu'}\ (T<T_c)$	1/2	1	~ 0.63	$0.6 \sim 0.7$

(1) は対数的な発散を示す．(2) の相関距離 ξ については，次節で説明する．

は，ある限られた数のスピン以外は平均でおきかえられており，臨界現象において主要なはたらきをする長距離の構造が無視されることになる．したがって，これらのどの近似においても正しい臨界指数を求めることができないのである．空間次元を考えに入れたより正確な議論によれば，$d \geqq 4$ のときには分子場近似が正しい臨界指数を与えることが示されている．$d_c = 4$ は上部臨界次元とよばれる．*

§11.4 スケーリング理論

表11.1 に示した臨界指数からもわかるように，臨界指数の間には

$$\alpha + 2\beta + \gamma = 2 \quad \text{(ルシュブルックのスケーリング則)} \quad (11.30)$$

$$\beta(\delta - 1) = \gamma \quad \text{(ウィドムのスケーリング則)} \quad (11.31)$$

という関係式が成立する．このような臨界指数間に成立する関係を**スケーリング則**という．スケーリング則は次のような**スケーリング仮説**により説明することができる．

自由エネルギーの特異性を示す部分を考え，格子点当りの自由エネルギー

---

* W. Gephardt and U. Krey 著：「相転移と臨界現象」（好村滋洋 訳，吉岡書店）参照．

を $\phi(t, h)$ と書く．ただし $t \equiv |T - T_c|/T_c$, $h \equiv \bar{\mu}H/k_B T$ であり，臨界点は $t = 0$, $h = 0$ である．ここで図 11.11 のようにもとの格子を粗視化して，1 辺が L 個の格子点から成る超立方体（2 次元では正方形，3 次元では立方体，一般に高次元の立方体を超立方体とよぶ）を 1 つの格子点と見なす．L は相関距離よりは短いものとする．すなわち，d 次元空間の格子の場合，L^d 個のスピンをひとまとめにして新しい格子上のスピン変数 $\tilde{\sigma}_I$ （ブロックスピンとよばれる）を

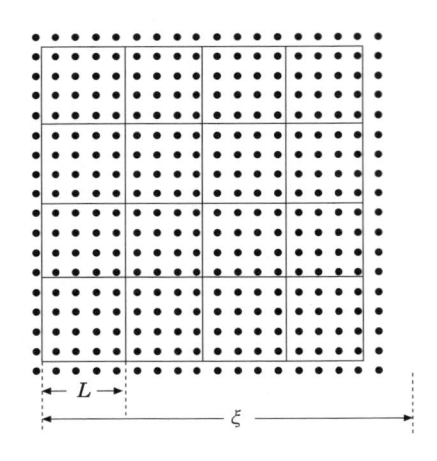

図 11.11 L^d 個のスピンを 1 個のスピンと見なすスケール変換

$$\frac{1}{L^d} \sum_{i \in L^d} \sigma_i = \langle \sigma \rangle_L \tilde{\sigma}_I \tag{11.32}$$

により定義する．新しい格子の相関距離 ξ' は $\xi' = \xi/L$ と短くなり，したがって臨界点から ずれたように見えるはずである．つまり，新しい格子の温度，磁場はもとの格子のものよりは大きくなると考えられる．新しい格子の量に波線を付けて表し，t, h の増加が

$$\tilde{t} = L^{x_t} t \tag{11.33}$$

$$\tilde{h} = L^{x_h} h \tag{11.34}$$

のように表されるものと仮定する．自由エネルギーは，長さのスケールには依存しないから，

$$\phi(\tilde{t}, \tilde{h}) = L^d \phi(t, h) \tag{11.35}$$

という関係が成立する．すなわち，

$$\phi(t, h) = L^{-d} \phi(L^{x_t} t, L^{x_h} h) \tag{11.36}$$

が成り立つ．L として $L = t^{-1/x_t}$ をとると，

$$\phi(t, h) = t^{d/x_t} \phi^* \left(\frac{h}{t^{x_h/x_t}} \right) \qquad (11.37)$$

と表すことができる．ここで，$\phi^*(x) \equiv \phi(1, x)$ である．

（11.37）から，さまざまな物理量のスケール性が決まる．まず，磁化（秩序変数）は

$$M(t, h) = \left(\frac{\partial \phi(t, h)}{\partial h} \right)_t$$
$$= t^{(d-x_h)/x_t} m^* \left(\frac{h}{t^{x_h/x_t}} \right) \qquad (11.38)$$

ただし，

$$m^*(x) = \frac{d\phi^*(x)}{dx}$$

で与えられる．さらに，h で微分して等温磁化率を求めると，

$$\chi_t(t, h) = t^{(d-2x_h)/x_t} \chi^* \left(\frac{h}{t^{x_h/x_t}} \right) \qquad (11.39)$$

ただし，

$$\chi^*(x) = \frac{d^2 \phi^*(x)}{dx^2}$$

を得る．一方，$h = 0$ における比熱は

$$C_h(t, 0) \propto \left(\frac{\partial^2 \phi(t, h)}{\partial t^2} \right)_h$$
$$\propto t^{d/x_t - 2} \qquad (11.40)$$

と表すことができる．

これらの式から臨界点 $t = 0$，$h = 0$ 近傍における関数の特異性が決まるので，臨界指数を決定することができる．まず，（11.40）より直ちに

$$\alpha = \alpha' = 2 - \frac{d}{x_t} \qquad (11.41)$$

を得る．また，（11.38）で $h = 0$ とおいて

178 11. 相 転 移

$$\beta = \frac{d - x_h}{x_t} \tag{11.42}$$

さらに，(11.39) において $h = 0$ とおいて

$$\gamma = \gamma' = \frac{2x_h - d}{x_t} \tag{11.43}$$

を得る．一方，$M(0, h)$ は有限にとどまるはずであるから，(11.38) から $m^*(x)$ の関数形として

$$m^*(x) = x^{(d - x_h)/x_h} \tag{11.44}$$

が要請される．したがって

$$M(0, h) \propto h^{(d - x_h)/x_h} \tag{11.45}$$

と表され，

$$\delta = \frac{x_h}{d - x_h} \tag{11.46}$$

を得る．すなわち，すべての臨界指数が x_t, x_h および次元数 d を用いて表されることがわかる．これより，x_h, x_t を消去してスケーリング則

$$\alpha + 2\beta + \gamma = 2 \tag{11.47}$$

および

$$\beta(\delta - 1) = \gamma \tag{11.48}$$

が導かれる．

臨界点近傍の長距離秩序の特徴を表す量として，相関関数

$$G(\boldsymbol{r}, t, h) = \langle \sigma_0 \sigma_r \rangle - \langle \sigma_0 \rangle \langle \sigma_r \rangle \tag{11.49}$$

を定義する．粗視化した格子の相関関数は

$$G(\boldsymbol{r}, t, h) = \langle \sigma \rangle_L^2 \, G\left(\frac{\boldsymbol{r}}{L}, L^{x_t} t, L^{x_h} h\right) \tag{11.50}$$

により，もとの格子の相関関数と関係づけられる．一方，L^d 個のスピンの磁場によるエネルギーは

$$h \sum_{i \in L^d} \sigma_i = \tilde{h} \tilde{\sigma}_I$$

と変換されるから，

である.

$$\langle\sigma\rangle_L = L^{x_h - d} \tag{11.51}$$

である. $L = t^{-1/x_t}$ ととると,(11.50) は

$$G(\boldsymbol{r}, t, h) = t^{-2(x_h - d)/x_t} G\left(\frac{\boldsymbol{r}}{t^{-1/x_t}}, 1, t^{-x_h/x_t} h\right) \tag{11.52}$$

と変形できる.この式から $h = 0$ における相関関数を

$$G(\boldsymbol{r}, t, h = 0) = \frac{1}{r^{d-2+\eta}} f\left(\frac{\boldsymbol{r}}{\xi}\right) \tag{11.53}$$

と表すことができる.ここで

$$\eta = 2 + d - 2x_h, \quad \xi = t^{-1/x_t}$$

を定義した.ξ は相関距離であり,相関距離は臨界点で発散し,$\nu = \nu' \equiv 1/x_t$ はその発散を特徴づける臨界指数である.(11.43) から

$$\gamma = (2 - \eta)\nu \tag{11.54}$$

また,(11.41) から

$$d\nu + \alpha = 2 \tag{11.55}$$

(11.46) から

$$d\frac{\delta - 1}{\delta + 1} = 2 - \eta \tag{11.56}$$

のスケーリング則を得る.次元数 d を含むスケーリング則は**ハイパースケーリング則**とよばれる.

§11.5 実空間くり込み群の方法

臨界指数を直接求めるまったく新しい考え方がウィルソンによって提案された.**くり込み群の方法**として知られるこの方法は,臨界現象の理解を格段に進歩させた.この節では,実空間くり込み群の方法を簡単に説明する.

アニメ 18

手始めに,1次元格子を考えよう.ハミルトニアン

で記述されるイジングスピン系の分配関数は

$$\mathcal{H} = -\sum_i J\sigma_i\sigma_{i+1} \tag{11.57}$$

$$Z(K) = \sum_{\{\sigma_i\}} e^{K\sum_i \sigma_i \sigma_{i+1}} \tag{11.58}$$

で与えられる.ただし,$K \equiv J/k_\text{B}T$ とおいた.ここで $\sum_{\{\sigma_i\}}$ の和を,i が奇数と偶数とに分け,奇数の格子点についての部分和を先に行うと,分配関数は

$$Z(K) = \sum_{\{\tilde{\sigma}_I\}} A e^{\tilde{K}\sum_I \tilde{\sigma}_I \tilde{\sigma}_{I+1}} \tag{11.59}$$

と表すことができる.ここで,$\tilde{\sigma}_I = \sigma_{2I}$ である.また2つのパラメーター A,$\tilde{K}$ は,定義式

$$\sum_{\sigma_1 = \pm 1} e^{K\sigma_1(\sigma_0 + \sigma_2)} = A e^{\tilde{K}\sigma_0 \sigma_2}$$

の両辺を,$(\sigma_0, \sigma_2) = (1, 1), (-1, -1), (1, -1), (-1, 1)$ の各場合について比較して,

$$e^{2K} + e^{-2K} = A e^{\tilde{K}} \tag{11.60}$$

$$2 = A e^{-\tilde{K}} \tag{11.61}$$

で与えられることが示される.$k \equiv e^{-2K}$,$\tilde{k} \equiv e^{-2\tilde{K}}$ を定義すると,変換式

$$\tilde{k} = \frac{2k}{k^2 + 1} \tag{11.62}$$

$$A = \sqrt{\frac{2(k^2 + 1)}{k}} \quad (11.63)$$

が導かれる.この変換式は,デシメーションあるいは部分和によるくり込み変換とよばれる.

相互作用についてのくり込み変換(11.62)の流れ図を図 11.12 に示す.変換をくり返し行うと $k = 0$ の点以外はすべて $k = 1$ に収束するから,$k = 0$ および $k = 1$ が変換の固定点である.$k = 0$ は $T = 0$ に,

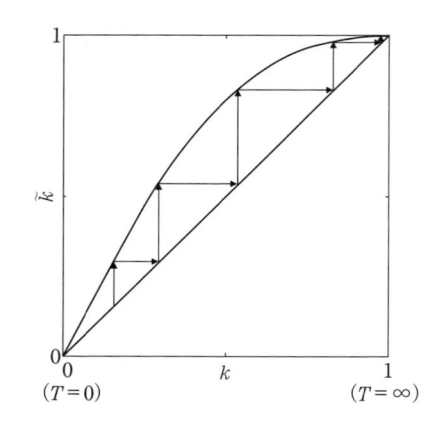

図 11.12 1次元イジング模型のデシメーションによるくり込み変換の流れ図.固定点は $k = 0$ と $k = 1$ のみである.

§11.5 実空間くり込み群の方法   181

$k=1$ は $T=\infty$ に対応するから，1次元格子上のイジング模型 (11.57) は相転移を示さない．この結果は分配関数を厳密に求めて示すこともできる（章末の演習問題［2］参照）．

同様のデシメーションを2次元正方格子について考えてみよう．図11.13 (a) に示すように，格子点の1つおきのスピンの状態について部分和をとり，くり込まれた格子点間の相互作用 $\tilde{K}$ を決定する．2次元正方格子の場合，この操作は厳密に行えないので，図11.13 (b) に示すように1つの単位格子を構成する4個のスピンのみを考え，対角線上の2個のスピンについての和をとって，他の対角線上のスピン間のくり込まれた相互作用を決定する．すなわち，

$$\sum_{\sigma_2,\sigma_4} e^{K(\sigma_1+\sigma_3)(\sigma_2+\sigma_4)} = A e^{\tilde{K}\sigma_1\sigma_3} \tag{11.64}$$

を満たすように $A, \tilde{K}$ を決める．$(\sigma_1, \sigma_3) = (1, 1), (-1, -1), (1, -1), (-1, 1)$ の各場合について両辺を比較して，

$$(e^{2K} + e^{-2K})^2 = A e^{\tilde{K}} \tag{11.65}$$

$$4 = A e^{-\tilde{K}} \tag{11.66}$$

を得る．あるいは，1次元の場合と同様に $k \equiv e^{-2K}$, $\tilde{k} \equiv e^{-2\tilde{K}}$ を定義する

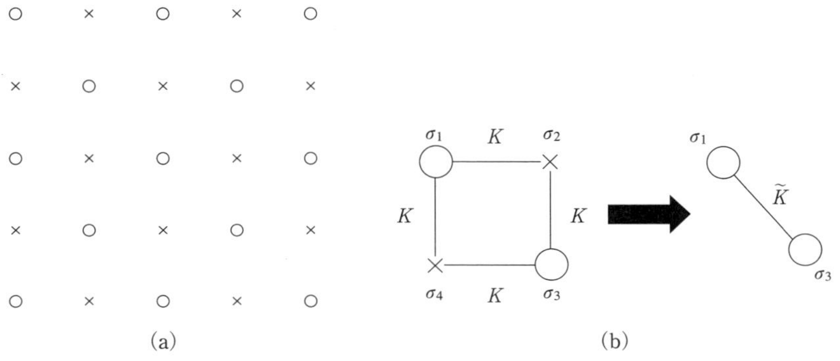

図 11.13 2次元正方格子のくり込み変換の例．(a) の×印の格子点について部分和をとる．(b) のように近似的方法によって，くり込まれた相互作用を決定する．

と，くり込み変換の式

$$\tilde{k} = \frac{4k^2}{(k^2+1)^2} \tag{11.67}$$

$$A = \frac{2(k^2+1)}{k} \tag{11.68}$$

が導かれる．(11.67) の変換の流れ図を図 11.14 に示す．

直ちにわかるように，変換 (11.67) には $k=0$, $k=1$ 以外にも固定点 k^* が存在する．$k > k^*$ のときは，くり込み変換により k は増加して，固定点 $k=1$ すなわち $T = \infty$ に近づく．また，$k < k^*$ のときは，くり込み変換により k は減少して，固定点 $k=0$ すなわち $T = 0$ に近づく．いい換えると，粗視化によって $k > k^*$ のときは不規則な状態に，$k < k^*$ のときは完全に秩序化した状態に近づく．このことは

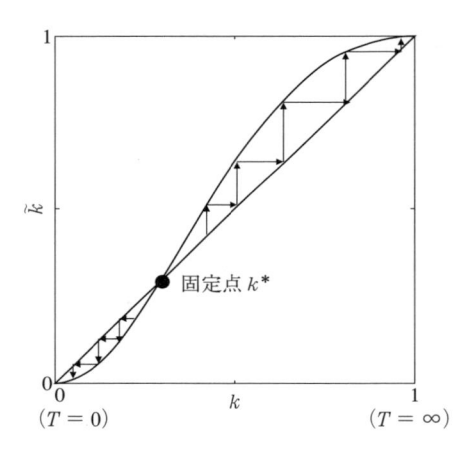

図 11.14 2次元イジング模型のデシメーションによるくり込み変換の流れ図．固定点は $k=0$, $k=1$ 以外に k^* に現れる．

$k = k^*$ あるいは $T_c = -2J/k_B \ln k^*$ が臨界点であることを示す．(11.67) の固定点は $k^* = 0.2956$ であり，臨界点は $k_B T_c/J = 1.641$ と求まる．この値は大変粗い近似ではあるが，オンサガーによって得られた厳密解 $k_B T/J = 2.269$ とそれほどかけ離れた値ではない．

格子の粗視化は，長さのスケール変換と見なすことができる．前節でみたように，長さのスケールを L 倍にすると，相関距離 ξ は $\tilde{\xi} = \xi/L$，温度の臨界点からの相対的なずれ $t = |T - T_c|/T_c$ は $\tilde{t} = L^{x_t} t$ となる．相関長の臨界指数 $\nu = 1/x_t$ を用いると $\xi = t^{-\nu}$, $\tilde{\xi} = \tilde{t}^{-\nu}$ が成り立つから，

§11.5 実空間くり込み群の方法

$$\tilde{t}^{-\nu} = \frac{t^{-\nu}}{L}$$

と表すことができる．したがって，臨界指数 ν は

$$\nu = \frac{\ln L}{\ln \dfrac{\tilde{t}}{t}} \tag{11.69}$$

によって決定することができる．すなわち，くり込み変換の関係式 $\tilde{K} = f(K)$ を固定点 $K^* = f(K^*)$ の周りで展開して

$$\tilde{K} \sim f(K^*) + f'(K^*)(K - K^*) + \cdots \tag{11.70}$$

と書くと，

$$\tilde{K} - K^* \sim f'(K^*)(K - K^*) \tag{11.71}$$

であるから

$$\nu = \frac{\ln L}{\ln [f'(K^*)]} \tag{11.72}$$

と表すことができる．ただし，臨界点近傍では $t \sim |K - K^*|/K^*$ と表されることを用いた．図 11.13 の変換は長さのスケールを $\sqrt{2}$ 倍にする変換である．(11.67) から $f'(K^*) \cong 1.6786$ が示されるので，臨界指数 ν の値として

$$\nu \sim 0.6691 \tag{11.73}$$

を得る．厳密値 $\nu = 1$ よりは小さな値であるが，臨界指数を直接決定できることは注目に値する．

　ウィルソンによって最初に導入された くり込み群の方法は，波数空間において展開された．その後，本節で述べた実空間における取扱いが考案された．くり込み群の方法は，臨界現象における普遍性を理解する新しい手法として大いに発展している．

演習問題

[1] 平均場近似は次のような考え方から導くことができる.まず,イジングスピン系のハミルトニアン

$$\mathcal{H} = -\sum_{<i,j>} J\sigma_i \sigma_j$$

で,1つの格子点 i 以外のすべてのスピンを求めるべき平均値 $\langle\sigma\rangle$ でおきかえた系

$$\mathcal{H}_A = -zJ\langle\sigma\rangle\sigma_i + \tilde{\mathcal{H}}$$

を考える.ここで $\tilde{\mathcal{H}}$ は σ_i には依存しない項である.

(1) 系が温度 T の熱溜に接しているものとして, σ_i の平均値を $\langle\sigma\rangle$ と温度の関数として表せ.

(2) σ_i の平均値が $\langle\sigma\rangle$ と等しいとおくことによって,平均場近似の式 (11.10) が導かれることを示せ.

[2] N 個のイジングスピンが環状に並んだ系を考える.ハミルトニアンは

$$\mathcal{H} = -\sum_{i=1}^{N} J\sigma_i \sigma_{i+1}$$

($\sigma_{N+1} = \sigma_1$) である.分配関数は

$$Z = \sum_{\{\sigma_i\}=\pm 1} e^{K\sum_i \sigma_i \sigma_{i+1}}$$

で与えられる.ただし,$K \equiv J/k_B T$ である.

(1) σ_i の値は ± 1 であるから,$e^{K\sigma_i\sigma_{i+1}} = \cosh K + \sigma_i\sigma_{i+1}\sinh K$ が成り立つことを示せ.

(2) 分配関数が

$$Z = 2^N [(\cosh K)^N + (\sinh K)^N]$$

で与えられることを示せ.

(3) $N \gg 1$ のときは

$$Z = (2\cosh K)^N$$

であることを示し,これから比熱の温度依存性を求めて,どの温度においても比熱が異常を示さないことを確かめよ.

[3] 温度 T の熱溜に接した蜂の巣格子上の強磁性イジング模型を考える．各格子点上にあるイジングスピンは，その最近接格子点上のイジングスピンとのみ相互作用をする．この蜂の巣格子内にある，図に示したような4個のイジングスピン σ_0, σ_1, σ_2, σ_3 を考える．これらの4個のイジングスピンのハミルトニアンが

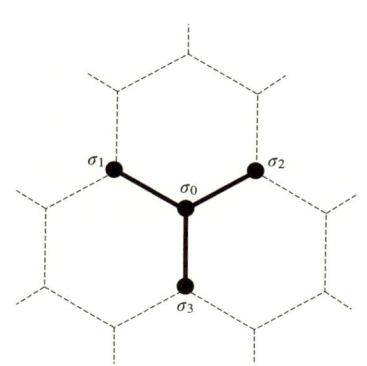

$$\mathcal{H} = -J\sigma_0(\sigma_1 + \sigma_2 + \sigma_3) - h(\sigma_1 + \sigma_2 + \sigma_3)$$

(ただし，$J > 0$) で与えられるものとする．ここで磁場 h は，これらの4個のイジングスピン以外のイジングスピンが σ_1, σ_2, σ_3 におよぼす影響を近似的に表すものとして導入されたものであり，平均場とよばれる量である．さらに，σ_0, σ_1, σ_2, σ_3 の平均値は このハミルトニアンで決定されるものとする．

（1） スピン σ_0 の平均値 $\langle \sigma_0 \rangle$ を h の関数として表せ．

（2） $(\sigma_1 + \sigma_2 + \sigma_3)/3$ の平均値 $\langle \sigma \rangle \equiv \langle \sigma_1 + \sigma_2 + \sigma_3 \rangle / 3$ を h の関数として表せ．

（3） すべてのスピンが同等であるという条件 $\langle \sigma_0 \rangle = \langle \sigma \rangle$ を課すと，平均場 h は次式を満たすことを示せ．

$$e^{\beta h} = \frac{\cosh[\beta(h+J)]}{\cosh[\beta(h-J)]}$$

（4） 十分高い温度から温度を下げると，このイジング模型はある温度 T_c で，常磁性相から強磁性相に転移する．この過程で平均場 h の値がどのように変化するかを定性的に説明し，（3）に与えた式を利用して T_c を求めよ．（この方法は他の格子にも応用できる近似法であり，**ベーテ近似**とよばれている．）

[4] ハミルトニアン

$$\mathcal{H} = -\sum_{<i,j>} J\sigma_i \sigma_j$$

で表される相互作用 ($J > 0$) をするスピン系がある．和は最近接格子点対についてとる．各スピンは $\sigma_i = -1, 0, 1$ の3つの状態をとるものとする．問題 [1]

の考え方を用いた平均場近似により，相転移温度を求めよ．

［5］ 平面内のみを回転できる1個の磁気モーメントSがあり，温度Tの熱溜に接している．磁気モーメントの状態は図の角度θで表される．磁場Bをy方向に掛けると，磁気モーメントのエネルギーは$-BS\cos\theta$で与えられる（SはSの大きさ）．

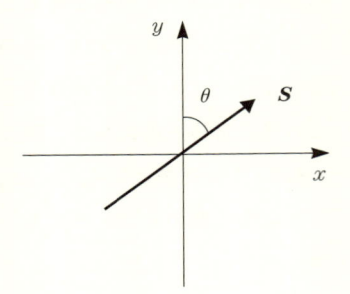

（1） Sのx成分の平均は0であることを示せ．また，$BS/k_BT \ll 1$のとき，Sの平均のy成分（mとする）が

$$m = S\left[\frac{1}{2}\frac{BS}{k_BT} - \frac{1}{16}\left(\frac{BS}{k_BT}\right)^3\right]$$

で与えられることを示せ．

次に，上と同様の磁気モーメントが正方格子の格子点上に並んでいる系を考える．ある磁気モーメントは，その最近接格子点上のものとのみ相互作用し，系のエネルギーは

$$E = -J\sum_{i,j \in 最近接格子点} S_i \cdot S_j$$

で与えられる（$J > 0$）．平均場近似を用いて，この系の相転移を考える．

格子点i上のS_iに着目し，それ以外の磁気モーメントは平均値でおきかえる．

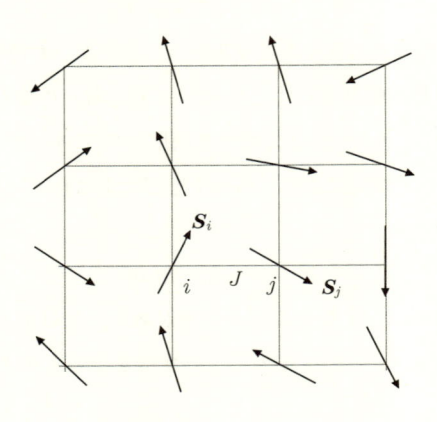

平均値の x 成分は 0 であり, y 成分を m とする. m は自発磁化を表し, $m=0$ の状態から $m \neq 0$ の状態になるときに相転移が起こる. 格子点 i 上の磁気モーメントが y 軸と角度 θ をなすとき, そのエネルギーは
$$E_i = -4JmS\cos\theta$$
で与えられる.

 (2) (1) を利用して, S_i の平均値の y 成分が m に等しいという条件から m を決定する方程式を導け. ただし, $4JmS/k_B T \ll 1$ とし, m の 3 次の項までとればよい.

 (3) (2) で得た方程式に $m \neq 0$ となる解が出現する臨界温度 T_c を求めよ. また, $T \lesssim T_c$ における m を $m \propto (T_c - T)^\beta$ と書くとき, β はいくらか.

付　　録

付録A　ルジャンドル変換

　ある関数のルジャンドル変換は，その関数の接線の傾きを独立変数とする関数で，もとの関数と同じ情報をもつものである．簡単な例として，1変数の関数 $Y = Y(X)$ と同じ情報をもつ $P = dY/dX$ の関数を求めることを考えよう．P は X の関数であるから，それを X について解いて，$Y = Y(X)$ に代入すれば Y を P の関数として表すことができる．しかし，この関数 $Y = Y(X(P))$ は $Y = Y(X)$ のもっていた情報を完全には含んでいないことに注意しよう．

　実際，$Y = (X - C)^2/2$ を例として考えてみよう．図A.1(a)に示すように，

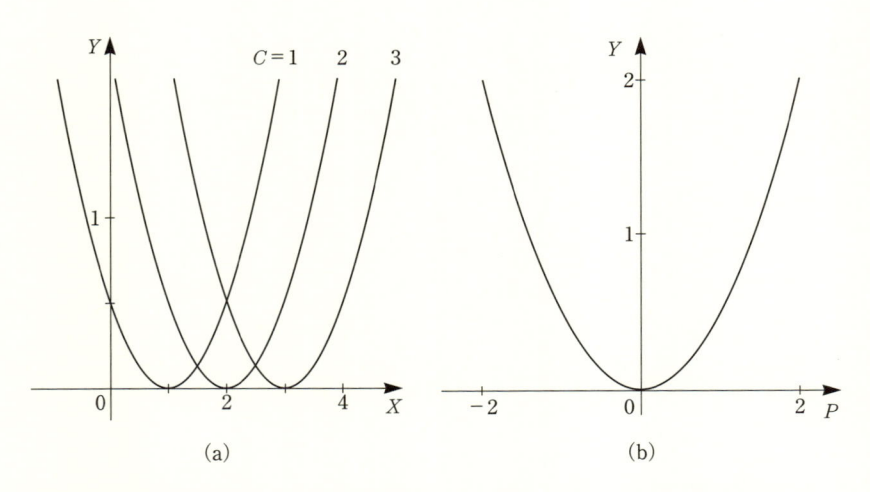

図 A.1　基本関係式 $Y = (X - C)^2/2$ (a) と $dY/dX = X - C$ から X を消去すると，C の値に関係なく $Y = P^2/2$ (b) となり，情報が失われる．

この関数は C に依存する．一方，$P = dY/dX = X - C$ だから Y を P の関数として表すと，図 A.1(b) に示すように，どの C に対しても $Y = P^2/2$ となり，C に関する情報が失われる．

$P(X)$ は X における接線の傾きを表すから，その切片は一意的に定まる．関数 $Y = Y(X)$ は，X を変化させて作られる接線群の抱絡線*と見なすことができる．そこで切片 ϕ を傾き P の関数として表すと，

$$\phi(P) = Y - PX$$

であり，P を変化させて作られる直線群の抱絡線は，もとの関数を完全に再現する．

アニメA1

先の例 $Y = (X - C)^2/2$ では，そのルジャンドル変換は $\phi(P) = -P^2/2 - PC$ である．一方，直線群 $-P^2/2 - PC = Y - PX$ の抱絡線は，この式を P で偏微

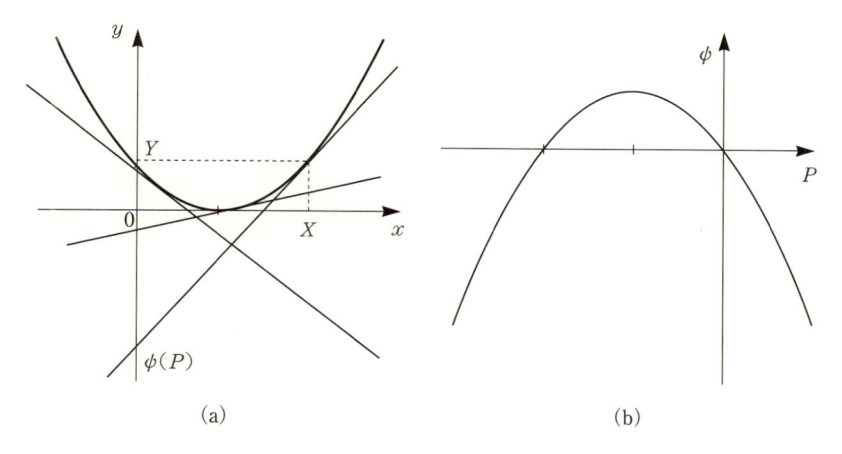

(a) (b)

図 A.2 (a) 基本関係式 $Y = (X - C)^2/2$ とその接線群
(b) 基本関係式 $Y = (X - C)^2/2$ のルジャンドル変換 $\phi(P) = -P^2/2 - PC$．$\phi(P)$ を切片とする傾き P の直線群の抱絡線は元の基本関係式を与える．

---

* 一般に $f(x, y, \alpha) = 0$ の抱絡線 $y = y(x)$ は，
$$f(x, y, \alpha) = 0, \qquad \frac{\partial}{\partial \alpha} f(x, y, \alpha) = 0$$
から α を消去して求められる．

分した $-P-C=-X$ と元の直線群の式から P を消去した関数であるから，$Y=(X-C)^2/2$ が再現される．

［問］ $y=x^4/4$ を考える．

（1） x における接線の傾きを $p=dy/dx$ とするとき，その接線の切片を $\phi(p)$ とする．$\phi(p)$ と x,y,p との関係を示せ．

（2） $\phi(p)$ を p の関数として表せ．

（3） 直線群 $y=\phi(p)+px$ の包絡線を求めよ．

付録B 位相空間における平均

古典系では，$\rho(q,p,t)=$ 一定 なら任意の物理量 $A(q,p)$ の平均値は

$$\langle A\rangle=\frac{\int A(q,p)\,d\varGamma}{\int d\varGamma} \tag{B.1}$$

で定義される．積分は，位相空間内の2つの等エネルギー面 $H(q,p)=E$ と $H(q,p)=E+\varDelta E$ で挟まれた領域について行う．エネルギーの不確定さが十分小さく $\varDelta E\to 0$ とすると，

$$d\varGamma=d\sigma\frac{\varDelta E}{|\mathrm{grad}\,H|}$$

である．$d\sigma$ は等エネルギー面の面要素である（図参照）．

したがって，平均値は

$$\langle A\rangle=\frac{\int_{H=E}\dfrac{A(q,p)}{|\mathrm{grad}\,H|}d\sigma}{\int_{H=E}\dfrac{1}{|\mathrm{grad}\,H|}d\sigma} \tag{B.2}$$

と表すことができる．

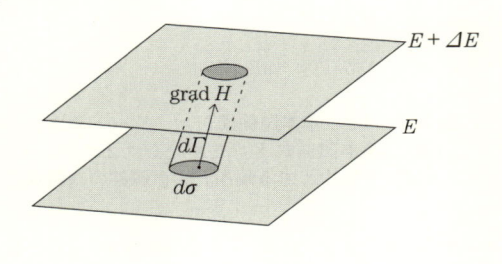

付録 C 磁気モーメントの運動

z 方向の磁場 H の中に置かれた 1 個の磁気モーメントのハミルトニアンは

$$H(\theta, \phi, p_\theta, p_\phi) = \frac{1}{2I}\left(p_\theta^2 + \frac{1}{\sin^2\theta}p_\phi^2\right) - \bar{\mu}H\cos\theta \tag{C.1}$$

で与えられる．I は慣性モーメント，$\bar{\mu}$ は磁気モーメントの大きさ，θ, ϕ は図に示す磁気モーメントの向きを表す極角と方位角であり，p_θ, p_ϕ はそれらに共役な（角）運動量である．

この磁気モーメントが温度 T の熱溜に接しているとき，その分配関数は

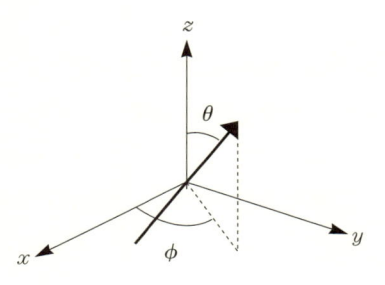

$$r(T) = \frac{1}{h^2}\int_0^\pi d\theta \int_0^{2\pi} d\phi \int_{-\infty}^\infty dp_\theta \int_{-\infty}^\infty dp_\phi\, e^{-H(\theta, \phi, p_\theta, p_\phi)/k_B T} \tag{C.2}$$

で与えられる．積分を実行して，

$$r(T) = \frac{2\pi I k_B T}{h^2}\frac{4\pi k_B T}{\bar{\mu}H}\sinh\frac{\bar{\mu}H}{k_B T} \tag{C.3}$$

を得る．磁気モーメントの z 軸となす角度が θ と $\theta + d\theta$ の間にある確率は

$$P(\theta)\,d\theta = \frac{\dfrac{1}{h^2}\int_0^{2\pi}d\phi\int_{-\infty}^\infty dp_\theta\int_{-\infty}^\infty dp_\phi\, e^{-H(\theta,\phi,p_\theta,p_\phi)/k_B T}}{r(T)}\,d\theta$$

$$= \frac{e^{(\bar{\mu}H/k_B T)\cos\theta}\sin\theta}{\dfrac{2k_B T}{\bar{\mu}H}\sinh\dfrac{\bar{\mu}H}{k_B T}}\,d\theta \tag{C.4}$$

で与えられる．

付録D　ルジャンドル変換とラプラス変換

§4.1の (4.8) で示したように，分配関数は状態密度の**ラプラス変換**で与えられる．

$$Z(T, V, N) = \int_0^\infty e^{-\beta E} \Omega(E, V, N) \, dE \tag{D.1}$$

$$= \int_0^\infty e^{-\beta E + \ln \Omega(E, V, N)} \, dE \tag{D.2}$$

ただし，熱溜の温度を T とし，$\beta = 1/k_\mathrm{B} T$ とおいた．一般に，$\Omega(E, V, N)$ は E の増加関数であり，関数

$$f(E) \equiv \beta E - \ln \Omega(E, V, N) \tag{D.3}$$

には極小点が存在する．極小点の位置を $E = E^*$ とすると，

$$\left.\frac{\partial \ln \Omega(E, V, N)}{\partial E}\right|_{E = E^*} = \beta \tag{D.4}$$

である．ボルツマンの原理により，$k_\mathrm{B} \ln \Omega(E, V, N)$ は系のエントロピーであり，$\partial S/\partial E = 1/T$ であるから，(D.4) の条件は E^* において系の温度と熱溜の温度が等しいことを意味する．

$f(E)$ を $E = E^*$ の周りで展開すると

$$f(E) = f(E^*) - \frac{1}{2}\left.\frac{\partial^2 \ln \Omega}{\partial E^2}\right|_{E = E^*} (E - E^*)^2 + \cdots \tag{D.5}$$

$$= f(E^*) + \frac{1}{2 k_\mathrm{B} T^2 C_V} (E - E^*)^2 + \cdots \tag{D.6}$$

である．ただし，

$$\frac{\partial^2 \ln \Omega}{\partial E^2} = \frac{1}{k_\mathrm{B}} \frac{\partial^2 S}{\partial E^2} = \frac{1}{k_\mathrm{B}} \frac{\partial}{\partial E} \frac{1}{T} = -\frac{1}{k_\mathrm{B} T^2 C_V}$$

を用いた．したがって，積分 (D.2) はガウス積分で近似でき，

$$Z(T, V, N) \cong \sqrt{2\pi k_\mathrm{B} T^2 C_V}\, e^{-\beta E^* + S(E^*, V, N)/k_\mathrm{B}} \tag{D.7}$$

を得る．$\ln N$ のオーダーの項を無視すると

$$\ln Z(T, V, N) = -\frac{1}{k_\mathrm{B} T} \{E^* - T S(E^*, V, N)\} \tag{D.8}$$

すなわち，分配関数は

$$A(T, V, N) = -k_B T \ln Z(T, V, N) \tag{D.9}$$

あるいは

$$\Psi\left(\frac{1}{T}, V, N\right) = k_B \ln Z(T, V, N) \tag{D.10}$$

によって，エネルギーのルジャンドル変換であるヘルムホルツの自由エネルギー $A(T, V, N)$ あるいはエントロピーのルジャンドル変換であるマシュー関数 $\Psi(1/T, V, N)$ と関係づけられる．

付録E　フェルミ-ディラック積分

$z(>0)$ をパラメーターとした関数

$$f_n(z) = \frac{1}{\Gamma(n)} \int_0^\infty \frac{x^{n-1}}{\frac{1}{z}e^x + 1} dx \tag{E.1}$$

をフェルミ-ディラック積分とよぶ．ただし，$\Gamma(n)$ はガンマ関数であり，$\Gamma(1/2) = \sqrt{\pi}$，$\Gamma(3/2) = \sqrt{\pi}/2$，$\Gamma(5/2) = 3\sqrt{\pi}/4$ である．

$f_n(z)$ は次のような性質をもつ．

(1) 漸化式

直接 (E.1) を微分して

$$z \frac{df_n(z)}{dz} = f_{n-1}(z) \tag{E.2}$$

を得る．

(2) $z \ll 1$ の展開

(E.1) の被積分関数を展開して

$$\begin{aligned} f_n(z) &= \frac{1}{\Gamma(n)} \int_0^\infty x^{n-1} \sum_{k=1}^\infty (-1)^k (ze^{-x})^k dx \\ &= \sum_{k=1}^\infty \frac{(-1)^k}{k^n} z^k \end{aligned} \tag{E.3}$$

を得る.

(3) $z \gg 1$ の展開

展開式を導くために, 積分

$$I_n = \int_0^\infty \frac{x^{n-1}}{e^{x-\xi}+1} dx$$

を考える. ここで $\xi = \ln z$ である. 積分範囲を $[0, \xi]$ と $[\xi, \infty]$ に分けると,

$$I_n = \int_0^\xi \left(x^{n-1} - \frac{x^{n-1}}{e^{\xi-x}+1} \right) dx + \int_\xi^\infty \frac{x^{n-1}}{e^{x-\xi}+1} dx$$

$$= \frac{\xi^n}{n} - \int_0^\xi \frac{(\xi-\eta)^{n-1}}{e^\eta+1} d\eta + \int_0^\infty \frac{(\xi+\eta)^{n-1}}{e^\eta+1} d\eta$$

と表せる. 上式右辺第2項の積分には η の小さいところのみが寄与するので, 積分の上限を ∞ としてもよく, したがって

$$I_n \cong \frac{\xi^n}{n} + \int_0^\infty \frac{(\xi+\eta)^{n-1} - (\xi-\eta)^{n-1}}{e^\eta+1} d\eta$$

であり, 分子を展開すると

$$I_n \cong \frac{\xi^n}{n} + \sum_{j=1,3,5,\cdots} {}_{n-1}C_j \xi^{n-1-j} \int_0^\infty \frac{\eta^j}{e^\eta+1} d\eta$$

と表すことができる. この式の右辺の積分は

$$\int_0^\infty \frac{\eta^j}{e^\eta+1} d\eta = j! \left(1 - \frac{1}{2^j} \right) \zeta(j+1)$$

と求められる. ここで, $\zeta(n)$ はリーマンのツェータ関数

$$\zeta(n) = \sum_{l=1}^\infty \frac{1}{l^n}$$

である. これらを $f_n(z)$ に代入して, 最終的に

$$f_n(z) = \frac{(\ln z)^n}{\Gamma(n+1)} \left[1 + \sum_{j=2,4,6,\cdots} 2n(n-1)\cdots(n+1-j) \left(1 - \frac{1}{2^{j-1}} \right) \frac{\zeta(j)}{(\ln z)^j} \right]$$

$$= \frac{(\ln z)^n}{\Gamma(n+1)} \left[1 + n(n-1)\frac{\pi^2}{6}\frac{1}{(\ln z)^2} \right.$$

$$\left. + n(n-1)(n-2)(n-3)\frac{7\pi^4}{360}\frac{1}{(\ln z)^4} + \cdots \right]$$

(E.4)

が示される.

付録F ボース-アインシュタイン積分

$z\ (0 \leqq z \leqq 1)$ をパラメーターとした関数

$$b_n(z) = \frac{1}{\Gamma(n)} \int_0^\infty \frac{x^{n-1}}{\frac{1}{z}e^x - 1} dx \qquad (\text{F.1})$$

を**ボース-アインシュタイン積分**とよぶ.ただし,$\Gamma(n)$ はガンマ関数である.

$b_n(z)$ は次のような性質をもつ.

(1) 漸化式

直接 (F.1) を微分して

$$z \frac{db_n(z)}{dz} = b_{n-1}(z) \qquad (\text{F.2})$$

を得る.

(2) $z \cong 0$ の展開

(F.1) の被積分関数を展開して

$$b_n(z) = \frac{1}{\Gamma(n)} \int_0^\infty x^{n-1} \sum_{k=1}^\infty (ze^{-x})^k dx$$

$$= \sum_{k=1}^\infty \frac{z^k}{k^n} \qquad (\text{F.3})$$

を得る.すなわち,$0 \leqq z \leqq 1$ において $b_n(z)$ は単調増加関数であり,その最大値は $b_n(1)$ である.

(3) $z \cong 1$ の振舞

$n > 1$ のとき,$b_n(1)$ はリーマンのツェータ関数で与えられる.

$$b_n(1) = \sum_{k=1}^\infty \frac{1}{k^n} = \zeta(n) \qquad (\text{F.4})$$

たとえば,

$$\zeta\left(\frac{3}{2}\right) \cong 2.612381, \qquad \zeta\left(\frac{5}{2}\right) \cong 1.341488$$

である.

また, $n \leqq 1$ のときは $b_n(1) = \infty$ である. 実際, $z \cong 1$ のとき, $n \leqq 0$ および非整数の n に対して

$$b_n(z) = \Gamma(1-n)(-\ln z)^{n-1} + \sum_{i=0}^{\infty} \frac{(-1)^i}{i!} \zeta(n-i)(-\ln z)^i \tag{F.5}$$

が示される.

付録 G　ギブスのパラドックス

§2.3 で, 粒子を互いに区別できるとするとサッカー-テトロードの式 (2.42) は

$$S = Nk_B \ln V + \frac{3}{2} Nk_B \left(1 + \ln \frac{2\pi mk_B T}{h^2}\right)$$

となる. この式は, エントロピーが示量変数であるということと矛盾するばかりでなく, 混合エントロピーに関して次の不都合を生じる.

体積, 粒子数が, それぞれ V_1, N_1 および V_2, N_2 の同じ種類の気体 (分子の質量を m, それぞれの系のエントロピーを S_1, S_2 とする) を温度 T に保ちつつ混合すると, 混合後のエントロピー S_T は, 上式で $N = N_1 + N_2$, $V = V_1 + V_2$ とした式で与えられるから, 混合によるエントロピーの増加 $\Delta S = S_T - (S_1 + S_2)$ は $\Delta S = N_1 k_B \ln\{(V_1+V_2)/V_1\} + N_2 k_B \ln\{(V_1+V_2)/V_2\}$ となる. 混合前の気体の密度が等しく $N_1/V_1 = N_2/V_2$ が成り立っている場合も, $\Delta S = N_1 k_B \ln\{(N_1+N_2)/N_1\} + N_2 k_B \ln\{(N_1+N_2)/N_2\}$ の混合エントロピーが生じることになる. 一方, 同じ温度, 密度の同一気体の混合は可逆過程であり, 混合エントロピーは生じないはずである. "粒子が区別できる" とすることによって生じるこの矛盾を**ギブスのパラドックス**という.

アニメ A2

粒子が区別できないことを考慮に入れた §2.3 の表式を用いれば, この矛盾は生じない.

演習問題解答

第 1 章

[1] 巨視的変数として表せない微視的自由度を通したエネルギーの流れを熱という．熱をやり取りできるように2つの系を接触させたとき，それぞれの系のエントロピーのエネルギーに関する偏微分係数が等しくなるところで平衡に達する．この偏微分係数の逆数が温度である．温度は状態量であるが，熱は状態量ではない．

[2] （1）孤立系では $dW = -P_0 dV = 0$, $dN = 0$ だから V, N は一定であり，E が一定なら $dQ = 0$ となる．したがって，E, V, N が一定のもとで $(dS)_{E,V,N} \geqq 0$，すなわち平衡状態では S が最大となる．

（2）V, N が一定のときは $dE = dQ$ だから，S が一定であれば $(dE)_{S,V,N} \leqq 0$ となる．すなわち，平衡状態では E が最小となる．

（3）V, N が一定のときは $dE = dQ$ だから，第2法則は $T_0 dS \geqq dE$ と表される．等温過程では $T = T_0$ は一定であり，$(dE - TdS)_{T,V,N} = [d(E-TS)]_{T,V,N} \leqq 0$ となる．すなわち，平衡状態では $A = E - TS$ が最小となる．

（4）N が一定のときは $dQ = dE + P_0 dV$ だから，第2法則は $T_0 dS \geqq dE + P_0 dV$ と表される．等温・等圧過程では $T = T_0$, $P = P_0$ はそれぞれ一定であり，$(dE - TdS + PdV)_{T,P,N} = [d(E - TS + PV)]_{T,P,N} \leqq 0$ となる．すなわち，平衡状態では $G = E - TS + PV$ が最小となる．

[3]（1）$dH = dE + PdV + VdP = TdS + VdP + \mu dN$

（2）$dA = dE - TdS - SdT = -SdT - PdV + \mu dN$

（3）$dG = dE - TdS - SdT + PdV + VdP = -SdT + VdP + \mu dN$

[4]（1）右辺 $= A - T\dfrac{\partial A}{\partial T} = A + TS = E$

（2）右辺 $= G - T\dfrac{\partial G}{\partial T} - P\dfrac{\partial G}{\partial P} = G + TS - PV = E$

（3）N を常に一定とする．$S(T, V(T, P))$ とみれば
$$\left(\frac{\partial S}{\partial T}\right)_P = \left(\frac{\partial S}{\partial T}\right)_V + \left(\frac{\partial S}{\partial V}\right)_T \left(\frac{\partial V}{\partial T}\right)_P$$
だから

$$C_P - C_V = T\left[\left(\frac{\partial S}{\partial T}\right)_P - \left(\frac{\partial S}{\partial T}\right)_V\right] = T\left(\frac{\partial S}{\partial V}\right)_T\left(\frac{\partial V}{\partial T}\right)_P$$

また,マクスウェルの関係から $(\partial S/\partial V)_T = (\partial P/\partial T)_V$ であり,さらに

$$\left(\frac{\partial P}{\partial T}\right)_V = -\frac{(\partial V/\partial T)_P}{(\partial V/\partial P)_T}$$

および,次の α, κ_T の定義式を用いて変形して与式を得る.

$$\alpha = \frac{1}{V}\left(\frac{\partial V}{\partial T}\right)_P, \quad \kappa_T = -\frac{1}{V}\left(\frac{\partial V}{\partial P}\right)_T$$

[5] (1) T が一定に保たれる場合,ギブス-デュエムの関係式は $(d\mu)_T = (V/N)(dP)_T$ と表される.両辺を $(d(V/N))_T$ で割り,$N = $ 一定 の条件を課して与式を得る.

(2) $T = $ 一定 のとき,μ は V/N を通してのみ V, N に依存することから示せる.

(3) (1),(2) の各式の右辺を等しいとおき,$\phi(x, y, z) = $ 一定 のときに成立する偏微分の公式 $(\partial x/\partial y)_{\phi,z} = 1/(\partial y/\partial x)_{\phi,z}$ を用いればよい.

[6] $E(S, V, N) = BS^3/NV$ とする.

(1) $E(\lambda S, \lambda V, \lambda N) = \dfrac{B(\lambda S)^3}{(\lambda N)(\lambda V)} = \lambda\dfrac{BS^3}{NV} = \lambda E(S, V, N)$

(2) $T(S, V, N) = 3BS^2/NV$ だから $T(\lambda S, \lambda V, \lambda N) = T(S, V, N)$ が成立するので,T は示強変数である.

(3) $P = -(\partial E/\partial V)_{S,N} = BS^3/NV^2$, $\mu = (\partial E/\partial N)_{S,V} = -BS^3/N^2V$ および T の表式から

$$TS - PV + \mu N = \frac{3BS^3}{NV} - \frac{BS^3}{NV} - \frac{BS^3}{NV} = \frac{BS^3}{NV} = E$$

(4) T, P, μ の表式から $T^3 = -27BP\mu$ が示されるから,これらの量は互いに独立ではない.

(5) $H = E + PV = 2BS^3/NV$, $P = BS^3/NV^2$ から V を消去して $H = 2\sqrt{BS^3P/N}$ を得る.また,$T = 3BS^2/NV$, $P = BS^3/NV^2$ から $S = NT^2/9BP$, $V = NT^3/27BP^2$ であり,$G = E - TS + PV = -BS^3/NV$ に代入して $G = -NT^3/27BP$ を得る.

(6) $dH = 3\sqrt{\dfrac{BSP}{N}}\,dS + \sqrt{\dfrac{BS^3}{NP}}\,dP - \sqrt{\dfrac{BS^3P}{N^3}}\,dN$

$dG = -\dfrac{NT^2}{9BP}\,dT + \dfrac{NT^3}{27BP^2}\,dP - \dfrac{T^3}{27BP}\,dN$

[7] $1/T = cNk_B/E$, $P/T = Nk_B/V$, $\mu/T = (c+1)k_B - S/N$ である.

$$\Psi\left(\frac{1}{T}, V, N\right) = N(s_0 - ck_\mathrm{B}) + Nk_\mathrm{B}\ln\left[\left(\frac{ck_\mathrm{B}TN_0}{E_0}\right)^c \frac{V}{V_0}\left(\frac{N}{N_0}\right)^{-1}\right]$$

$$\Phi\left(\frac{1}{T}, \frac{P}{T}, N\right) = N[s_0 - (c+1)k_\mathrm{B}] + Nk_\mathrm{B}\ln\left[\left(\frac{ck_\mathrm{B}TN_0}{E_0}\right)^c \left(\frac{N_0 k_\mathrm{B}T}{PV_0}\right)\right]$$

$$q\left(\frac{1}{T}, V, \frac{\mu}{T}\right) = N_0 \frac{V}{V_0}\left(\frac{ck_\mathrm{B}N_0 T}{E_0}\right)^c \exp\left[\frac{\mu/T + s_0 - (c+1)k_\mathrm{B}}{k_\mathrm{B}}\right]$$

[8] T, P はそれぞれ $(\partial E/\partial S)_{V,N}$, $-(\partial E/\partial V)_{S,N}$ より求まり, また C_V は $(\partial E/\partial T)_{V,N}$ より求まる. 一方,

$$\mu = \left(\frac{\partial E}{\partial N}\right)_{S,V} = \frac{5}{3}\frac{E}{N} - \frac{2}{3}\frac{S}{k_\mathrm{B}N^2}E$$

であるから, G は次のようになる.

$$G = E - TS + PV$$
$$= E - \frac{2}{3}\frac{ES}{k_\mathrm{B}N} + \frac{2}{3}\frac{E}{V}V$$
$$= \frac{5}{3}E - \frac{2}{3}\frac{S}{k_\mathrm{B}N}E$$
$$= \mu N$$

[9] $E = Nk_\mathrm{B}T$, $\quad S = -Nk_\mathrm{B}\ln\left(\frac{\hbar\omega}{k_\mathrm{B}T}\right) + Nk_\mathrm{B}$, $\quad P = 0$,

$\mu = k_\mathrm{B}T\ln\left(\frac{\hbar\omega}{k_\mathrm{B}T}\right)$, $\quad C_V = C_P = Nk_\mathrm{B}$

[10] $E = N\frac{\hbar\omega}{2} + N\frac{\hbar\omega}{e^{\hbar\omega/k_\mathrm{B}T} - 1}$

$S = Nk_\mathrm{B}\left[\frac{\hbar\omega}{k_\mathrm{B}T}\frac{1}{e^{\hbar\omega/k_\mathrm{B}T} - 1} - \ln(1 - e^{-\hbar\omega/k_\mathrm{B}T})\right]$, $\quad P = 0$

$\mu = \frac{\hbar\omega}{2} + k_\mathrm{B}T\ln(1 - e^{-\hbar\omega/k_\mathrm{B}T})$, $\quad C_V = C_P = Nk_\mathrm{B}\left(\frac{\hbar\omega}{k_\mathrm{B}T}\right)^2 \frac{e^{\hbar\omega/k_\mathrm{B}T}}{(e^{\hbar\omega/k_\mathrm{B}T} - 1)^2}$

[11] 全微分 dH から

$$\left(\frac{\partial T}{\partial P}\right)_{S,N} = \left(\frac{\partial V}{\partial S}\right)_{P,N}, \quad \left(\frac{\partial T}{\partial N}\right)_{S,P} = \left(\frac{\partial \mu}{\partial S}\right)_{P,N}, \quad \left(\frac{\partial V}{\partial N}\right)_{S,P} = \left(\frac{\partial \mu}{\partial P}\right)_{S,N}$$

全微分 dG から

$$-\left(\frac{\partial S}{\partial P}\right)_{T,N} = \left(\frac{\partial V}{\partial T}\right)_{P,N}, \quad -\left(\frac{\partial S}{\partial N}\right)_{T,P} = \left(\frac{\partial \mu}{\partial T}\right)_{P,N}, \quad \left(\frac{\partial V}{\partial N}\right)_{T,P} = \left(\frac{\partial \mu}{\partial P}\right)_{T,N}$$

[**12**] （1）

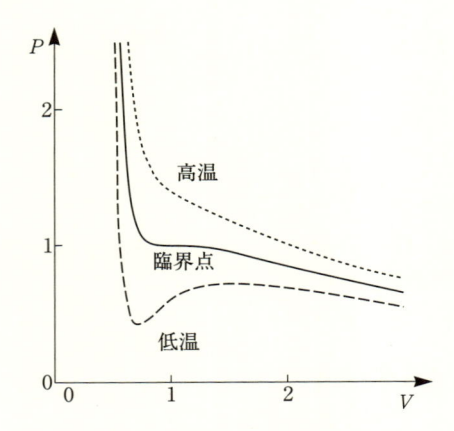

（2） $P = nRT/(V - bn) - n^2a/V^2$ だから $\partial P/\partial V = 0$ より $RT/(V - bn)^2 = 2an/V^3$, $\partial^2 P/\partial V^2 = 0$ より $RT/(V - bn)^3 = 3an/V^4$. これより $V_c = 3bn$, $T_c = 8a/27bR$ を得る. 状態方程式に代入して，$P_c = a/27b^2$ である.

（3） 状態方程式の両辺に $27b/na$ を掛ければよい.

（4）

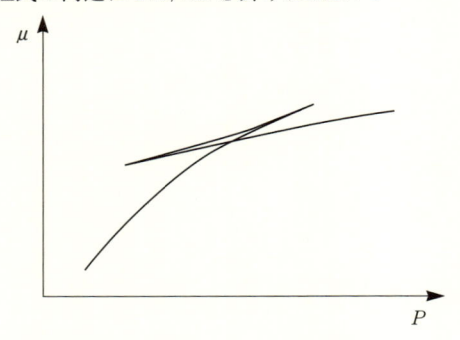

（5） 図のように等温線の共存領域の両端を A, E とし，極大点，極小点を B, D, また共存線と暫定的なファン・デル・ワールス状態方程式の等温線との交点を C とする. A, E の化学ポテンシャルが等しいから

$$\int_A^E V\,dP = 0$$

が成り立つ. 積分領域を AB, BC, CD, DE に分割し，少し並べ替えると

$$\int_A^B V\,dP - \int_C^B V\,dP = \int_D^C V\,dP - \int_D^E V\,dP$$

となる. 左辺は領域 I, 右辺は領域 II の面積を表すから，等面積則が成り立つ.

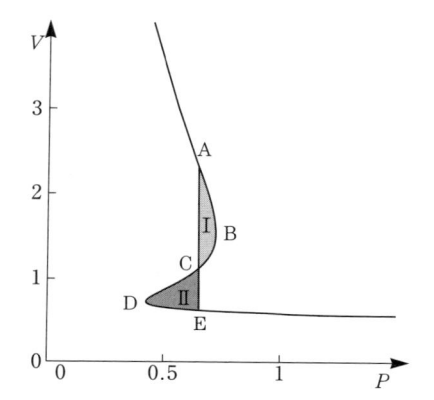

(6) $\hat{p} = \tilde{P} - 1$, $\hat{v} = \tilde{V} - 1$, $\hat{t} = \tilde{T} - 1$ を (3) で得た状態方程式に代入して整理すると
$$2\hat{p}\left(1 + \frac{7}{2}\hat{v} + 4\hat{v}^2 + \frac{3}{2}\hat{v}^3\right) = -3\hat{v}^3 + \hat{t}(1+\hat{v})^2$$
すなわち
$$\hat{p} \sim -\frac{3}{2}\hat{v}^3 + \hat{t}(4 - 6\hat{v} + \cdots) + \cdots$$
と表される．したがって，$T = T_c$ のとき，すなわち $\hat{t} = 0$ のとき $\hat{v} \sim (-\hat{p})^{1/3}$ であり，$\delta = 3$ となる．また，
$$\kappa_T = -\frac{1}{V}\left(\frac{\partial V}{\partial P}\right)_T = -\frac{1}{\tilde{V}P_c}\left(\frac{\partial \tilde{V}}{\partial \tilde{P}}\right)_T = -\frac{1}{(1+\hat{v})P_c}\left(\frac{\partial \hat{v}}{\partial \hat{P}}\right)_T \sim \frac{1}{6\hat{t}P_c}$$
より $\gamma = \gamma' = 1$ である．与えられた温度における 2 相共存領域の端点の体積を $\tilde{V}_l$, $\tilde{V}_g$ とすると，$\tilde{P}(\tilde{V}_g) = \tilde{P}(\tilde{V}_l) \equiv P_{gl}$ から臨界点近傍で
$$\hat{v}_l^2 + \hat{v}_l\hat{v}_g + \hat{v}_g^2 + 4\hat{t} - 6\hat{t}(\hat{v}_l + \hat{v}_g) = 0$$
一方，等面積則
$$\int_{\tilde{V}_l}^{\tilde{V}_g} \tilde{P}(\tilde{V})\,d\tilde{V} = P_{gl}(\tilde{V}_g - \tilde{V}_l)$$
から
$$\hat{v}_l^2 + \hat{v}_l\hat{v}_g + \hat{v}_g^2 + 4\left[\hat{t} - \hat{t}^2 - \hat{t}(\hat{v}_l + \hat{v}_g)\right] = 0$$
これらの式から，臨界点近傍で次式が導かれ，
$$\hat{v}_g - \hat{v}_l \sim (-\hat{t})^{1/2}$$
$\beta = 1/2$ を得る．

第 2 章

[1] (1) Iにn個，IIに$N-n$個入っている状態の数は$N!/n!(N-n)!$であり，各状態の出現確率が$(1/2)^N$であることから$P_N(n)$が導かれる．

(2) $P_1(0)=P_1(1)=\dfrac{1}{2}$．図は略．

(3) $P_2(0)=P_2(2)=\dfrac{1}{4}$, $P_2(1)=\dfrac{1}{2}$．図は略．

(4) $P_3(0)=P_3(3)=\dfrac{1}{8}$, $P_3(1)=P_3(2)=\dfrac{3}{8}$．図は略．

(5) $P_4(0)=P_4(4)=\dfrac{1}{16}$, $P_4(1)=P_4(3)=\dfrac{1}{4}$, $P_4(2)=\dfrac{3}{8}$．図は略．

(6)

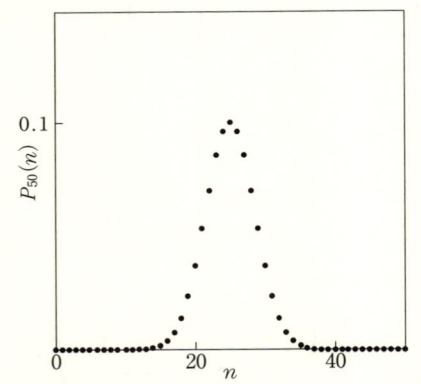

(7) $\ln P_N(n) \sim N\ln N - n\ln n - (N-n)\ln(N-n) - N\ln 2$

$\qquad = -N\ln(1-2x) + N\left(\dfrac{1}{2}+x\right)\{\ln(1-2x)-\ln(1+2x)\}$

$\qquad \sim -2Nx^2$

から与式が示される．

(8) $\displaystyle\int_{-\infty}^{\infty}\exp(-2Nx^2)\,dx=\sqrt{\pi/2N}$ より規格化定数が決められる．

[2] $\displaystyle\int_{-\infty}^{\infty}x^2\exp(-\alpha x^2)\,dx=\sqrt{\pi/4\alpha^3}$ だから $\sigma^2=1/4N$ を得る．

[3] $2\displaystyle\int_{\delta}^{\infty}\sqrt{\dfrac{2N}{\pi}}\exp(-2Nx^2)\,dx \sim \dfrac{1}{\sqrt{2N\pi\delta^2}}\exp(-2N\delta^2)$

この式に $N\delta^2=10^{12}$ を代入して $\sim 10^{-10^{12}}$ を得る．

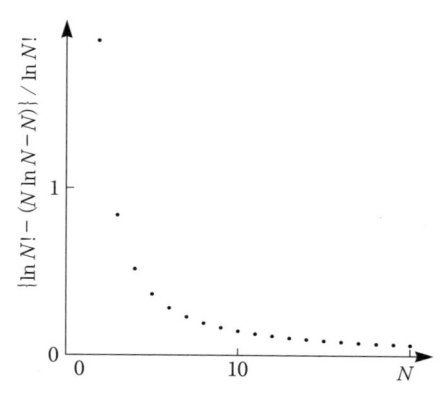

[4]

$\{\ln N! - (N \ln N - N)\} / \ln N!$ のグラフ（N に対して）

[5]　（1）　$K(E, N) = (2mE)^{3N/2} \displaystyle\int \cdots \int_{0 \leq \sum_i \xi_i^2 \leq 1} d\xi_1 d\xi_2 \cdots d\xi_{3N}$

$$= \frac{(2\pi mE)^{3N/2}}{\Gamma(3N/2 + 1)}$$

（2）　1つの球の表面から $\sigma/2$ の距離以内には近づけないから，中心から半径 σ の球内では他の粒子を排除する．よって，$v_0 = (4\pi/3)\sigma^3$ となる．

（3）　r_N についての積分は，他の $N - 1$ 個の粒子を固定したときに粒子 N の中心が動き回れる領域の体積であるから，$V - (N - 1)v_0$ となるので与式を得る．

（4）　（3）より $Q = (V, N) = \displaystyle\prod_{i=1}^{N} [V - (i - 1)v_0] = V^N \prod_{i=1}^{N} [1 - (i - 1) \times v_0/V]$ だから，次のようになる．

$$\ln Q(V, N) = N \ln V + \sum_{i=1}^{N} \left\{ -\frac{(i-1)v_0}{V} \right\} \cong N \ln V - \frac{N^2 v_0}{2V}$$

（5）　$S = k_B\{\ln K(E, V) + \ln Q(V, N) - \ln(N! h^{3N})\}$ だから $1/T = \partial S/\partial E = \partial \ln K(E, V)/\partial E$ より，$1/T = 3Nk_B/2E$ すなわち $E = 3Nk_BT/2$．

（6）　$P/T = \partial S/\partial V = Nk_B/V + k_BN^2v_0/2V^2$ だから，$Nv_0 \ll V$ として $Nk_BT = PV(1 + Nv_0/2V)^{-1} \sim P(V - Nv_0/2) = P(V - b)$ を得る．ここで粒子1個の体積は $v_0/8$ だから，$b = Nv_0/2$ は粒子の占める全体積の4倍である．

[6]　混合前のエントロピーは，それぞれの分子の質量を m_1, m_2 として

$$S = N_1 k_B \ln \frac{V_1}{N_1} + \frac{3}{2} N_1 k_B \left(\frac{5}{3} + \ln \frac{2\pi m_1 k_B T}{h^2} \right) + N_2 k_B \ln \frac{V_2}{N_2}$$
$$+ \frac{3}{2} N_2 k_B \left(\frac{5}{3} + \ln \frac{2\pi m_2 k_B T}{h^2} \right)$$

である．

（1） $m_1 = m_2 \equiv m$ として，混合後のエントロピーは

$$S = (N_1 + N_2)k_B \ln \frac{V_1 + V_2}{N_1 + N_2} + \frac{3}{2}(N_1 + N_2)k_B \left(\frac{5}{3} + \ln \frac{2\pi m k_B T}{h^2}\right)$$

となる．よって混合エントロピーは次のように与えられる

$$\Delta S = N_1 k_B \ln \frac{N_1(V_1 + V_2)}{V_1(N_1 + N_2)} + N_2 k_B \ln \frac{N_2(V_1 + V_2)}{V_2(N_1 + N_2)}$$

（2） 混合後のエントロピーは，

$$S = N_1 k_B \ln \frac{V_1 + V_2}{N_1} + \frac{3}{2} N_1 k_B \left(\frac{5}{3} + \ln \frac{2\pi m_1 k_B T}{h^2}\right) + N_2 k_B \ln \frac{V_1 + V_2}{N_2}$$
$$+ \frac{3}{2} N_2 k_B \left(\frac{5}{3} + \ln \frac{2\pi m_2 k_B T}{h^2}\right)$$

となる．よって混合エントロピーは次のように与えられる

$$\Delta S = N_1 k_B \ln \frac{V_1 + V_2}{V_1} + N_2 k_B \ln \frac{V_1 + V_2}{V_2}$$

（3） $20.8 \, \text{J} \cdot \text{K}^{-1}$

第 3 章

［1］（1） 位相空間の軌道は，$\sqrt{2mE}$，$\sqrt{2E/m\omega^2}$ を 2 つの軸長とする楕円であるから，エネルギーが E 以下となる位相空間の面積は $\pi\sqrt{2mE} \cdot \sqrt{2E/m\omega^2} = 2\pi E/\omega$ であり，状態数は次のようになる．

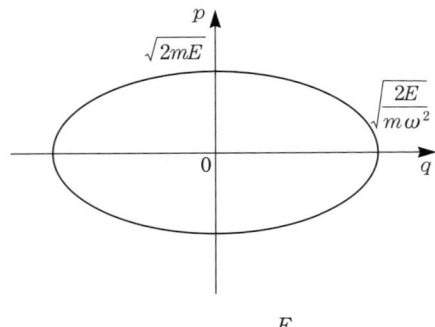

$$\Sigma(E, 1) = \frac{E}{\hbar\omega}$$

で与えられる．

（2） $W(E, \Delta E, 1) = \left(\dfrac{\partial \Sigma(E, 1)}{\partial E}\right) \Delta E = \dfrac{1}{\hbar\omega} \Delta E$

第 3 章　205

（3）
$$\Sigma(E, N) = \frac{1}{h^N} \int \cdots \int_{H_N(q,p) \leq E} dq_1 \cdots dq_N \, dp_1 \cdots dp_N$$

であるが，変数変換 $q_i = \sqrt{2E/m\omega^2}\,\xi_i,\ p_i = \sqrt{2mE}\,\eta_i$ を行うと

$$\Sigma(E, N) = \frac{1}{h^N} \left(\frac{2E}{m\omega^2}\right)^{N/2} (2mE)^{N/2} \int \cdots \int_{\sum_i (\xi_i^2 + \eta_i^2) \leq 1} d\xi_1 \cdots d\xi_N \, d\eta_1 \cdots d\eta_N$$

と表される．この積分は $2N$ 次元球の体積であり，

$$\Sigma(E, N) = \frac{1}{N!} \left(\frac{E}{\hbar\omega}\right)^N$$

を得る．ただし，$\Gamma(N+1) = N!$ を用いた．

（4）　$W(E, \Delta E, N) = \dfrac{\partial \Sigma(E, N)}{\partial E} \Delta E = \dfrac{1}{(N-1)!} \left(\dfrac{E}{\hbar\omega}\right)^{N-1} \dfrac{\Delta E}{\hbar\omega}$

（5）　エントロピーは，$N-1 \sim N$ とし，さらに $|\ln(\Delta E/\hbar\omega)|/N \ll 1$ に注意すれば

$$S(E, V, N) = Nk_B \left(\ln \frac{E}{N\hbar\omega} + 1\right)$$

したがって，

$$\frac{1}{T} = \left(\frac{\partial S}{\partial E}\right)_{V,N} = \frac{Nk_B}{E}$$

すなわち，$E = Nk_B T$ を得る．

（6）　$C_V = \dfrac{\partial E}{\partial T} = Nk_B$

[2]　$[\rho, H] = \sum_i \left(\dfrac{\partial \rho}{\partial q_i} \dfrac{\partial H}{\partial p_i} - \dfrac{\partial \rho}{\partial p_i} \dfrac{\partial H}{\partial q_i}\right)$

$ = \rho \sum_i \left\{\dfrac{\partial(-\beta H)}{\partial q_i} \dfrac{\partial H}{\partial p_i} - \dfrac{\partial(-\beta H)}{\partial p_i} \dfrac{\partial H}{\partial q_i}\right\} = 0$

[3]　C_V/Nk_B を $k_B T/\varepsilon$ に対して図示せよ（図 3.2 (b) 参照）．

[4]　（1）$n_1 + n_2 + \cdots + n_N = M$ から M 個の区別できない要素を N 個の箱に入れる組み合わせの数だから次のようになる．

$$W(E, N) = {}_N H_M = {}_{N+M-1} C_M = \frac{(M+N-1)!}{M!(N-1)!}$$

（2）　$S(E, N) = k_B \ln W(E, N) = k_B[(M+N)\ln(M+N) - M\ln M - N\ln N]$　（ただし，$M = E/\hbar\omega$）

（3）　$\dfrac{1}{T} = \left(\dfrac{\partial S}{\partial E}\right)_N = \dfrac{k_B}{\hbar\omega} \ln \dfrac{E + N\hbar\omega}{E}$

（4） $E = \dfrac{N\hbar\omega}{e^{\hbar\omega/k_B T} - 1}$

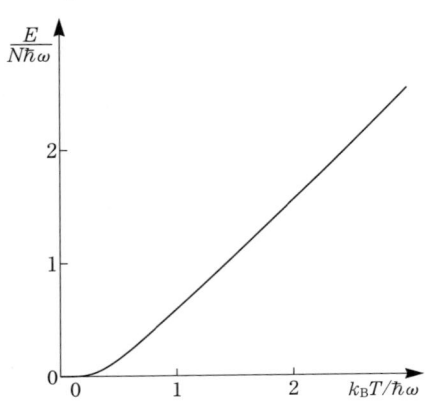

[5]（1） $E = N\varepsilon/(1 + e^{\varepsilon/k_B T})$

（2） $P/T = (\partial S/\partial V)_{E,N} = (\partial S/\partial \varepsilon)_{E,N}(\partial \varepsilon/\partial V)$ より

$$\dfrac{P}{T} = \dfrac{-a\gamma}{N}\left(\dfrac{N}{V}\right)^{\gamma+1}\dfrac{k_B E}{\varepsilon^2}\left(\ln\dfrac{E}{N\varepsilon - E}\right) = \dfrac{a\gamma}{N}\left(\dfrac{N}{V}\right)^{\gamma+1}\dfrac{E}{\varepsilon T}$$

$$\therefore\ P = \dfrac{\gamma\varepsilon N}{V}\dfrac{1}{1 + e^{\varepsilon/k_B T}}$$

第 4 章

[1]（1） $Z(T, V, N) = \dfrac{(2\pi m)^{3N/2}}{N!\,h^{3N}\,\Gamma(3N/2)}V^N \displaystyle\int_0^\infty E^{3N/2-1}e^{-E/k_B T}\,dE$

$= \dfrac{V^N}{N!}\left(\dfrac{2\pi m k_B T}{h^2}\right)^{3N/2}$

$x = E/k_B T$ と変数変換して積分を実行し，ガンマ関数の定義 $\Gamma(n) = \displaystyle\int_0^\infty t^{n-1}e^{-t}\,dt$ を用いた.

（2） $\Psi\left(\dfrac{1}{T}, V, N\right) = k_B \ln Z(T, V, N) = Nk_B\left[\ln\left\{\dfrac{V}{N}\left(\dfrac{2\pi m k_B}{h^2/T}\right)^{3/2}\right\} + 1\right]$

（3） $E = -\dfrac{\partial}{\partial(1/T)}\Psi\left(\dfrac{1}{T}, V, N\right) = \dfrac{3}{2}Nk_B T$

$S = \Psi + \dfrac{E}{T} = Nk_B\left[\ln\left\{\dfrac{V}{N}\left(\dfrac{2\pi m k_B}{h^2/T}\right)^{3/2}\right\} + \dfrac{5}{2}\right]$

[2]（1） $Z(T, V, N) = \displaystyle\int_0^\infty \dfrac{1}{(N-1)!\,(\hbar\omega)^N}E^{N-1}e^{-E/k_B T}\,dE$

$$= \frac{1}{(N-1)!}\left(\frac{k_B T}{\hbar\omega}\right)^N \int_0^\infty x^{N-1} e^{-x}\, dx = \left(\frac{k_B T}{\hbar\omega}\right)^N$$

$x = E/k_B T$ と変数変換し，$\int_0^\infty x^{n-1} e^{-x}\, dx = \Gamma(n) = (n-1)!$ を用いた．

（2） ヘルムホルツの自由エネルギーは $A(T, V, N) = -k_B T \ln Z(T, V, N) = N k_B T \ln(\hbar\omega/k_B T)$ で与えられるから，$P = -\partial A/\partial V = 0$．圧力は体積変化に対する系の応答を表すが，ここで考察したモデルでは振動子のエネルギーは体積に依存しないので，系は体積変化に対して応答を示さない（問題 [11] 参照）．

[**3**]（1） プランク振動子のエネルギー固有値は $n\hbar\omega$ ($n = 0, 1, 2, \cdots$) であるから，$Z(T, V, 1) = \sum_{n=0}^\infty e^{-n\hbar\omega/k_B T} = 1/(1 - e^{-\hbar\omega/k_B T})$ を得る．

（2） 振動子は互いに独立で区別できるから，$Z(T, V, N) = [Z(T, V, 1)]^N = (1 - e^{-\hbar\omega/k_B T})^{-N}$ である．

（3） $A(T, V, N) = -k_B T \ln Z(T, V, N) = N k_B T \ln(1 - e^{-\hbar\omega/k_B T})$

（4） $S = -\left(\dfrac{\partial A}{\partial T}\right)_{V,N} = \dfrac{N\hbar\omega/T}{e^{\hbar\omega/k_B T} - 1} - N k_B \ln(1 - e^{-\hbar\omega/k_B T})$

$E = A + TS = \dfrac{N\hbar\omega}{e^{\hbar\omega/k_B T} - 1}$

（5） シュレーディンガー振動子のエネルギーとヘルムホルツの自由エネルギーは，プランク振動子に比べて，零点振動の寄与 $N\hbar\omega/2$ だけ大きい．なお，エントロピーは同じである．

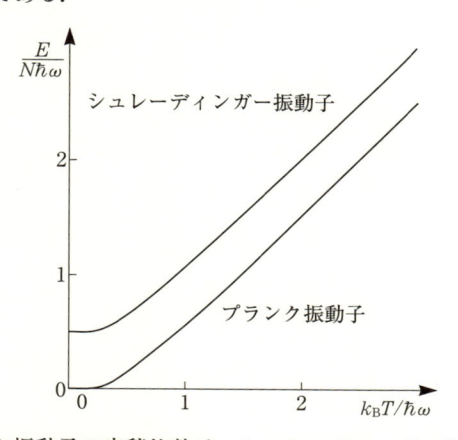

（6） プランク振動子の定積比熱は，シュレーディンガー振動子と同じ

$$C_V = N k_B \left(\frac{\hbar\omega}{k_B T}\right)^2 \frac{e^{\hbar\omega/k_B T}}{(e^{\hbar\omega/k_B T} - 1)^2}$$

で与えられる．

[4]（1） ある状態が出現する確率はボルツマン因子に比例するから

$$\sigma = 1 \text{ が出現する確率} \quad p_+ = \frac{e^{\bar{\mu}H/k_BT}}{e^{\bar{\mu}H/k_BT} + e^{-\bar{\mu}H/k_BT}}$$

$$\sigma = -1 \text{ が出現する確率} \quad p_- = \frac{e^{-\bar{\mu}H/k_BT}}{e^{\bar{\mu}H/k_BT} + e^{-\bar{\mu}H/k_BT}}$$

である．

（2） $\langle \sigma \rangle = p_+(+1) + p_-(-1) = \tanh \dfrac{\bar{\mu}H}{k_BT}$

（3） N 個のスピンは互いに独立であるから，$M = \langle \sum_i \bar{\mu}\sigma_i \rangle = N\bar{\mu}\langle \sigma_i \rangle = N\bar{\mu} \tanh(\bar{\mu}H/k_BT)$.

（4） 分配関数は $Z = (e^{\bar{\mu}H/k_BT} + e^{-\bar{\mu}H/k_BT})^N$ であるから，自由エネルギーは $A = -Nk_BT \ln(e^{\bar{\mu}H/k_BT} + e^{-\bar{\mu}H/k_BT})$ で与えられる．これからエネルギーは $E = -T^2 \partial(A/T)/\partial T = -N\bar{\mu}H \tanh(\bar{\mu}H/k_BT)$.

（5） $C_H = Nk_B \left(\dfrac{\bar{\mu}H}{k_BT}\right)^2 \text{sech}^2 \dfrac{\bar{\mu}H}{k_BT}$

[5]（1） $Z(T) = e^{\varepsilon/k_BT} + 1 + e^{-\varepsilon/k_BT}$ とおくと，

$$\langle E \rangle = (-\varepsilon) \frac{e^{\varepsilon/k_BT}}{Z(T)} + (0) \frac{1}{Z(T)} + (\varepsilon) \frac{e^{-\varepsilon/k_BT}}{Z(T)} = -\varepsilon \frac{e^{\varepsilon/k_BT} - e^{-\varepsilon/k_BT}}{Z(T)}$$

（2） $\langle E^2 \rangle = (-\varepsilon)^2 \dfrac{e^{\varepsilon/k_BT}}{Z(T)} + (0)^2 \dfrac{1}{Z(T)} + (\varepsilon)^2 \dfrac{e^{-\varepsilon/k_BT}}{Z(T)} = \varepsilon^2 \dfrac{e^{\varepsilon/k_BT} + e^{-\varepsilon/k_BT}}{Z(T)}$

（3） $\langle \Delta E^2 \rangle = \varepsilon^2 \dfrac{4 + e^{\varepsilon/k_BT} + e^{-\varepsilon/k_BT}}{Z(T)^2}$

（4） $C = \dfrac{\partial E}{\partial T} = k_B \left(\dfrac{\varepsilon}{k_BT}\right)^2 \dfrac{4 + e^{\varepsilon/k_BT} + e^{-\varepsilon/k_BT}}{Z(T)^2}$

（3）の結果と比べて，$\langle \Delta E^2 \rangle = k_BT^2 C$.

[6]（1） $Z_t = \dfrac{1}{h^3} \int \cdots \int \exp\left(-\dfrac{P_x^2 + P_y^2 + P_z^2}{2Mk_BT}\right) dX\, dY\, dZ\, dP_x\, dP_y\, dP_z$

$= V \left(\dfrac{2\pi Mk_BT}{h^2}\right)^{3/2}$

$Z_r = \dfrac{1}{h^2} \int \cdots \int \exp\left[-\dfrac{1}{k_BT}\left\{\dfrac{1}{2I}\left(p_\theta^2 + \dfrac{p_\phi^2}{\sin^2\theta}\right) - \bar{\mu}E\cos\theta\right\}\right] dp_\theta\, d\theta\, dp_\phi\, d\phi$

$= \dfrac{2\pi Ik_BT}{h^2} \int_0^\pi d\theta \int_0^{2\pi} d\phi \sin\theta\, e^{\bar{\mu}E\cos\theta/k_BT} = \dfrac{(2\pi k_BT)^2 I}{h^2} \dfrac{e^{\bar{\mu}E/k_BT} - e^{-\bar{\mu}E/k_BT}}{\bar{\mu}E}$

（2） $A = -Nk_BT(\ln Z_t/N + \ln Z_r + 1)$ だから

$$P = \frac{Nk_\text{B}T}{V}\frac{\partial \ln Z_\text{r}}{\partial E} = \frac{N\bar{\mu}}{V}\left[\coth\left(\frac{\bar{\mu}E}{k_\text{B}T}\right) - \frac{k_\text{B}T}{\bar{\mu}E}\right] = \frac{N\bar{\mu}}{V}\mathscr{L}\left(\frac{\bar{\mu}E}{k_\text{B}T}\right)$$

(3) $P \sim N\bar{\mu}^2 E/3k_\text{B}TV$ であるから

$$\varepsilon = 1 + \frac{4\pi}{3}\frac{\bar{\mu}^2}{k_\text{B}T}\frac{N}{V}$$

[7] β_1, β_2 をもつ 2 つの系 1, 2 を接触させたとき, 系 1 から系 2 に $\varDelta E$ のエネルギーが移動したとすると, 全系のエントロピーの変化は $\varDelta S = k_\text{B}(\beta_2 - \beta_1)\varDelta E$ で与えられる. 熱力学第 2 法則によれば $\varDelta S > 0$ が常に成り立つ. したがって, $\beta_2 > \beta_1$ なら $\varDelta E > 0$, $\beta_2 < \beta_1$ なら $\varDelta E < 0$ である. $\beta_2 > 0 > \beta_1$ の場合も, $\varDelta E > 0$, すなわち系 1 から系 2 にエネルギーが流れる. つまり, 負温度の状態の方が任意の正の温度の状態より高温であるといってよい.

[8] (1) 求める確率は,

$$\frac{\exp[-\beta H(\{x_i, y_i, z_i\}, \{p_{ix}, p_{iy}, p_{iz}\})]}{Z(T, V, N)}\frac{d\varGamma}{N!h^{3N}}$$

を p_{1x}, p_{1y}, p_{1z} 以外の変数について積分したもので与えられる. x_i, y_i, z_i や p_{ix}, p_{iy}, p_{iz} について積分すると, 分配関数 $Z(T, V, N)$ の対応する寄与と打ち消す. したがって, 求める確率は次のようになる.

$$\frac{1}{(2\pi mk_\text{B}T)^{3/2}}\exp\left(-\frac{p_{1x}^2 + p_{1y}^2 + p_{1z}^2}{2mk_\text{B}T}\right)dp_{1x}\,dp_{1y}\,dp_{1z}$$

(2) $dp_{1x} = m\,dv_{1x}$, $dp_{1y} = m\,dv_{1y}$, $dp_{1z} = m\,dv_{1z}$ であるから, 求める確率は

$$\left(\frac{m}{2\pi k_\text{B}T}\right)^{3/2}\exp\left[-\frac{m}{2k_\text{B}T}(v_x^2 + v_y^2 + v_z^2)\right]dv_x\,dv_y\,dv_z$$

と表される.

(3) 観測される波長 λ の光の強度は, その波長の光を小さな窓に送る分子数に比例する. 炉内の分子の数密度を n として, 強度は

$$I(\lambda) \propto n\left(\frac{m}{2\pi k_\text{B}T}\right)^{3/2}\iint_{-\infty}^{\infty}\exp\left[-\frac{m}{2k_\text{B}T}(v_x^2 + v_y^2 + v_z^2)\right]dv_y\,dv_z$$

$$= n\sqrt{\frac{m}{2\pi k_\text{B}T}}\exp\left(-\frac{m}{2k_\text{B}T}v_x^2\right)$$

と表され, $v_x = c(\lambda - \lambda_0)/\lambda_0$ を代入して与式を得る.

[9] (1) 鉛直上向きに z 軸をとると分配関数は

$$Z = \frac{1}{N!h^{3N}}\int\cdots\int\exp\left\{-\frac{1}{k_\text{B}T}\sum_i\left(\frac{\boldsymbol{p}_i^2}{2m} + mgz_i\right)\right\}\prod_i d\boldsymbol{r}_i\,d\boldsymbol{p}_i$$

$$= \frac{A^N}{N!h^{3N}}\left(\int_{-\infty}^{\infty}e^{-p^2/2mk_\text{B}T}\,dp\right)^{3N}\left(\int_0^{\infty}e^{-mgz/k_\text{B}T}\,dz\right)^N$$

$$= \frac{A^N (2\pi m k_B T)^{3N/2}}{N! \, h^{3N}} \left(\frac{k_B T}{mg}\right)^N$$

（2） ヘルムホルツの自由エネルギーは

$$A = -k_B T \ln Z = N k_B T \left\{ \ln\left(\frac{mg}{k_B T}\right) - \frac{3}{2} \ln\left(\frac{2\pi m k_B T}{h^2}\right) + \ln \frac{N}{A} - 1 \right\}$$

だから，エネルギーは

$$E = -T^2 \left(\frac{\partial (A/T)}{\partial T}\right)_{V,N} = \frac{5}{2} N k_B T$$

である．したがって，定積比熱は $C_V = (5/2) N k_B$ である．

（3） 気体の温度を上げると，個々の分子の運動エネルギーの増加とともに重力による位置エネルギーも増加するから．

[10] （1） 状態1, 2, 3のエネルギーは，それぞれ $-pE$, $pE/2$, $pE/2$ である．分配関数は $Z(T, E, 1) = e^{pE/k_B T} + 2 e^{-pE/2k_B T}$ となる．

（2） 全系の分配関数は $Z(T, E, N) = (e^{pE/k_B T} + 2 e^{-pE/2k_B T})^N$ であるから，
$A = -N k_B T \ln Z(T, E, N) = -N k_B T \ln(e^{pE/k_B T} + 2 e^{-pE/2k_B T})$ となる．

（3） $S = -\dfrac{\partial A}{\partial T} = N k_B \ln(e^{pE/k_B T} + 2 e^{-pE/2k_B T})$

$$- N k_B \frac{pE}{k_B T} \frac{e^{pE/k_B T} - e^{-pE/2k_B T}}{e^{pE/k_B T} + 2 e^{-pE/2k_B T}}$$

（4） $P = Np \dfrac{e^{pE/k_B T} - e^{-pE/2k_B T}}{e^{pE/k_B T} + 2 e^{-pE/2k_B T}}$

（5） $\alpha = \dfrac{Np^2}{k_B T} \left\{ \dfrac{e^{pE/k_B T} + (1/2) e^{-pE/2k_B T}}{e^{pE/k_B T} + 2 e^{-pE/2k_B T}} - \left(\dfrac{e^{pE/k_B T} - e^{-pE/2k_B T}}{e^{pE/k_B T} + 2 e^{-pE/2k_B T}}\right)^2 \right\}$

$$\sim \frac{Np^2}{2 k_B T}$$

[11] （1） $Z(T, L, N) = \left(\dfrac{1}{h} \displaystyle\int_{-L/2}^{L/2} dx \, e^{-m\omega^2 x^2/2k_B T} \int_{-\infty}^{\infty} dp \, e^{-p^2/2m k_B T} \right)^N$

$$= \left\{ \frac{k_B T}{\hbar \omega} \operatorname{erf}\left(\frac{\tilde{L}}{2}\right) \right\}^N$$

ただし，$\tilde{L} \equiv L/\sqrt{2 k_B T/m\omega^2}$．

（2） $A(T, L, N) = -N k_B T \left\{ \ln \dfrac{k_B T}{\hbar \omega} + \ln\left[\operatorname{erf}\left(\dfrac{\tilde{L}}{2}\right)\right] \right\}$

（3） $(d/dx) \operatorname{erf}(x) = (2/\sqrt{\pi}) e^{-x^2}$ に注意して

$$S = N k_B \left\{ \ln \frac{k_B T}{\hbar \omega} + \ln\left[\operatorname{erf}\left(\frac{\tilde{L}}{2}\right)\right] \right\} + N k_B \left\{ 1 - \frac{\tilde{L}}{2\sqrt{\pi}} \frac{e^{-\tilde{L}^2/4}}{\operatorname{erf}(\tilde{L}/2)} \right\}$$

$$E = Nk_\mathrm{B}T\left\{1 - \frac{\tilde{L}}{2\sqrt{\pi}}\frac{e^{-\tilde{L}^2/4}}{\mathrm{erf}(\tilde{L}/2)}\right\}$$

(4) $\tilde{P} \equiv \dfrac{P\sqrt{2k_\mathrm{B}T/m\omega^2}}{Nk_\mathrm{B}T}$

$= \dfrac{1}{\sqrt{\pi}}\dfrac{e^{-\tilde{L}^2/4}}{\mathrm{erf}(\tilde{L}/2)}$

$x \ll 1$ のとき $\mathrm{erf}(x) \sim (2/\sqrt{\pi})e^{-x^2}x$ を用いると $\tilde{L}/2 \ll 1$ のとき $PL = Nk_\mathrm{B}T$ となり,バネの効果が無視でき,箱の中の理想気体と同様に振舞う.

一方,$\tilde{L}/2 \gg 1$ のときは,$\tilde{P} \sim (1/\sqrt{\pi})e^{-\tilde{L}^2/4} \sim 0$ となり,壁に対する応答が無視でき,局在した調和振動子と同様,圧力が0となる.図に,この移り変り方を示す.

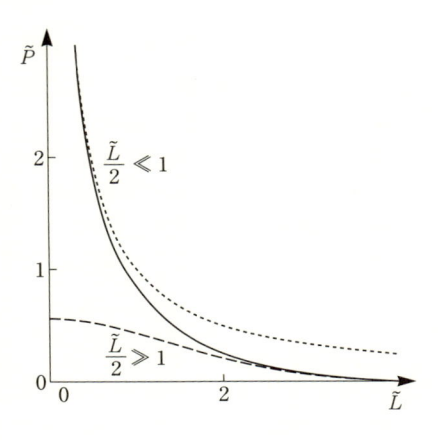

第 5 章

[1] (1) $\langle N \rangle = \dfrac{1}{\varXi}\sum_N Nz^N Z(T, V, N) = \dfrac{1}{\varXi}z\dfrac{\partial \varXi}{\partial z} = z\dfrac{\partial \ln \varXi}{\partial z}$

$\langle N^2 \rangle = \dfrac{1}{\varXi}\sum_N N^2 z^N Z(T, V, N) = \dfrac{1}{\varXi}\left(z\dfrac{\partial}{\partial z}\right)^2 \varXi$

一方,

$\dfrac{\partial \langle N \rangle}{\partial \mu} = \dfrac{1}{k_\mathrm{B}T}z\dfrac{\partial}{\partial z}\left(\dfrac{1}{\varXi}z\dfrac{\partial \varXi}{\partial z}\right) = \dfrac{1}{k_\mathrm{B}T}\left\{\dfrac{1}{\varXi}\left(z\dfrac{\partial}{\partial z}\right)^2 \varXi - \left(\dfrac{z}{\varXi}\dfrac{\partial \varXi}{\partial z}\right)^2\right\}$

ゆえに,$\langle \varDelta N^2 \rangle = \langle N^2 \rangle - \langle N \rangle^2 = k_\mathrm{B}T(\partial \langle N \rangle/\partial \mu)_{V,T}$.

(2) $\langle \varDelta N^2 \rangle = -k_\mathrm{B}T\dfrac{N^2}{V^2}\left(\dfrac{\partial V}{\partial P}\right)_{N,T} = k_\mathrm{B}T\dfrac{N^2}{V}\kappa_T$. これより $\sqrt{\langle \varDelta N^2 \rangle}/\langle N \rangle$ $= \sqrt{k_\mathrm{B}T\kappa_T/V}$ を得る.

(3) $\langle E \rangle = \dfrac{1}{\varXi}\sum_N\sum_r z^N E_r e^{-\beta E_r} = \dfrac{1}{\varXi}\left(-\dfrac{\partial \sum_N\sum_r z^N e^{-\beta E_r}}{\partial \beta}\right)_{V,z} = -\dfrac{1}{\varXi}\left(\dfrac{\partial \varXi}{\partial \beta}\right)_{V,z}$

$\langle E^2 \rangle = \dfrac{1}{\varXi}\sum_N\sum_r z^N E_r^2 e^{-\beta E_r} = \dfrac{1}{\varXi}\left(\dfrac{\partial^2 \sum_N\sum_r z^N e^{-\beta E_r}}{\partial \beta^2}\right)_{V,z} = \dfrac{1}{\varXi}\left(\dfrac{\partial^2 \varXi}{\partial \beta^2}\right)_{V,z}$

(4) $\langle E^2 \rangle - \langle E \rangle^2 = \dfrac{1}{\Xi} \left(\dfrac{\partial^2 \Xi}{\partial \beta^2} \right)_{V,z} - \left[\dfrac{1}{\Xi} \left(\dfrac{\partial \Xi}{\partial \beta} \right)_{V,z} \right]^2 = -\dfrac{\partial}{\partial \beta} \left[-\dfrac{1}{\Xi} \left(\dfrac{\partial \Xi}{\partial \beta} \right)_{V,z} \right]$

$= k_B T^2 \left(\dfrac{\partial \langle E \rangle}{\partial T} \right)_{V,z}$

(5) まず $(\partial E/\partial T)_{V,z} = (\partial E/\partial T)_{V,N} + (\partial E/\partial N)_{V,T} (\partial N/\partial T)_{V,z}$ である．また，$(\partial N/\partial T)_{V,z} = (\partial N/\partial T)_{V,\mu} + (\partial N/\partial \mu)_{V,T} (\partial \mu/\partial T)_{V,z} = - (\partial N/\partial \mu)_{V,T} (\partial \mu/\partial T)_{V,N} + (\partial N/\partial \mu)_{V,T} \mu/T = (1/T)(\partial N/\partial \mu)_{V,T} \{\mu - T(\partial \mu/\partial T)_{V,N}\}$．

一方，マクスウェルの関係式から $(\partial \mu/\partial T)_{V,N} = - (\partial S/\partial N)_{V,T}$，また熱力学第 1 法則から $(\partial E/\partial N)_{V,T} = \mu + T(\partial S/\partial N)_{V,T}$ だから $(\partial N/\partial T)_{V,z} = (1/T)(\partial N/\partial \mu)_{V,T} (\partial E/\partial N)_{V,T}$ である．$\langle \Delta N^2 \rangle = k_B T (\partial N/\partial \mu)_{V,T}$ を用いて，

$$\langle \Delta E^2 \rangle = k_B T^2 C_V + \langle \Delta N^2 \rangle \left(\dfrac{\partial E}{\partial N} \right)_{V,T}^2$$

を得る．

[2] (1) N_1 個の分子が吸着しているミクロな状態の数は $N!/N_1!(N-N_1)!$ であり，各状態のエネルギーはすべて $-N_1 \varepsilon$ である．これより分配関数は $Z_{N_1} = \{N!/N_1!(N-N_1)!\} e^{N_1 \varepsilon/k_B T}$ となる．

(2) 大分配関数は，次のようになる．

$$\Xi = \sum_{N_1=0}^{N} z^{N_1} Z_{N_1} = \sum_{N_1=0}^{N} \dfrac{N!}{N_1!(N-N_1)!} (z e^{\varepsilon/k_B T})^{N_1} = (1 + z e^{\varepsilon/k_B T})^N$$

(3) $\langle N_1 \rangle = \dfrac{\sum_{N_1=0}^{N} N_1 z^{N_1} Z_{N_1}}{\Xi} = z \dfrac{\partial \ln \Xi}{\partial z} = \dfrac{N}{1 + z^{-1} e^{-\varepsilon/k_B T}}$

(4) 被覆率は $\langle N_1 \rangle / N = 1/(1 + z^{-1} e^{-\varepsilon/k_B T})$ だから，z の表式を代入して

$$\dfrac{\langle N_1 \rangle}{N} = \dfrac{P}{P + k_B T (2\pi m k_B T/h^2)^{3/2} e^{-\varepsilon/k_B T}}$$

となり，$P_0(T)$ として次式を得る．

$$P_0(T) = k_B T \left(\dfrac{2\pi m k_B T}{h^2} \right)^{3/2} e^{-\varepsilon/k_B T}$$

第 6 章

[1] (1) $\langle V \rangle = \dfrac{1}{Y} \displaystyle\int_0^\infty dV \int_0^\infty dE\, V e^{-\beta PV - \beta E} \Omega(E, V, N)$

$= -\dfrac{1}{\beta} \dfrac{\partial}{\partial P} \ln Y(T, P, N)$

（2）　$\langle E \rangle = \dfrac{1}{Y}\displaystyle\int_0^\infty dV \int_0^\infty dE\, E e^{-\beta PV - \beta E}\, \Omega(E, V, N)$

$$= -\dfrac{\partial}{\partial \beta}\ln Y(T, P, N) + \dfrac{P}{\beta}\dfrac{\partial}{\partial P}\ln Y(T, P, N)$$

（3）　$\Phi(1/T, P/T, N) = S - E/T - (P/T)V$ であるから

$$d\Phi = dS - \dfrac{1}{T}dE - E\, d\!\left(\dfrac{1}{T}\right) - \dfrac{P}{T}dV - V d\!\left(\dfrac{P}{T}\right)$$

$$= -(E + PV)\, d\!\left(\dfrac{1}{T}\right) - \dfrac{V}{T}dP - \dfrac{\mu}{T}dN$$

である．したがって，$(\partial \Phi/\partial (1/T))_{P,N} = -(E + PV)$, $(\partial \Phi/\partial P)_{T,N} = -V/T$ であるから，次のようになる．

$$E = -\left(\dfrac{\partial \Phi}{\partial (1/T)}\right)_{P,N} + PT\left(\dfrac{\partial \Phi}{\partial P}\right)_{T,N}$$

（4）　$\Phi = k_B \ln Y(T, P, N)$

（5）　$Y = \displaystyle\int_0^\infty \dfrac{dV}{v_0}\int_0^\infty dE\, e^{-\beta PV - \beta E}\,\dfrac{V^N}{N!\, h^{3N}}\,\dfrac{(2\pi m)^{3N/2}\, E^{3N/2-1}}{\Gamma(3N/2)}$

$$= \left(\dfrac{2\pi m k_B T}{h^2}\right)^{3N/2}\left(\dfrac{k_B T}{P}\right)^N \dfrac{k_B T}{P v_0}$$

N に比べて無視できる項を省略すれば

$$\Phi = k_B \ln Y = N k_B \ln\left[\left(\dfrac{2\pi m k_B T}{h^2}\right)^{3/2}\dfrac{k_B T}{P}\right]$$

（6）　$\langle V^2 \rangle - \langle V \rangle^2 = \dfrac{1}{\beta^2}\dfrac{1}{Y}\dfrac{\partial^2 Y}{\partial P^2} - \left(\dfrac{1}{-\beta}\dfrac{1}{Y}\dfrac{\partial Y}{\partial P}\right)^2 = k_B T \langle V \rangle \kappa_T$

[2]　（1）　N 個のものから任意に N_h 個を選ぶ組み合わせの数で与えられるから $W(N_h, N_v) = N!/N_h!\, N_v!$ である．

（2）　$\langle L \rangle = \dfrac{1}{Y}\displaystyle\sum_{N_h = 0}^{N} L W e^{-\beta(E - XL)} = \dfrac{1}{\beta}\dfrac{\partial}{\partial X}\ln Y$

（3）　分配関数は

$$Y = \sum_{N_h=0}^{N} \dfrac{N!}{N_h!\, N_v!}\{e^{-\beta(\varepsilon_h - Xl_h)}\}^{N_h}\{e^{-\beta(\varepsilon_v - Xl_v)}\}^{N_v} = \{e^{-\beta(\varepsilon_h - Xl_h)} + e^{-\beta(\varepsilon_v - Xl_v)}\}^N$$

で与えられる．したがって，次のようになる．

$$\langle L \rangle = N\,\dfrac{l_h e^{-\beta(\varepsilon_h - Xl_h)} + l_v e^{-\beta(\varepsilon_v - Xl_v)}}{e^{-\beta(\varepsilon_h - Xl_h)} + e^{-\beta(\varepsilon_v - Xl_v)}}$$

（4）　$\Theta \equiv K/k_B$ として

$$\dfrac{\langle L \rangle}{N l_h} = \dfrac{1 + (l_v/l_h)\, e^{-\Theta/T}}{1 + e^{-\Theta/T}}$$

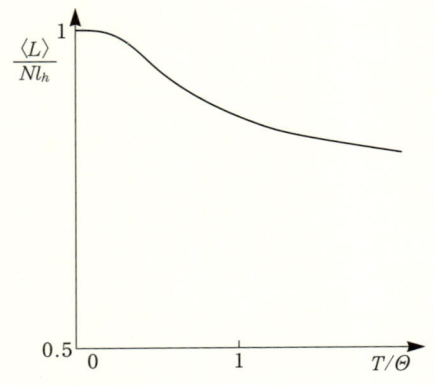

を得る．$K > 0$ として図示する．

[3] (1) a が N_a 個，b が N_b 個あるとき，長さは $L = lN_b$，エネルギーは $E = \varepsilon N_a$ である．この状態は全部で $N!/N_a!N_b!$ 個あるので，T-P 分配関数は

$$Y(T, X, N) = \sum_{N_a=0}^{N} \frac{N!}{N_a!N_b!} e^{-\beta(\varepsilon N_a - XlN_b)} = (e^{-\varepsilon/k_BT} + e^{Xl/k_BT})^N$$

(2) $\langle L \rangle = (1/\beta)(\partial \ln Y(T, X, N)/\partial X)$ より $\langle L \rangle = Nl/\{1 + e^{-\beta(\varepsilon + Xl)}\}$.

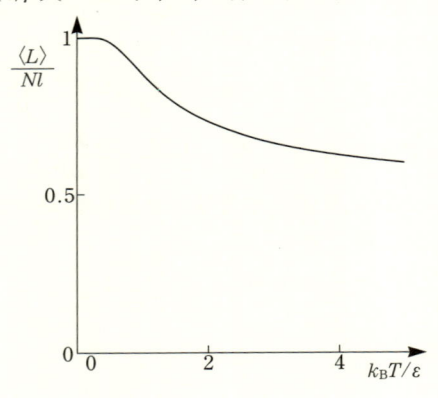

第 7 章

[1] (1) $Z \equiv e^{\beta \mu_B H} + e^{-\beta \mu_B H}$ とおいて，密度行列は

$$\hat{\rho} = \frac{1}{Z}\begin{pmatrix} e^{\beta \mu_B H} & 0 \\ 0 & e^{-\beta \mu_B H} \end{pmatrix}$$

で与えられるから

$$\langle \hat{\sigma}_x \rangle = \frac{1}{Z}\mathrm{Tr}\begin{pmatrix} 0 & 1 \\ 1 & 0 \end{pmatrix}\begin{pmatrix} e^{\beta\mu_B H} & 0 \\ 0 & e^{-\beta\mu_B H} \end{pmatrix} = \frac{1}{Z}\mathrm{Tr}\begin{pmatrix} 0 & e^{-\beta\mu_B H} \\ e^{\beta\mu_B H} & 0 \end{pmatrix} = 0$$

$$\langle \hat{\sigma}_y \rangle = \frac{1}{Z}\mathrm{Tr}\begin{pmatrix} 0 & -i \\ i & 0 \end{pmatrix}\begin{pmatrix} e^{\beta\mu_B H} & 0 \\ 0 & e^{-\beta\mu_B H} \end{pmatrix} = \frac{1}{Z}\mathrm{Tr}\begin{pmatrix} 0 & -ie^{-\beta\mu_B H} \\ ie^{\beta\mu_B H} & 0 \end{pmatrix} = 0$$

(2) $\displaystyle \langle \hat{H} \rangle = -\mu_B H \langle \hat{\sigma}_z \rangle = \frac{-\mu_B H}{Z}\mathrm{Tr}\begin{pmatrix} 1 & 0 \\ 0 & -1 \end{pmatrix}\begin{pmatrix} e^{\beta\mu_B H} & 0 \\ 0 & e^{-\beta\mu_B H} \end{pmatrix}$

$$= -\mu_B H \tanh\left(\frac{\mu_B H}{k_B T}\right)$$

$$C = \frac{\partial \langle \hat{H} \rangle}{\partial T} = k_B \left(\frac{\mu_B H}{k_B T}\right)^2 \mathrm{sech}^2\left(\frac{\mu_B H}{k_B T}\right)$$

(3) $\displaystyle \langle \hat{\sigma}_z^2 \rangle = \frac{1}{Z}\mathrm{Tr}\begin{pmatrix} 1 & 0 \\ 0 & -1 \end{pmatrix}\begin{pmatrix} 1 & 0 \\ 0 & -1 \end{pmatrix}\begin{pmatrix} e^{\beta\mu_B H} & 0 \\ 0 & e^{-\beta\mu_B H} \end{pmatrix}$

$$= \frac{1}{Z}\mathrm{Tr}\begin{pmatrix} 1 & 0 \\ 0 & 1 \end{pmatrix}\begin{pmatrix} e^{\beta\mu_B H} & 0 \\ 0 & e^{-\beta\mu_B H} \end{pmatrix} = 1$$

(4) $\displaystyle \langle \hat{\sigma}_z^2 \rangle - \langle \hat{\sigma}_z \rangle^2 = 1 - \tanh^2\left(\frac{\mu_B H}{k_B T}\right) = \mathrm{sech}^2\left(\frac{\mu_B H}{k_B T}\right) = k_B \left(\frac{T}{\mu_B H}\right)^2 C$

[2] (1) $\displaystyle \langle n_k \rangle = \frac{1}{\Xi(T,V,\mu)}\sum_{N=0}^{\infty}\sum_{\{n_k\},\sum_k n_k = N} n_k\, g(\{n_k\})\prod_k (z^{n_k} e^{-\beta\varepsilon_k n_k})$

$$= -\frac{1}{\beta}\frac{1}{\Xi}\left(\frac{\partial \Xi}{\partial \varepsilon_k}\right)_{T,z,\{\varepsilon_j\}}$$

一方,大分配関数は,フェルミ‐ディラック統計のとき $a=1$,ボース‐アインシュタイン統計のとき $a=-1$ として,

$$\Xi = \prod_k (1 + aze^{-\beta\varepsilon_k})^{1/a}$$

と表される.ゆえに,次のようになる.

$$\langle n_k \rangle = -\frac{1}{\beta}\left(\frac{\partial \ln \Xi}{\partial \varepsilon_k}\right)_{T,z,\{\varepsilon_j\}} = \frac{1}{z^{-1}e^{\beta\varepsilon_k} + a}$$

(2) $\displaystyle \langle n_k^2 \rangle = \frac{1}{\Xi(T,V,\mu)}\sum_{N=0}^{\infty}\sum_{\{n_k\},\sum_k n_k = N} n_k^2\, g(\{n_k\})\prod_k (z^{n_k} e^{-\beta\varepsilon_k n_k})$

$$= \frac{1}{\Xi}\left(\frac{1}{\beta^2}\frac{\partial^2 \Xi}{\partial \varepsilon_k^2}\right)_{T,z,\{\varepsilon_j\}}$$

したがって,

$$\langle n_k^2\rangle - \langle n_k\rangle^2 = \frac{1}{\beta^2 \Xi}\frac{\partial^2 \Xi}{\partial \varepsilon_k^2} - \left(\frac{1}{-\beta\Xi}\frac{\partial \Xi}{\partial \varepsilon_k}\right)^2 = \frac{1}{-\beta}\frac{\partial \langle n_k\rangle}{\partial \varepsilon_k}$$

と表され，次の式が，どの統計についても成立する．

$$\frac{\langle n_k^2\rangle - \langle n_k\rangle^2}{\langle n_k\rangle^2} = \frac{1}{-\beta}\frac{1}{\langle n_k\rangle^2}\frac{\partial \langle n_k\rangle}{\partial \varepsilon_k} = \frac{1}{\beta}\frac{\partial}{\partial \varepsilon_k}\frac{1}{\langle n_k\rangle} = \frac{1}{z}e^{\beta\varepsilon_k}$$

[**3**] （1） 不純物レベルの電子の全エネルギーは $E = n\varepsilon$ で与えられる．$n/2$ 個の $+$ スピンの電子と $n/2$ 個の $-$ スピンの電子を，それぞれ自由に重複を許さずに N 個のレベルに割り当てる場合の数は $({}_N C_{n/2})^2$ であるから，エントロピーは

$$S = k_B \ln ({}_N C_{n/2})^2 \sim 2k_B\left[N\ln N - \left(N - \frac{n}{2}\right)\ln\left(N - \frac{n}{2}\right) - \frac{n}{2}\ln\frac{n}{2}\right]$$

で与えられる．これより，ヘルムホルツの自由エネルギー $A = E - TS$ は

$$A = n\varepsilon + Nk_B T\left(\frac{2N - n}{N}\ln\frac{2N - n}{2N} + \frac{n}{N}\ln\frac{n}{2N}\right)$$

で与えられる．不純物レベルの占有率 n/N は，$\partial A/\partial n = \mu$ から決定されるので

$$\varepsilon + k_B T\left(\ln\frac{n}{2N} - \ln\frac{2N - n}{2N}\right) = \mu$$

これより次式を得る．

$$\frac{n}{N} = \frac{2}{e^{(\varepsilon - \mu)/k_B T} + 1}$$

（2） 不純物レベルの電子の全エネルギーは $E = n\varepsilon$ である．N 個のレベルの中から n 個のレベルを選び，それらが $+$ スピン，$-$ スピンのどちらかのスピンをもつ電子で占められる．この場合の数は ${}_N C_n 2^n$ であるからエントロピーは

$$S = k_B \ln \frac{N!}{(N - n)! n!} 2^n$$

$$\sim k_B[n\ln 2 + N\ln N - (N - n)\ln(N - n) - n\ln n]$$

で与えられる．これより，ヘルムホルツの自由エネルギー $A = E - TS$ は

$$A = n\varepsilon + Nk_B T\left(\frac{N - n}{N}\ln\frac{N - n}{N} + \frac{n}{N}\ln\frac{n}{2N}\right)$$

で与えられる．$\partial A/\partial n = \mu$ から不純物レベルの占有率を求めて次式を得る．

$$\frac{n}{N} = \frac{1}{(1/2)e^{(\varepsilon - \mu)/k_B T} + 1}$$

[**4**] （1） ノイマン方程式は

$$i\hbar\frac{\partial}{\partial t}\hat{\rho}_T(t) = i\hbar\frac{\partial}{\partial t}\{\hat{\rho}(t) + \Delta\hat{\rho}(t)\} = [\hat{H} - \hat{A}F, \hat{\rho}(t) + \Delta\hat{\rho}(t)]$$

ここで $i\hbar\,\partial\hat{\rho}(t)/\partial t = [\hat{H}, \hat{\rho}(t)]$ に注意し，$[\hat{A}F, \Delta\hat{\rho}(t)]$ を 2 次の微小量とし

て無視すると次式を得る.
$$i\hbar \frac{\partial \Delta\hat{\rho}(t)}{\partial t} = [\hat{H}, \Delta\hat{\rho}(t)] - [\hat{A}, \hat{\rho}]F(t)$$

（2） $i\hbar \partial \Delta\hat{\rho}/\partial t = \hat{H}\Delta\hat{\rho} - \Delta\hat{\rho}\hat{H} + e^{-i\hat{H}t/\hbar}i\hbar(\partial\hat{\rho}'/\partial t)e^{i\hat{H}t/\hbar}$ だから, (1) を用いれば次式が導かれる.
$$i\hbar \frac{\partial \hat{\rho}'(t)}{\partial t} = -e^{i\hat{H}t/\hbar}[\hat{A}, \hat{\rho}]e^{-i\hat{H}t/\hbar}F(t)$$

（3） （2）の式を $-\infty$ から t まで積分して
$$\hat{\rho}'(t) = \frac{i}{\hbar}\int_{-\infty}^{t} e^{i\hat{H}t'/\hbar}[\hat{A}, \hat{\rho}]e^{-i\hat{H}t'/\hbar}F(t')\,dt'$$
を得る. 左から $e^{-i\hat{H}t/\hbar}$, 右から $e^{i\hat{H}t/\hbar}$ を掛けて次式が導かれる.
$$\Delta\hat{\rho}(t) = \frac{i}{\hbar}\int_{-\infty}^{t} e^{-i\hat{H}(t-t')/\hbar}[\hat{A}, \hat{\rho}]e^{i\hat{H}(t-t')/\hbar}F(t')\,dt'$$

（4） 定義から, 応答は
$$\langle \Delta\hat{B}\rangle(t) = \int_{-\infty}^{t} \frac{i}{\hbar}\mathrm{Tr}\{e^{-i\hat{H}(t-t')/\hbar}[\hat{A}, \hat{\rho}]e^{i\hat{H}(t-t')/\hbar}\hat{B}\}F(t')\,dt'$$
である. 変数変換 $\tau = t - t'$ を行って
$$\langle \Delta\hat{B}\rangle(t) = \int_{0}^{\infty} \frac{i}{\hbar}\mathrm{Tr}\{e^{-i\hat{H}\tau/\hbar}[\hat{A}, \hat{\rho}]e^{i\hat{H}\tau/\hbar}\hat{B}\}F(t-\tau)\,d\tau$$
を得る. またトレースの性質から次のようになる.
$$\mathrm{Tr}\{e^{-i\hat{H}t/\hbar}[\hat{A}, \hat{\rho}]e^{i\hat{H}t/\hbar}\hat{B}\} = \mathrm{Tr}\{[\hat{A}, \hat{\rho}]e^{i\hat{H}t/\hbar}\hat{B}e^{-i\hat{H}t/\hbar}\} = \mathrm{Tr}\{(\hat{A}\hat{\rho} - \hat{\rho}\hat{A})\hat{B}(t)\}$$
$$= \mathrm{Tr}\{\hat{\rho}\hat{B}(t)\hat{A} - \hat{\rho}\hat{A}\hat{B}(t)\} = -\mathrm{Tr}\{\hat{\rho}[\hat{A}, \hat{B}(t)]\}$$

[5]　（1）　$Z = 1 + 2\cosh\beta\varepsilon$, $E = -2\varepsilon\sinh\beta\varepsilon/(1 + 2\cosh\beta\varepsilon)$
　　（2）　$Z = 2(1 + \cosh\beta\varepsilon + \cosh 2\beta\varepsilon)$, $E = -\varepsilon(\sinh\beta\varepsilon + 2\sinh 2\beta\varepsilon)/(1 + \cosh\beta\varepsilon + \cosh 2\beta\varepsilon)$

第 8 章

[1]　等核2原子分子の場合, 状態 $(\pi - \theta, \pi + \phi)$ は状態 (θ, ϕ) と同じ状態である. したがって, 分配関数は次のようになる.
$$Z(T,V,1) = \frac{1}{2}\frac{1}{h^2}\int_0^\pi d\theta \int_0^{2\pi} d\phi \int_{-\infty}^{\infty} dp_\theta \int_{-\infty}^{\infty} dp_\phi \exp\left[-\frac{1}{2Ik_BT}\left(p_\theta^2 + \frac{1}{\sin^2\theta}p_\phi^2\right)\right]$$
$$= \frac{1}{2}\frac{1}{h^2}\int_0^\pi d\theta \int_0^{2\pi} d\phi \sqrt{2\pi Ik_BT}\sqrt{2\pi Ik_BT}\sin\theta = \frac{4\pi^2 Ik_BT}{h^2}$$
ヘルムホルツの自由エネルギーは $A = -k_BT\ln(4\pi^2 Ik_BT/h^2)$ で与えられる.

エネルギーは $E = -T^2 \partial (A/T)/\partial T = k_B T$ で与えられるから，比熱は $C = k_B$ である．

[2] （1） D_2 の回転定数を $\Theta_D \equiv \hbar^2/2Ik_B$ とする．$r_e = \sum_{J=\text{even}} (2J+1) e^{-J(J+1)\Theta_D/T}$, $r_o = \sum_{J=\text{odd}} (2J+1) e^{-J(J+1)\Theta_D/T}$ とすると，$s_A = 1$ だから次のようになる．

$$j_{\text{rot-nu}}^{D_2} = 3r_o + 6r_e$$

（2） $N_{\text{orth}}/N_{\text{para}} = 2r_e/r_o$ （図 8.2 参照）．

（3） $r_{\text{ave}} = (1/3)r_o + (2/3)r_e$ とすると，ヘルムホルツの自由エネルギーは $A = -k_B T \ln[(9r_{\text{ave}})^N/N!]$ で与えられるから，エネルギーは

$$E = Nk_B \Theta_D \frac{[J(J+1)]_o + 2[J(J+1)]_e}{[1]_o + 2[1]_e}$$

で与えられる．ただし，記述を簡単化するために

$$[f(J)]_o = \sum_{J=\text{odd}} (2J+1) f(J) e^{-J(J+1)\Theta_D/T}$$

$$[f(J)]_e = \sum_{J=\text{even}} (2J+1) f(J) e^{-J(J+1)\Theta_D/T}$$

を定義した．したがって，比熱は

$$\frac{C_V}{Nk_B} = \left(\frac{\Theta_D}{T}\right)^2 \left[\frac{[J^2(J+1)^2]_o + 2[J^2(J+1)^2]_e}{[1]_o + 2[1]_e} - \left(\frac{[J(J+1)]_o + 2[J(J+1)]_e}{[1]_o + 2[1]_e}\right)^2 \right]$$

で与えられる（図参照）．

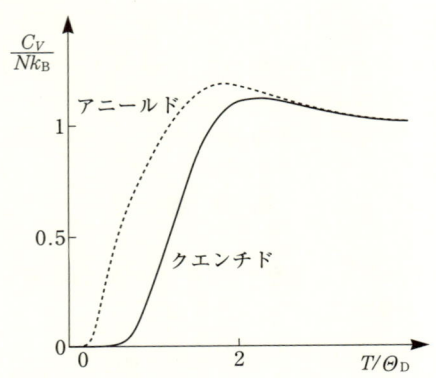

[3] クエンチド平均では，比熱は

$$C_V = \frac{1}{3} C_o + \frac{2}{3} C_e, \qquad C_{o/e} = Nk_B \frac{\partial}{\partial T}\left(T^2 \frac{\partial}{\partial T} \ln r_{o/e} \right)$$

で与えられる．したがって，

$$\frac{C_V}{Nk_B} = \left(\frac{\Theta_D}{T}\right)^2 \left[\frac{1}{3}\left(\frac{[J^2(J+1)^2]_o}{[1]_o} - \left\{\frac{[J(J+1)]_o}{[1]_o}\right\}^2\right) \right.$$
$$\left. + \frac{2}{3}\left(\frac{[J^2(J+1)^2]_e}{[1]_e} - \left\{\frac{[J(J+1)]_e}{[1]_e}\right\}^2\right)\right]$$

である（前頁の図参照）．

第 9 章

[1] （1） 周期境界条件をおくと，波数の各成分は $k_i = 2\pi n_i/L (n_i = 0, \pm 1, \pm 2, \cdots)$ の値をとる．したがって，波数空間の $(2\pi/L)^3$ ごとに1つの状態があり，状態密度は縮退度 g を考慮に入れて $gL^3/(2\pi)^3 = gV/8\pi^3$ である．

（2） 半径 k_F の球内の状態数が N であるから，$(4/3)\pi k_F^3(gV/8\pi^3) = N$．これより $k_F = (6\pi^2 N/gV)^{1/3}$ を得る．

（3） $p_F = \hbar k_F = \hbar \left(\frac{6\pi^2 N}{gV}\right)^{1/3}, \quad \varepsilon_F = \frac{p_F^2}{2m} = \frac{\hbar^2}{2m}\left(\frac{6\pi^2 N}{gV}\right)^{2/3}$

[2] (9.6) は
$$N = \int_0^\infty \frac{2\pi gV(2m/h^2)^{3/2}\sqrt{\varepsilon}}{e^{(\varepsilon-\mu)/k_B T} + 1} d\varepsilon$$

と表される．$x \equiv \varepsilon/k_B T,\ \xi \equiv \mu/k_B T$ とおくと

$$\frac{3Nh^3}{4\pi gV(2mk_B T)^{3/2}} = \left(\frac{T_F}{T}\right)^{3/2} = \frac{3}{2}\int_0^\infty \frac{\sqrt{x}}{e^{x-\xi}+1}dx$$

を得る．ただし，$T_F = \varepsilon_F/k_B = (h^2/8\pi^2 mk_B)(6\pi^2 N/gV)^{2/3}$ を用いた．これより，ξ を与えて T を求めればよい（図9.3参照）．

[3] (9.37) から
$$\mu N \cong \varepsilon_F N\left[1 - \frac{\pi^2}{12}\left(\frac{k_B T}{\varepsilon_F}\right)^2 + \cdots\right]$$

(9.41) から
$$PV \cong \frac{2N}{5}\varepsilon_F\left[1 + \frac{5\pi^2}{12}\left(\frac{k_B T}{\varepsilon_F}\right)^2 + \cdots\right]$$

である．したがって，$A = \mu N - PV$ からヘルムホルツの自由エネルギー
$$A \cong \frac{3N}{5}\varepsilon_F\left[1 - \frac{5\pi^2}{12}\left(\frac{k_B T}{\varepsilon_F}\right)^2 + \cdots\right]$$

$S = -\partial A/\partial T$ からエントロピー
$$S \cong Nk_B \frac{\pi^2}{2}\frac{k_B T}{\varepsilon_F} + \cdots$$

を得る．

[4] (9.14),(9.15) から $E_0 \propto N^{5/3} V^{-2/3}$ であるから $E_0 = CN^{5/3}V^{-2/3} = C(2M/m_{\text{He}})^{5/3}\{(4\pi/3)R^3\}^{-2/3} = C'M^{5/3}R^{-2}$ と表せる.C, C' は定数.全エネルギーは

$$E = C'\frac{M^{5/3}}{R^2} - \alpha \frac{M^2}{R}$$

と表せる.$dE/dR = -2C'M^{5/3}R^{-3} + \alpha M^2 R^{-2} = 0$ より,$R \propto M^{-1/3}$ を得る.

[5] (1) $N = 2\pi k_{\text{F}}^2 A/(2\pi)^2$ より,$k_{\text{F}} = \sqrt{2\pi N/A}$ である.また,$\varepsilon_{\text{F}} = \hbar^2 k_{\text{F}}^2/2m$ だから $\varepsilon_{\text{F}} = \pi\hbar^2 N/mA$ である.

(2)
$$E = \int_0^{k_{\text{F}}} 2\frac{\hbar^2 k^2}{2m} 2\pi k\, dk \frac{A}{(2\pi)^2} = \frac{\hbar^2 k_{\text{F}}^4 A}{8\pi m}$$

である.k_{F} の表式を代入して $E = \pi\hbar^2 N^2/2mA = \varepsilon_{\text{F}} N/2$ を得る.

(3) 0 と ε の間の状態数は

$$\Sigma(\varepsilon) = \int_0^{\sqrt{2m\varepsilon/\hbar^2}} 2\pi k\, dk \frac{2A}{(2\pi)^2} = \frac{A}{2\pi}\frac{2m\varepsilon}{\hbar^2}$$

で与えられる.これより状態密度は $D(\varepsilon) = d\Sigma(\varepsilon)/d\varepsilon = mA/\pi\hbar^2$ を得る.

(4) 化学ポテンシャルは $N = \int_0^\infty D(\varepsilon) f(\varepsilon)\, d\varepsilon$ から決定されるから

$$N = \frac{mA}{\pi\hbar^2}\left[\int_0^{\mu-2k_{\text{B}}T} d\varepsilon + \int_{\mu-2k_{\text{B}}T}^{\mu+2k_{\text{B}}T}\left(\frac{1}{2} - \frac{\varepsilon-\mu}{4k_{\text{B}}T}\right)d\varepsilon\right] = \frac{mA}{\pi\hbar^2}\mu$$

である.よって,$\mu = \pi\hbar^2 N/mA = \varepsilon_{\text{F}}$ を得る.

(5) エネルギーは $E = \int_0^\infty \varepsilon D(\varepsilon) f(\varepsilon)\, d\varepsilon$ で与えられるから,

$$E = \frac{mA}{\pi\hbar^2}\left[\int_0^{\mu-2k_{\text{B}}T} \varepsilon\, d\varepsilon + \int_{\mu-2k_{\text{B}}T}^{\mu+2k_{\text{B}}T}\left(\frac{1}{2} - \frac{\varepsilon-\mu}{4k_{\text{B}}T}\right)\varepsilon\, d\varepsilon\right]$$

$$= \frac{mA}{\pi\hbar^2}\left[\frac{1}{2}\mu^2 + \frac{2}{3}(k_{\text{B}}T)^2\right]$$

を得る.定積比熱は $C_V = dE/dT = (4mA/3\pi\hbar^2)k_{\text{B}}^2 T$ となり,温度 T に比例し,粒子数 N に依存しない.

[6] (1)
$$D(\varepsilon) = \frac{d}{d\varepsilon}\int_0^{k(\varepsilon)} \frac{gV}{8\pi^3} 4\pi k^2\, dk = \frac{d}{d\varepsilon}\frac{gVk(\varepsilon)^3}{6\pi^2}$$

である.ここで $\varepsilon = A\hbar^a k^a$ から $k = (1/\hbar)(\varepsilon/A)^{1/a}$ と表されるから $D(\varepsilon) = V(4\pi g/ah^3 A^{3/a})\varepsilon^{(3-a)/a} = Vf_a \varepsilon^{(3-a)/a}$ と表される.

(2)
$$N = \int_0^{\varepsilon_{\text{F}}} Vf_a \varepsilon^{(3-a)/a}\, d\varepsilon = Vf_a \frac{a}{3}\varepsilon^{3/a}$$

より $\varepsilon_{\text{F}} \propto V^{-a/3}$ である.

（3）
$$E = \int_0^{\varepsilon_F} V f_a \varepsilon^{(3-a)/a} \varepsilon \, d\varepsilon = \frac{V f_a a}{3+a} \varepsilon_F^{(3+a)/a}$$

と表される．

（4）（2），（3）の結果より $E \propto V^{-a/3}$ であるから $P = -dE/dV = (a/3)E/V$ と表される．よって，$3PV = aE$ である．

[7]（1）スピン磁気モーメントの向きにより，電子のエネルギーは $\varepsilon_\pm = p^2/2m \mp \mu_B H$ となる．問題[1]を参照して，それぞれのスピンをもつ電子の数は $N_\pm = (4\pi V/3h^3)(2m)^{3/2}(\varepsilon_H \pm \mu_B H)^{3/2}$ で与えられる．全粒子数 N は，$N = N_+ + N_-$ で与えられるから，

$$N = \frac{4\pi V}{3h^3}(2m\varepsilon_H)^{3/2}\left[\left(1+\frac{\mu_B H}{\varepsilon_H}\right)^{3/2} + \left(1-\frac{\mu_B H}{\varepsilon_H}\right)^{3/2}\right]$$

$$= \frac{8\pi V}{3h^3}(2m\varepsilon_H)^{3/2}\left[1 + \frac{3}{8}\left(\frac{\mu_B H}{\varepsilon_H}\right)^2 + \cdots\right]$$

が成り立つ．$H = 0$ のときの ε_F の定義を用いると，

$$\varepsilon_H \sim \varepsilon_F\left[1 + \frac{3}{8}\left(\frac{\mu_B H}{\varepsilon_F}\right)^2\right]^{-2/3} = \varepsilon_F - \frac{\varepsilon_F}{4}\left(\frac{\mu_B H}{\varepsilon_F}\right)^2$$

が示される．ただし，主要項を求めるために右辺で $\varepsilon_H = \varepsilon_F$ とおいた．

（2）$M = \mu_B \dfrac{4\pi V}{3h^3}(2m\varepsilon_H)^{3/2}\left[\left(1+\dfrac{\mu_B H}{\varepsilon_H}\right)^{3/2} - \left(1-\dfrac{\mu_B H}{\varepsilon_H}\right)^{3/2}\right]$

で与えられるから，

$$M = \mu_B \frac{4\pi V}{3h^3}(2m\varepsilon_H)^{3/2}\frac{3\mu_B H}{\varepsilon_H} = \frac{3\mu_B^2 N}{2\varepsilon_F}H$$

を得る．これより $\chi_S = 3\mu_B^2 N/2\varepsilon_F$ である．

第 10 章

[1]（1）（10.40）から，

$$\frac{\partial C_V/Nk_B}{\partial T} = \frac{45}{8T_c}\frac{\zeta(5/2)}{\zeta(3/2)}\sqrt{\frac{T}{T_c}}$$

よって，

$$\frac{\partial}{\partial T}\frac{C_V}{Nk_B}\bigg|_{T=T_c} = \frac{45}{8T_c}\frac{\zeta(5/2)}{\zeta(3/2)}$$

（2）（10.41）から

$$\frac{\partial}{\partial T}\frac{C_V}{Nk_B} = \frac{15}{4T}\left(\frac{3b_{5/2}(z)}{2b_{3/2}(z)} - \frac{3b_{3/2}(z)}{2b_{1/2}(z)}\right) - \frac{9}{4T}\left(\frac{3b_{3/2}(z)^2 b_{-1/2}(z)}{2b_{1/2}(z)^3} - \frac{3b_{3/2}(z)}{2b_{1/2}(z)}\right)$$

$$= \frac{1}{T}\left(\frac{45 b_{5/2}(z)}{8 b_{3/2}(z)} - \frac{9 b_{3/2}(z)}{4 b_{1/2}(z)} - \frac{27 b_{3/2}(z)^2 b_{-1/2}(z)}{8 b_{1/2}(z)^3}\right)$$

である．

（3） $z \sim 1$ のとき，付録Fの (F.5) より $b_{-1/2}(z) \sim (\sqrt{\pi}/2)(\ln z)^{-3/2} + \cdots$, $b_{1/2}(z) \sim \sqrt{\pi}(\ln z)^{-1/2} + \cdots$ であるから

$$\lim_{z \to 1} \frac{b_{-1/2}(z)}{b_{1/2}(z)^3} = \frac{1}{2\pi}$$

が導かれる．よって，次のようになる．

$$\left(\frac{\partial C_V}{\partial T}\right)_{T=T_c-0} - \left(\frac{\partial C_V}{\partial T}\right)_{T=T_c+0} = \frac{27 N k_B}{16\pi T_c} \zeta\left(\frac{3}{2}\right)^2 \cong 3.665 \frac{N k_B}{T_c}$$

[2] 1.3×10^{-7} K

[3] 高温の極限では $e^{\hbar\omega/k_B T} - 1 \sim \hbar\omega/k_B T$, 低温の極限では $e^{\hbar\omega/k_B T} - 1 \sim e^{\hbar\omega/k_B T}$ を代入して，それぞれレイリー‐ジーンズの輻射式，ヴィーンの輻射式が導かれる．

[4] （1） 許される波数は，$\boldsymbol{k} = (2\pi/L)(n_1, n_2, n_3)$ $(n_i = 0, \pm 1, \pm 2, \cdots)$ である．振動数 ν 以下の可能な状態数は $\Sigma(\nu) = (L/2\pi)^3 (4\pi/3)(2\pi\nu/c)^3 = (4\pi/3)(L\nu/c)^3$ であるから，求める状態数は，2個の光の偏りを考慮して $2(d\Sigma(\nu)/d\nu)d\nu = (8\pi V \nu^2/c^3)d\nu$ で与えられる．

（2） $\displaystyle \langle n_\nu \rangle = \frac{\sum_{\{n_\nu\}} n_\nu e^{-\sum_{\nu'} \varepsilon_{\nu'} n_{\nu'}/k_B T}}{\sum_{\{n_\nu\}} e^{-\sum_{\nu'} \varepsilon_{\nu'} n_{\nu'}/k_B T}} = -k_B T \frac{\partial}{\partial \varepsilon_\nu} \ln \Xi = \frac{1}{e^{\varepsilon_\nu/k_B T} - 1}$

（3） 振動数が ν と $\nu + d\nu$ の間にある光子のエネルギーは $(8\pi V/c^3) \times \{h\nu\nu^2/(e^{h\nu/k_B T} - 1)\}\, d\nu$ で与えられるから，光子気体のエネルギー密度は

$$\frac{E}{V} = \frac{8\pi}{c^3} \int_0^\infty \frac{h\nu^3}{e^{h\nu/k_B T} - 1}\, d\nu$$

で与えられる．$x \equiv h\nu/k_B T$ と変数変換すると

$$\frac{E}{V} = \frac{8\pi}{c^3} \frac{(k_B T)^4}{h^3} \int_0^\infty \frac{x^3}{e^x - 1}\, dx$$

となり，光子気体のエネルギー密度は T^4 に比例する．

（4） 光子気体の圧力は，

$$PV = k_B T \ln \Xi = -k_B T \frac{8\pi V}{c^3} \int_0^\infty \nu^2 \ln(1 - e^{-h\nu/k_B T})\, d\nu$$

で与えられるから，$x \equiv h\nu/k_B T$ と変数変換して

$$P = -\frac{8\pi (k_B T)^4}{c^3 h^3} \int_0^\infty x^2 \ln(1 - e^{-x})\, dx$$

を得る．したがって，圧力は T^4 に比例する．

第 11 章

[1] （1） 1スピンの系と見なしてよいので
$$\langle \sigma_i \rangle = \frac{e^{zJ\langle\sigma\rangle/k_BT} - e^{-zJ\langle\sigma\rangle/k_BT}}{e^{zJ\langle\sigma\rangle/k_BT} + e^{-zJ\langle\sigma\rangle/k_BT}} = \tanh\frac{zJ\langle\sigma\rangle}{k_BT}$$
と表される.

（2） $\langle\sigma_i\rangle = \langle\sigma\rangle$ とおけば, $\langle\sigma\rangle = \tanh(zJ\langle\sigma\rangle/k_BT)$ が導かれる.

[2] （1） $\sigma_i\sigma_{i+1}$ は $+1$ または -1 をとり, $+1$ のときは $e^{K\sigma_i\sigma_{i+1}} = e^K = \cosh K + \sinh K$ であり, -1 のときは $e^{K\sigma_i\sigma_{i+1}} = e^{-K} = \cosh K - \sinh K$ であるから $e^{K\sigma_i\sigma_{i+1}} = \cosh K + \sigma_i\sigma_{i+1}\sinh K$ が成り立つ.

（2） 分配関数は $Z = \sum_{\sigma_1 = \pm 1} \cdots \sum_{\sigma_N = \pm 1} e^{K\sum_i \sigma_i\sigma_{i+1}}$ であるから,
$$Z = \sum_{\sigma_1 = \pm 1} \cdots \sum_{\sigma_N = \pm 1} \prod_i (\cosh K + \sigma_i\sigma_{i+1}\sinh K)$$
と表される. 積を展開したとき, すべての σ_i が2乗で現れる項と σ_i をまったく含まない項以外は $\sum_{\sigma_i = \pm 1}$ によって消え, $Z = 2^N[(\cosh K)^N + (\sinh K)^N]$ が導かれる.

（3） $K \neq \infty$, すなわち $T \neq 0$ であれば $\cosh K > \sinh K$ であり, $N \gg 1$ のとき $(\cosh K)^N \gg (\sinh K)^N$ が成り立つから $Z = 2^N(\cosh K)^N$ とすることができる. 自由エネルギーは $A = -Nk_BT\ln[2\cosh(J/k_BT)]$ で与えられる. これよりエネルギーは $E = -NJ\tanh(J/k_BT)$, また比熱は $(NJ^2/k_BT^2)\,\mathrm{sech}^2(J/k_BT)$ で与えられる. したがって, どの温度においても異常は見られない.

[3] （1） $\langle\sigma_0\rangle = \dfrac{\sum_{\sigma_0,\sigma_1,\sigma_2,\sigma_3 = \pm 1} \sigma_0 e^{-\beta\mathscr{H}}}{\sum_{\sigma_0,\sigma_1,\sigma_2,\sigma_3 = \pm 1} e^{-\beta\mathscr{H}}}$

$= \dfrac{\sum_{\sigma_1,\sigma_2,\sigma_3 = \pm 1}[e^{\beta(h+J)(\sigma_1+\sigma_2+\sigma_3)} - e^{\beta(h-J)(\sigma_1+\sigma_2+\sigma_3)}]}{\sum_{\sigma_1,\sigma_2,\sigma_3 = \pm 1}[e^{\beta(h+J)(\sigma_1+\sigma_2+\sigma_3)} + e^{\beta(h-J)(\sigma_1+\sigma_2+\sigma_3)}]} = \dfrac{Z_+ - Z_-}{Z_+ + Z_-}$

ただし, $Z_\pm = \{2\cosh[\beta(h \pm J)]\}^3$.

（2） $\langle\sigma\rangle = \dfrac{1}{3\beta(Z_+ + Z_-)}\dfrac{\partial}{\partial h}\sum_{\sigma_0,\sigma_1,\sigma_2,\sigma_3 = \pm 1} e^{-\beta\mathscr{H}}$

$= \dfrac{1}{3\beta(Z_+ + Z_-)}\dfrac{\partial}{\partial h}(Z_+ + Z_-)$

$= \dfrac{1}{Z_+ + Z_-}\{Z_+\tanh[\beta(h+J)] + Z_-\tanh[\beta(h-J)]\}$

（3） $\langle\sigma\rangle = \langle\sigma_0\rangle$ より

$$Z_+\{1 - \tanh[\beta(h+J)]\} = Z_-\{1 + \tanh[\beta(h-J)]\}$$

よって、上式の Z_+/Z_- と（1）の定義式の Z_+/Z_- を等しいとおいて

$$\frac{Z_+}{Z_-} = \left(\frac{\cosh[\beta(h+J)]}{\cosh[\beta(h-J)]}\right)^3 = \frac{1 + \tanh[\beta(h-J)]}{1 - \tanh[\beta(h+J)]} = \frac{\cosh[\beta(h+J)]}{\cosh[\beta(h-J)]} e^{2\beta h}$$

これより次式を得る.

$$e^{\beta h} = \frac{\cosh[\beta(h+J)]}{\cosh[\beta(h-J)]}$$

（4） 常磁性相で $h = 0$, 強磁性相で $h \neq 0$ となる. よって, $h \neq 0$ となる解が出現する条件から T_c が決まる.

$$\beta h = \ln \frac{\cosh[\beta(h+J)]}{\cosh[\beta(h-J)]} = \ln[1 + 2\beta h \tanh(\beta J) + \cdots] \sim 2\beta h \tanh(\beta J)$$

$h \neq 0$ となる解があるのは, $2\tanh(\beta J) > 1$ のときであるから $\tanh(J/k_B T_c) = 1/2$. または $J/k_B T_c = \tanh^{-1}(1/2) = (1/2)\ln 3$ （$\tanh^{-1} x = (1/2)\ln\{(1+x)/(1-x)\}$ に注意.） すなわち, $T_c = J/k_B \tanh^{-1}(1/2) = 2J/k_B \ln 3$ である.

[4] σ_i の平均が仮定した平均値 $\langle\sigma\rangle$ に等しいという平均場の条件から, $\langle\sigma\rangle = (e^{\beta Jz\langle\sigma\rangle} - e^{-\beta Jz\langle\sigma\rangle})/(e^{\beta Jz\langle\sigma\rangle} + 1 + e^{-\beta Jz\langle\sigma\rangle})$ が導かれる. $x \equiv \beta Jz\langle\sigma\rangle$ とおくと, この方程式は $(1/\beta Jz)x = 2\sinh x/(1 + 2\cosh x) \equiv f(x)$ と表せる. $f'(0) = 2/3$ であるから, $1/\beta Jz > 2/3$ すなわち $T > 2Jz/3k_B$ のときは $\langle\sigma\rangle = 0$ のみが解であり, $1/\beta Jz < 2/3$ すなわち $T < 2Jz/3k_B$ のときは $\langle\sigma\rangle \neq 0$ の解が存在する. よって, $T_c = 2Jz/3k_B$ である.

[5] （1） 磁気モーメントが θ 方向を向く確率は

$$\frac{\exp(BS\cos\theta/k_B T)}{Z}, \quad Z \equiv \int_0^{2\pi} \exp\left(\frac{BS\cos\theta}{k_B T}\right) d\theta$$

で与えられる. したがって,

$$\langle S_x \rangle = \frac{1}{Z} \int_0^{2\pi} S\sin\theta \exp\left(\frac{BS\cos\theta}{k_B T}\right) d\theta = 0$$

である. また, $X \equiv BS/k_B T$ とおいて,

$$Z \sim \int_0^{2\pi} \left(1 + X\cos\theta + \frac{1}{2!}X^2\cos^2\theta + \cdots\right) d\theta = 2\pi + \frac{\pi}{2}X^2 + O(X^4)$$

である. よって,

$$m = \frac{1}{Z}\int_0^{2\pi} S\cos\theta \exp\left(\frac{BS\cos\theta}{k_B T}\right) d\theta$$

$$\sim \frac{1}{Z}\left[\int_0^{2\pi} S\cos\theta\left(1 + X\cos\theta + \frac{1}{2!}X^2\cos^2\theta + \cdots\right) d\theta\right]$$

$$= \frac{S(\pi X + \pi X^3/8 + \cdots)}{2\pi + \pi X^2/2 + \cdots} = S\left(\frac{1}{2}X - \frac{1}{16}X^3\right)$$

となり，与式が示される．

(2) (1)で $B = 4Jm$ として次式を得る．
$$m = \frac{1}{2}\frac{4JS^2}{k_B T}m - \frac{1}{16}\left(\frac{4JS}{k_B T}\right)^3 S m^3$$

(3) (2)で得た方程式は
$$m\left[\frac{4J^3 S^4}{k_B^3 T^3}m^2 - \left(\frac{2JS^2}{k_B T} - 1\right)\right] = 0$$

と書ける．したがって，$2JS^2/k_B T < 1$ のときは $m = 0$ のみが解であり，$2JS^2/k_B T > 1$ のときに $m \neq 0$ の解が現れる．したがって，$T_c = 2JS^2/k_B$ である．$T < T_c$ のとき，上の方程式より $m \propto (T_c - T)^{1/2}$ であり $\beta = 1/2$ である．

付 録 A

[問] (1) $\{y - \phi(p)\}/x = p$ より $y = px + \phi(p)$．

(2) $\phi(p) = -\dfrac{3}{4}p^{4/3}$

(3) $f(x, y, p) = y - px - \phi(p)$ として，$\partial f(x, y, p)/\partial p = 0$ から $p = x^3$ を得る．これを $f(x, y, p) = 0$ に代入して包絡線として $y = x^4/4$ が導かれる．

索引

ア

アニールド平均　129
アンサンブル　39
　——平均　39
　——理論　38
　カノニカル——　52
　T-P——　89

イ

1次相転移　14
1次同次関数　7
異核2原子分子　123
イジングスピン　163
イジング模型　163
　——の自由エネルギー　166
　——の秩序変数の温度依存性　167
位相空間　29

ウ

ウィドムのスケーリング則　175
ヴィーンの輻射式　157, 161

エ

エネルギー　10
　——の保存則　4
　——のゆらぎ　69

　剛体回転子の——　125
　フェルミ——　115, 135
エルゴード仮説　39
　準——　39
エンタルピー　10
エントロピー　10
　等——変化　5
　微視的——　26

オ

オイラーの関係式　8
オイラー-マクローリンの公式　124
オルソ分子　127
温度と圧力を一定に保った系　5
温度を一定に保った系　5

カ

外部ビリアル　49
ガウス分布　34
カノニカルアンサンブル　52
　グランド——　79
　ミクロ——　42
可逆過程　3

キ

ギブス-デュエムの関係　8
ギブスの自由エネルギー　10, 91
ギブスの相律　9
キュリー定数　64
基本関係式　6
球面調和関数　126
巨視的記述　1
金属の電子比熱　142

ク

空洞放射　156
クエンチド平均　130
クラウジウス-クラペイロンの式　15
クラマース関数　10, 81
グランドカノニカルアンサンブル　79
グランドポテンシャル（J関数）　81
くみ込み群の方法　179
くり込み変換　180

コ

格子振動のデバイ模型　158
剛体回転子　124
　——のエネルギー

125
—— の比熱　125
誤差関数　78
固体と気体の相平衡　70, 84
古典理想気体　28, 56, 82, 92
孤立系　5

サ

鎖状高分子の状態方程式　92
サッカー‐テトロードの式　33

シ

J 関数（グランドポテンシャル）　10
磁化率　64, 170
　スピン常磁性 ——　145
示強変数　2, 7
示量変数　2
自由エネルギー
　ギブスの ——　10, 91
　ヘルムホルツの ——　10, 55
シュテファン‐ボルツマン則　158
シュテファン‐ボルツマン定数　158
シュレーディンガー振動子　74
シュレーディンガー表示　102

シュレーディンガー方程式　101
ショットキー型比熱　46
準エルゴード仮説　39
準静的過程　3
常磁性体　61
　——（古典系）　63
　——（量子系）　64
状態方程式　8
　鎖状高分子の ——　92
　ファン・デル・ワールスの ——　19
　理想気体の ——　32
　理想フェルミ気体の ——　137
　理想ボース気体の ——　154
状態密度　30, 44
状態量　2
　非 ——　2
上部臨界次元　175

ス

水素気体の比熱　129
スケーリング仮説　175
スケーリング則　175
　ウィドムの ——　175
　ハイパー ——　179
　ルシュブルックの ——　175
スケーリング理論　175
スターリングの公式　32
スピン常磁性磁化率　145

スピン波動関数　126
スレーター行列式　111

セ

0 次同次関数　8
絶対活動度　80, 146
線形応答理論　121

ソ

相　11
相関関数　178
相転移　11, 162
　1 次 ——　13
　2 次 ——　16

タ

対応状態の法則　20
体積のゆらぎ　96
代表点　29
大分配関数　80
多原子分子　122
単純系　1
断熱変化　5

チ

秩序変数　162
　イジング模型の —— の温度依存性　167
調和振動子（古典系）　58
調和振動子（量子系）　59

テ

T‐P アンサンブル　89

228 索引

T-P 分配関数 90
定圧比熱 9
定積比熱 9
 理想フェルミ気体の
  ―― 139
 理想ボース気体の
  ―― 156
てこの規則 14
デバイ温度 159

ト

等エントロピー変化 5
等温圧縮率 9
等核2原子分子 126
等重率 23
統計相互作用 118
ドップラーブロードニン
 グ 77

ナ

内部ビリアル 49

ニ

2次相転移 16
 ランダウ理論による
  ――の比熱 172
2準位系 44, 66

ネ

熱・圧力溜に接した系
 89
熱・粒子溜に接した系
 79
熱溜に接した系 52
熱的接触 2

2つの系の―― 22
熱ド・ブロイ波長 108
熱膨張係数 9
熱力学関数 6
熱力学自由度 9
熱力学第0法則 2
熱力学第1法則 3
熱力学第2法則 4
熱力学第3法則 7
熱力学ポテンシャル 6,
 9

ノ

ノイマン方程式 104

ハ

ハイパースケーリング則
 179
パウリのスピン行列
 106
パウリの排他律 111
パラ分子 127
白色矮星 143

ヒ

微視状態 23
微視的エントロピー 26
微視的記述 1
非状態量 2
ヒステリシス(履歴現象)
 169
ビリアル 48
 ――定理 46, 72
 外部―― 49
 内部―― 49

フ

ファン・デル・ワールス
 の状態方程式 19
フェルミエネルギー
 115, 135
フェルミ温度 136
フェルミ気体の縮退
 135
フェルミ-ディラック積
 分 137, 193
フェルミ-ディラック統
 計 111
フェルミ波数 143
フェルミ分布関数 115,
 133
フェルミ粒子(フェルミ
 オン) 111
ブラッグ-ウィリアムズ
 近似 165
プランク関数 10, 91
プランク振動子 51
プランク定数 29
プランクの輻射式 157
ブリルアン関数 65
ブロックスピン 176
不純物レベル 120
物質的接触 2
負の温度 67
普遍性(ユニバーサリ
 ティー) 17
分子の回転定数 124
分子場近似 165
分配関数 54
 大―― 80

T-P —— 90

ヘ

平均場近似 165
平衡状態 2
ベーテ近似 185
ヘルムホルツの自由エネルギー 10, 55

ホ

ボーア磁子 64, 107
ポアソンの括弧 41
ボース-アインシュタイン凝縮 151
ボース-アインシュタイン積分 148, 195
ボース-アインシュタイン統計 111
ボース分布関数 114
ボース粒子（ボソン） 111
ボルツマン因子 53
ボルツマン定数 25
ボルツマンの関係式 26
ボルツマン分布関数 115
抱絡線 189

マ

マクスウェルの関係式 11
マクスウェルの等面積則 20
マクスウェル分布 77
マクスウェル-ボルツマン統計 112
マシュー関数 10, 55

ミ

ミクロカノニカルアンサンブル 42
密度演算子 101, 103
密度行列 103

ユ

ユニバーサリティー（普遍性） 17

ラ

ラグランジュ微分 41
ラプラス変換 192
ラングミュアの吸着公式 88
ランジュバン関数 64
ランダウ理論 170
—— による2次相転移の比熱 172
ランデのg因子 64

リ

リウビルの定理 40
リウビルの方程式 41
力学的接触 2
理想気体 116
—— の状態方程式 32
—— 古典 28, 56, 82, 92
理想フェルミ気体 133
—— の化学ポテンシャル 138
—— の状態方程式 137
—— の定積比熱 139
理想ボース気体 146
—— のエネルギー 156
—— の化学ポテンシャル 153
—— の状態方程式 154
—— の定積比熱 156
粒子数のゆらぎ 85
履歴現象（ヒステリシス） 169
臨界現象 16
臨界指数 15, 175
臨界蛋白光 86
臨界点 15

ル

ルジャンドル変換 9, 188
ルシュブルックのスケーリング則 175

レ

レイリー-ジーンズの輻射式 157, 161

著者略歴

小田垣 孝（おだがき たかし）

- 1968年　京都大学理学部卒，1975年　理学博士（京都大学）
- 1979年　ニューヨーク市立大学物理学科研究員
- 1982年　ブランダイス大学物理学科助教授
- 1989年　京都工芸繊維大学工芸学部教授
- 1993年　九州大学理学部教授
- 1998年　九州大学大学院理学研究科教授
- 2000年　九州大学大学院理学研究院教授
- 2009年　九州大学名誉教授
- 2009年　東京電機大学理工学部教授

専攻は，物性理論，統計力学，不規則系の物理学．

主な著，訳書：「基礎科学のための 数学的手法」，「パーコレーションの科学」，「つながりの科学 —パーコレーション—」（以上，裳華房）．
キャレン「熱力学および統計力学入門」，スタウファー・アハロニー「パーコレーションの基本原理」，アグラワール「非線形ファイバー光学」（共訳）（以上，吉岡書店）．
「自然をみる目を育てる 力学の初歩」（培風館）．

統計力学

2003年11月25日　第1版発行
2012年 8月30日　第4版1刷発行

検印省略

定価はカバーに表示してあります．

増刷表示について
2009年4月より「増刷」表示を『版』から『刷』に変更いたしました．詳しい表示基準は弊社ホームページ
http://www.shokabo.co.jp/
をご覧ください．

著作者	小田垣　孝
発行者	吉野　和浩
発行所	〒102-0081 東京都千代田区四番町8-1 電話 03-3262-9166〜9 株式会社　裳華房
印刷所	横山印刷株式会社
製本所	株式会社　青木製本所

社団法人 自然科学書協会会員

JCOPY 〈(社)出版者著作権管理機構 委託出版物〉
本書の無断複写は著作権法上での例外を除き禁じられています．複写される場合は，そのつど事前に，(社)出版者著作権管理機構（電話03-3513-6969, FAX03-3513-6979, e-mail: info@jcopy.or.jp）の許諾を得てください．

ISBN 978-4-7853-2220-5

©小田垣 孝, 2003　　Printed in Japan

2012年8月現在

裳華房フィジックスライブラリー

著者	書名	定価
木下紀正 著	大学の物理	2940円
高木隆司 著	力学（Ⅰ）・（Ⅱ）	（Ⅰ）2100円／（Ⅱ）1995円
久保謙一 著	解析力学	2205円
近　桂一郎 著	振動・波動	3465円
原　康夫 著	電磁気学（Ⅰ）・（Ⅱ）	（Ⅰ）2415円／（Ⅱ）2415円
中山恒義 著	物理数学（Ⅰ）・（Ⅱ）	（Ⅰ）2415円／（Ⅱ）2415円
香取眞理 著	統計力学	3150円
小野寺嘉孝 著	演習で学ぶ量子力学	2415円
坂井典佑 著	場の量子論	3045円
塚田　捷 著	物性物理学	3255円
十河　清 著	非線形物理学	2415円
松下　貢 著	フラクタルの物理（Ⅰ）・（Ⅱ）	（Ⅰ）2520円／（Ⅱ）2520円
齋藤幸夫 著	結晶成長	2520円
中川・蛯名・伊藤 著	環境物理学	3150円
小山慶太 著	物理学史	2625円

裳華房テキストシリーズ－物理学

川村　清 著	力学	1995円
宮下精二 著	解析力学	1890円
小形正男 著	振動・波動	2100円
小野嘉之 著	熱力学	1890円
兵頭俊夫 著	電磁気学	2730円
阿部龍蔵 著	エネルギーと電磁場	2520円
原　康夫 著	現代物理学	2205円
原・岡崎 著	工科系のための現代物理学	2205円
松下　貢 著	物理数学	3150円
岡部　豊 著	統計力学	1890円
香取眞理 著	非平衡統計力学	2310円
小形正男 著	量子力学	3045円
松岡正浩 著	量子光学	2940円
窪田・佐々木 著	相対性理論	2730円
永江・永宮 著	原子核物理学	2730円
原　康夫 著	素粒子物理学	2940円
鹿児島誠一 著	固体物理学	2520円
永田一清 著	物性物理学	3780円